高等学校统编教材

遥感原理与方法

Principle and Methods of Remote Sensing

卢小平　王双亭　主编

测绘出版社

·北京·

内 容 提 要

本书系统叙述了当代遥感的理论、方法、过程和应用及最新进展和发展趋势。全书共分10章。第1章介绍了遥感的基本概念、基本过程、技术系统及其发展历程;第2章详细叙述了电磁波及其传播机理,包括电磁波及其特性、物体的发射辐射特性、地物的反射特性、大气对电磁波传输的影响、反射辐射和热辐射传输方程等内容;第3章至第4章系统介绍了各种传感器及其成像原理和成像特性,以及遥感平台及其运行特性;第5章至第8章阐述了遥感图像处理理论与方法,包括遥感图像处理基础知识,遥感图像校正增强与融合,遥感图像目视解译,遥感图像特征提取、自动分类及遥感信息的变化检测;第9章介绍了遥感专题图制作及遥感在测绘、农林、地质调查、矿山环境监测中的应用;第10章评述了当代遥感技术的最新进展,总结了其发展趋势与方向。

本书可作为遥感科学与技术、测绘工程、地理信息系统及其他专业的遥感课程教材,也可供相关学科的研究生和工程技术人员参考。

图书在版编目(CIP)数据

遥感原理与方法 / 卢小平, 王双亭主编. — 北京 : 测绘出版社, 2012.8 (2021.6 重印)
高等学校统编教材
ISBN 978-7-5030-2607-2

Ⅰ. ①遥… Ⅱ. ①卢… ②王… Ⅲ. ①遥感技术—高等学校—教材 Ⅳ. ①TP7

中国版本图书馆 CIP 数据核字(2012)第 149554 号

责任编辑 贾晓林　**封面设计** 李　伟　**责任校对** 董玉珍　**责任印制** 吴　芸

出版发行	测绘出版社	**电　　话**	010－68580735(发行部)
地　　址	北京市西城区三里河路50号		010－68531160(编辑部)
邮政编码	100045	**网　　址**	www.chinasmp.com
电子信箱	smp@sinomaps.com	**经　　销**	新华书店
成品规格	184mm×260mm	**印　　刷**	北京建筑工业印刷厂
印　　张	13	**字　　数**	320千字
版　　次	2012年8月第1版	**印　　次**	2021年6月第3次印刷
印　　数	5001－5500	**定　　价**	28.60元

书　　号 ISBN 978-7-5030-2607-2
本书如有印装质量问题,请与我社发行部联系调换。

本书编写组

主　编：卢小平　王双亭

副主编：齐建国　惠文华

编　委：邓安健　于海洋　杨磊库

马　超　程　钢

前　言

遥感科学与技术是20世纪中后期发展起来的一门综合性对地观测技术。它是在航空摄影测量的基础上，以空间技术、电子计算机技术和其他人工智能理论为支撑，以科学技术及经济建设发展需求为牵引，逐步形成的一门新兴综合交叉学科。半个多世纪以来，遥感技术在理论和应用方面都得到了迅速发展，并在全球变化监测、资源调查与勘探、环境监测与保护、气象预报、城乡规划、农林业普查与生产、防灾减灾、突发事件应对以及国防建设等领域显示出了极大的优越性，已成为地球系统科学、资源与环境科学以及生态学等学科的基本支撑技术，并逐渐融入现代空间信息技术的主流，成为信息科学的主要组成部分。鉴于遥感科学与技术在国民经济和国防建设中占据越来越重要的地位，我们编写了《遥感原理与方法》一书，以期将遥感的基本原理、处理方法、应用前景和最新发展成果展现给广大读者。

本书是在总结多年遥感课程的教学经验及科研成果基础上，经反复酝酿和讨论，并在河南理工大学承担的国家重点基础研究计划项目——“煤矿区地质灾害与环境信息协同处理及预警基础研究”(编号2009CB226107)及国家测绘科技项目资助下完成编写的。本书既系统叙述了当代遥感的理论、方法、过程及最新进展，也介绍了成像光谱仪和其他新型传感器，明确了传感器指标和遥感图像的评价参数，拓展了遥感技术的应用领域，评述了当代遥感技术的最新进展与问题所在。全书共分10章，主要内容包括遥感的发展历程、遥感技术系统、遥感平台与传感器、遥感物理基础、遥感图像及其特性、遥感图像的物理与几何校正、遥感图像目视解译、遥感信息自动提取、遥感应用及遥感的发展趋势。本书插图明晰、语言简练、说理透彻、举证详尽，力求读者能从理论到应用全面理解遥感技术的基本内容。

本书由河南理工大学卢小平、王双亭担任主编，长安大学惠文华、山东农业大学齐建国担任副主编，并由河南理工大学、长安大学和山东农业大学的多名老师共同讨论，分工负责完成的。第1章和第2章由卢小平编写；第3章和第7章由王双亭编写；第4章由河南理工大学于海洋编写；第5章由惠文华和河南理工大学杨磊库编写；第6章由河南理工大学王双亭、邓安健编写；第8章由邓安健编写；第9章由齐建国、河南理工大学马超及惠文华、于海洋编写；第10章由卢小平、齐建国、于海洋编写。书中的插图由邓安健、于海洋、程钢绘制。全书的统稿工作由卢小平和王双亭完成。

在本书的编写过程中，作者得到了很多专家、教授、同行、同事的大力支持与帮助，在此，表示衷心的感谢！

由于作者水平有限，书中难免会有不妥和不足之处，恳请读者批评指正，以便再版时修订。

目　　录

第1章 绪 论

1.1 遥感的概念

1.1.1 遥感的定义

遥感一词源于英语“remote sensing”，直译为“遥远的感知”，其科学含义通常有广义和狭义两种解释。

广义遥感，泛指一切无接触的远距离探测，包括对电磁场、(磁力、重力)、机械波(声波、地震波)等的探测。实际工作中，磁力、重力、声波、地震波等的探测被划为物探(物理探测)的范畴，只有电磁波探测属于遥感的范畴，即运用现代光学、电子学和电子光学的探测仪器，不与被探测物体(如大气、陆地和海洋)直接接触，从高空或远距离处接收物体辐射或反射的电磁波信息，再应用电子计算机或其他信息处理技术，加工处理成为能识别的图像或其他格式的数据，最后通过分析、解译，揭示出被探测物体的性质、形状和变化动态。

狭义遥感是指对地观测，即从不同高度的工作平台上通过传感器，对地球表面目标的电磁波反射或辐射信息进行探测，并经信息的记录、传输、处理和解译分析，对地球的资源与环境进行探测和监测的综合性技术。与广义遥感相比，狭义遥感强调对地物反射或辐射电磁波特性的记录、表达和应用。

当前遥感技术已形成了从地面到太空，即天空地一体化观测，从信息收集、存储、处理到分析和应用，对全球进行探测和监测的多层次、多视角、多领域的观测体系，成为获取地球资源与环境信息的主要手段。

1.1.2 遥感的分类

依据遥感平台、传感器工作方式、探测的电磁波波段等的不同，遥感有不同的分类方法。

1.按遥感平台分类

根据遥感探测所采用的遥感平台(即搭载工具)可以将遥感分为地面遥感、航空遥感和航天遥感。地面遥感采用地面固定或移动设施作为遥感平台，如遥感车、三脚架和遥感塔等；航空遥感平台是各种航空飞行器，如飞机、气球、气艇等；航天遥感则是以航天飞行器，如人造卫星、宇宙飞船、空间站、航天飞机等为遥感平台。

2.按工作方式分类

根据传感器的工作方式可以将遥感分为主动式(有源)和被动式(无源)遥感。主动式遥感是指传感器自身带有能发射电磁波的辐射源，工作时向探测区发射电磁波，然后接收目标物反射或散射的电磁波信息。被动式遥感是传感器本身不发射电磁波，而是直接接收地物反射的太阳光线或地物自身的热辐射。

3. 按工作波段分类

根据遥感探测的工作波段可分为：紫外遥感，探测波段为 0.05～0.38 μm；可见光遥感，探测波段为 0.38～0.76 μm；红外遥感，探测波段为 0.76～14 μm；微波遥感，探测波段为 1 mm～1 m；多光谱和高光谱遥感，探测波段在可见光波段到红外波段范围内，并细分为几十个到几百个窄波段。

4. 按记录方式分类

遥感按记录方式可分为成像遥感和非成像遥感两类。成像遥感是将所探测的地物电磁波辐射能量，转换成由色调构成的直观的二维图像，如航空像片、卫星影像等；非成像则是将探测的电磁辐射作为单点进行记录，多用于测量地物或大气的电磁波辐射特性或其他物理、几何特性，如微波辐射计遥感、激光雷达测量等。

5. 按遥感应用领域分类

遥感按照应用领域进行分类，从大的研究领域可分为外层空间遥感、大气层遥感、陆地遥感、海洋遥感等；从具体应用领域可分为城市遥感、环境遥感、农业和林业遥感、地质遥感、气象遥感、军事遥感等。

1.1.3 遥感对地观测的特点

1. 全局与局部观测并举，宏观与微观信息兼取

现代对地观测技术采用多平台、多传感器的技术构架，不仅能获取全球大范围的宏观骨架信息，也能得到局部小范围的微观细节数据。一幅遥感影像的地面范围可以大到数万平方千米，能够覆盖一个地区、一个国家，甚至半个地球，也可以小到数百平方千米、几十平方千米，甚至几平方千米；地面分辨率可以低至千米级，也可以高至米级甚至厘米级。这样的观测体系，既能全面提供诸如全球气候变化、海洋变迁、地质变动、植被与冰川覆盖等与地球演变规律息息相关的信息，还能获取局部灾害、环境、人居条件、人类活动等微观细节，从而实现对地面的全方位监测。

2. 快速连续的观测能力

对地观测卫星可以快速且周期性地实现对同一地区的连续观测，通过不同时相数据对同一地区进行变化信息提取与动态分析。例如，陆地卫星 Landsat-5、7 的重复周期是 16 天，即每 16 天可以对全球陆地表面观测一遍，气象卫星 NOAA 可每天接收两次覆盖全球的图像，而传统的人工实地调查往往需要几年甚至几十年时间才能完成地球大范围动态监测的任务。遥感的这种获取信息快、更新周期短的特点，有利于及时发现土地利用变化、生态环境演变、病虫害、洪水及林火等自然或人为信息，并及时采取有效的应对措施。

3. 技术手段多样，可获取海量信息

遥感技术可提供丰富的光谱信息，根据应用目的不同而选择不同功能和性能指标的传感器及工作波段。例如，可采用紫外线、可见光探测物体，也可采用微波进行全天候的对地观测。高光谱遥感可以获取许多波段狭窄且光谱连续的图像数据，它使本来在宽波段遥感中不可探测的地物信息成为可能。此外，遥感技术获取的数据量非常庞大，如一幅包括 7 波段的 Landsat 卫星 TM(thematic mapper)影像的数据量达 270 MB，覆盖全国范围的 TM 数据量将达到 135 GB，远远超过了用传统方法获得的信息量。

4.应用领域广泛，经济效益高

遥感已经广泛应用于城市规划、农作物估产、资源调查、地质勘探、环境保护等诸多领域，随着遥感图像的空间、时间、光谱分辨率的提高，以及与地理信息系统和全球定位系统的结合，它的应用领域会更加广泛，对地观测也会随之步入一个更高的发展阶段。此外，与传统方法相比，遥感技术的开发和利用大大节省了人力、物力和财力，同时还在很大程度上减少了时间的耗费，如美国陆地卫星的经济投入与所得效益大致为1∶80，因而具有很高的经济效益和社会效益。

1.2　遥感过程及其技术系统

1.2.1　遥感过程

遥感过程是指遥感信息的获取、传输、处理，以及分析判读和应用的全过程。它包括遥感信息源（或地物）的物理性质、分布及其运动状态，环境背景以及电磁波光谱特性，大气对电磁波传输的影响，传感器的分辨能力、性能和信噪比，图像处理及分析解译，遥感应用的地学模型分析等。因此，遥感过程不但涉及遥感本身的技术过程，以及地物景观和现象的自然发展演变过程，还涉及人们的认识过程。这一复杂过程当前主要是通过地物波谱测试与研究、数理统计分析、模式识别、模拟试验方法，以及地学分析等方法来完成。遥感过程实施的技术保证则依赖于遥感技术系统。

1.2.2　遥感技术系统

遥感技术系统是包括从地面到空中直至太空，从信息采集、存储、传输、处理到分析判读和应用的完整技术体系，主要包括以下四部分，具体组成如图1.1所示。

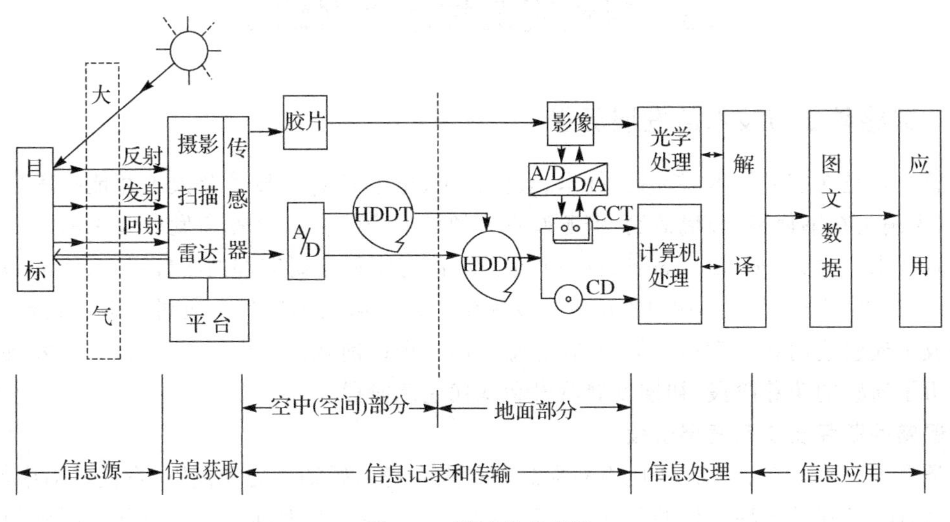

图1.1　遥感技术系统

1.信息获取

遥感信息获取是遥感技术系统的中心工作。遥感工作平台与传感器是确保遥感信息获取的物质保证。

遥感平台是指搭载传感器的运载工具，如飞机、人造地球卫星、宇宙飞船等，按飞行高度的不同可分为近地(面)工作平台、航空平台和航天平台。这三种平台各有不同的特点和用途，根据需要可单独使用，也可配合使用，组成多层次立体观测系统。

传感器是指收集和记录地物电磁辐射能量信息的装置，如航空摄影机、多光谱扫描仪等，它是信息获取的核心部件。在遥感平台上装载传感器，按照确定的飞行路线飞行或运转进行探测，即可获得所需的遥感信息。

2.信息记录与传输

遥感信息传输与记录工作主要涉及地面控制系统。地面控制系统是指挥和控制传感器与平台并接收其信息的地面系统。在卫星遥感中，由地面控制站的计算机向卫星发送指令，以控制卫星载体运行的姿态、速度，指令传感器探测的数据和接收地面站的数据向指定地面接收站发射，地面接收站接收到卫星发送来的全部数据信号，提交数据处理系统进行各种预处理，然后提交用户使用。

3.信息处理

遥感信息处理是指通过各种技术手段对遥感探测所获得的信息进行的各种处理。例如，为了消除探测中各种干扰和影响，使信息更准确可靠而进行的各种校正(辐射校正、几何校正等)处理；为了使所获遥感图像更清晰，以便于识别和判读，提取信息而进行的各种增强处理等。

4.信息应用

遥感信息应用是遥感的最终目的。根据不同领域的遥感应用需要，选择适宜的遥感信息及其工作方法进行，以取得较好的社会效益和经济效益。

遥感技术系统是完整的统一体，它是构建在空间技术、电子技术、计算机技术以及生物学、地学等现代科学技术基础之上的，是完成遥感过程的有力技术保证。

1.3 对地观测技术发展综述

1.3.1 遥感科学与技术的发展历程

遥感技术是在宇航技术、传感器技术、通信技术、电子计算机技术及人工智能技术发展的推动下，为满足军事侦察、环境监测、资源调查等领域的应用需求而逐渐发展起来的一门综合对地探测技术。遥感(remote sensing)一词是由美国海军科学研究部的布鲁伊特(Pruitt)首先提出来的，20世纪60年代初在由美国密执安大学组织发起的环境科学研讨会上正式被采用，从此形成了遥感这门新的学科。但是，在遥感一词出现以前就已产生了遥感技术，其发展过程大体经历了遥感的萌芽阶段、初期发展阶段和现代遥感阶段。

1.遥感的萌芽及初期发展阶段

人类自古以来就在想方设法地不断提高和扩大自身的感知能力和范围，古代神话中的“千里眼”、“顺风耳”就是这种意识的美好表达和追求。1610年，意大利科学家伽利略研制的望远镜及其对月球的首次观测，以及1794年气球首次升空侦察，可视为遥感的最初尝试和实践，即遥感的萌芽阶段。1839年达盖尔(Daguerre)和尼普斯(Niepce)的第一张摄影像片的发表则是遥感成果的首次展示，像片展示的魅力开始得到更多人的首肯和赞许。摄影术的诞生和照相机的使用，构成了遥感技术的雏形。

1903年飞机的发明，以及1909年莱特(Wilbur Wright)第一次从飞机上拍摄意大利西恩多西利(Centocelli)地区空中像片，揭开了遥感初期发展的序幕。在第一次进行航空摄影以后，1913年开普顿·塔迪沃(Captain Tardivo)发表论文首次描述了用航空摄影绘制地图的问题。第一次世界大战的爆发，使航空摄影因军事上的需要而得到迅速的发展，同时许多摄影测量仪器，如德国蔡司(Zeiss)的精密立体测图仪、多倍仪也相继出现，并逐渐发展形成了独立的航空摄影测量学学科。初期的航空摄影主要用于军事目的，后来逐渐向民用领域发展，进一步扩大到林业、土地利用调查及地质勘探等方面。

随着航空摄影测量学和其他学科技术的发展，特别是第二次世界大战的军事需要，彩色摄影、红外摄影、雷达技术、多光谱摄影和扫描技术相继问世，传感器的研制得到迅速发展，遥感探测手段取得了显著的进步。20世纪30年代起，航空像片除用于军事外，被广泛应用于地学领域中，以认识地理环境和编制各种专题地图。1930年美国利用航空摄影开始编制全国的中小比例尺地形图和为农业服务的大比例尺专题地图。其后，西欧、苏联等也开始了全国性的航测成图，与此相应的航空摄影测量理论和技术都得到了迅速发展。1931年出现了感红外的航摄胶片，首次获得了目标物的不可见信息。1937年进行了首次彩色航摄，生产出假彩色红外胶片，并探索进行多光谱和紫外航空摄影。第二次世界大战期间开始应用雷达和红外探测技术，到了20世纪50年代，非摄影成像的扫描技术和侧视雷达技术开始应用，打破了用胶片所能响应的波段范围限制。随着科学技术的飞跃发展，遥感迎来了一个全新的现代发展时期。

2.现代遥感发展阶段

1957年10月4日苏联发射了第一颗人造地球卫星，标志着遥感新时期的开始。1959年苏联宇宙飞船“月球3号”拍摄了第一批月球像片。20世纪60年代初，美国从雨云(Nimbus)、泰罗斯(TIROS)等气象卫星和双子星座(Gemini)、阿波罗(Apollo)飞船上拍摄了地面像片，这大大开阔了人们的视野，引起了广泛关注。70年代，美国在气象卫星的基础上研制出了第一代试验型地球资源卫星(Landsat-1、2、3)。1972年7月，第一颗地球资源卫星发射，1978年3月Landsat-3发射。这三颗卫星装有反束光导摄像机(return bean vidicon camera, RBV)和多光谱扫描仪(multispectral scanner, MSS)，分别有三个和四个探测谱段，地面分辨率为80 m，幅宽为185 km。各国从Landsat-1、2、3号上接收了约45万幅遥感图像，充分验证了地球资源卫星的实用价值。1982年7月和1984年3月美国又分别发射了第二代地球资源卫星Landsat-4和Landsat-5，卫星在技术上有了很大的改进，平台采用了新设计的多任务模块结构，增加了新型的主题测绘仪，模块化的仪器舱中装有Ku波段宽带通信分系统，可通过中继卫星传送数据。

1986年，法国发射了SPOT-1遥感卫星，其全色图像分辨率高达10 m。此后，日本、印度、欧洲空间局(ESA)、加拿大、以色列等国家和国际集团相继发射了各自的遥感卫星。1994年美国发布总统决策令，允许1 m分辨率的遥感卫星进入商业运营，并率先于1999年发射了1 m分辨率的IKONOS卫星，自此高分辨率遥感卫星计划纷纷出台。此外，1999年4月15日美国第三代地球资源卫星Landsat-7发射升空，它与前两代陆地卫星有许多共同点，以便保持图像数据的延续性，但也采用了不少新技术，在许多方面进行了改进。进入21世纪，计划发射卫星的国家和地区以及计划发射卫星的数量继续增加，尤其是高分辨率遥感卫星发展迅速。2001年10月19日，由美国数字全球公司发射的卫星QuickBird-2，全色图像分辨率为

0.61 m，2008 年 9 月 6 日发射的 GeoEye-1 卫星拥有迄今分辨率最高的商业成像系统，全色图像地面分辨率达到 0.41 m。

由于合成孔径雷达（synthetic aperture radar，SAR）具有全天时和全天候对地观测优势，各国在发展光学对地观测系统的同时，也十分重视星载和机载合成孔径雷达系统的研制和应用。美国、欧洲空间局、加拿大、日本等先后发射了 SAR 卫星，为全球对地观测提供了新的遥感手段。特别是 2000 年 2 月，美国的“奋进”号航天飞机搭载着 SIR-C 与 X-SAR 干涉雷达系统完成了“航天飞机雷达地形测绘飞行任务”，在短短的 9 天多时间内，获取了北纬 60°到南纬 56°之间的地表干涉雷达数据，这是遥感技术的一大飞跃，在遥感发展史上具有里程碑式的意义。

当前，就遥感的总体发展而言，美国在运载工具、传感器研制、图像处理、基础理论及应用等遥感各个领域（包括数量、质量及规模上）均处于领先地位，如美国国家航空航天局（NASA）于 2005 年宣布了耗资 1 040 亿美元的空间探测计划，并在 2006 年发布了新的航天政策，以期保证其在 21 世纪对太空的绝对优势。

欧洲为了提升经济实力和维护其政治利益，也在全力推进独立的航天计划。2003 年欧洲空间局正式宣布其全球环境与安全监测（GMES）计划，并在 2008 年建成一个由高中低分辨率的对地观测卫星，为欧盟 18 个国家的环境和安全进行实时服务。同时，在高光谱和超光谱方面也取得了巨大的成果，如 2001 年发射的 Proba 和当今有效载荷最为丰富的综合卫星 Envisat。此外，欧盟成员国之间也在各自发展自己的对地观测计划，在商业卫星上有著名的法国 SPOT 系列卫星、意大利的雷达卫星 COSMO-SkyMed 和德国的高分辨率雷达卫星 TerraSAR-X。

俄罗斯也投入大量资金发展自己的对地观测计划，2005 年批准了总经费为 3 050 亿卢布的《2006—2015 年联邦航天发展规划》，力保其在国际上的大国地位。目前，在轨商业卫星有资源 DK 卫星。

在亚洲，日本和印度都在极力发展自己的对地观测计划。日本宇宙航空研究开发机构（JAXA）于 2005 年公布了耗资 570 亿美元的“JAXA2025 年长期规划”，目前代表卫星有陆地观测 ALOS 卫星。印度也在加大投资力度发展航天技术，预计 2020 年将拥有侦察卫星、通信卫星、气象卫星等。目前，印度的代表卫星为 IRS-P5 和 IRS-P6。

纵观遥感 50 多年的发展历程，当前仍处于从实验阶段向生产型和商业化过渡的阶段，在其实时监测处理能力、观测精度及定量化水平，以及遥感信息机理、应用模型建立等方面仍不能或不能完全满足实际应用需求。因此，今后遥感的发展将进入一个更为艰巨的发展阶段，为此需要各个学科领域的科技人员协同努力，深入研究和实践，共同促进遥感事业的更大发展。

1.3.2 我国遥感发展概况及其特点

我国摄影测量与遥感经过 50 多年的发展，取得了一系列骄人的成绩。成功发射 50 多颗对地观测卫星，组成了气象、海洋、资源和环境减灾四大民用系列对地观测卫星体系。积累了总存储容量超过 660 TB 的影像数据，覆盖全国陆地、海域以及我国周边国家和地区 1 500 万平方千米的范围。组建起一支多学科交叉的研究队伍，160 多家教育科研院所设置“3S”相关专业，诞生一批空间信息企业并研制成功大量软件产品。同时，适应于产业发展需要的地理空间信息管理制度、标准和规范也开始建立。

1.民用遥感卫星向系列化和业务化方向发展

我国对地观测领域，已经形成气象、海洋、资源、环境减灾四大民用系列卫星遥感系统，测绘和SAR等遥感卫星正处于研制阶段。气象卫星是我国最早发展的遥感卫星系统，1988年开始发射风云(FY)系列卫星，目前在轨运行的是FY-2和FY-3系列卫星。FY-2C星于2004年10月发射，可见光波段地面分辨率1.25 km，红外5 km，可每小时获取一次水汽云图数据。1999年10月我国发射了中巴资源卫星01星，2007年9月又发射了02B星，目前正在规划发射03星和04星。2002年5月发射了第一颗海洋卫星HY-1A，运行以来获取了大量的海洋水色数据并已经在海洋研究领域发挥了重要作用。HY-1B卫星目前正在加紧研制过程中，星上将搭载由十个波段组成的海洋水色扫描仪(COCTS)和四波段的CCD成像仪，其星下点地面分辨率分别为1.1 km和250 m，重访周期为3天和7天。

此外，我国科学实验卫星和环境卫星等遥感系统也取得了较大的进展。目前，正在研制的灾害与环境监测预报卫星星座系统(初期为2+1颗小卫星)，两颗卫星分别搭载两台4谱段宽视场CCD相机，地面分辨率为30 m，幅宽为720 km，且分别携带128谱段高光谱成像仪(像元分辨率为100 m，幅宽为50 km，光谱分辨率为5 nm)和多谱段红外扫描仪(中近红外和远红外分辨率分别为150 m和300 m，幅宽为720 km)，小卫星为SAR卫星，单波段，分辨率为20 m，幅宽为100 km。在商业化高性能微小卫星方面，2005年10月我国发射的“北京1号”，搭载分辨率为4 m、幅宽为24 km的全色相机，以及分辨率为32 m、幅宽为600 km的多光谱CCD相机。

2.传感器技术发展迅速

传感器技术是我国战略高技术，在国家“863”计划的支持下，传感器技术得到了快速发展。在谱段覆盖方面，可见光、红外到微波传感器都实现了星载飞行，包括可见光相机、多光谱扫描仪、多种分辨率成像光谱仪、多波段微波辐射计、微波散射计、微波高度计、合成孔径雷达等。特别是国家“十五”期间“863”计划支持发展的“机载干涉SAR系统”，成功地进行了飞行实验，获得了三维SAR影像图，标志着我国合成孔径雷达技术从二维走向三维，开拓了合成孔径雷达技术的又一重要应用领域——地形测绘。

另外，机载三维成像仪系统、热红外成像仪系统、航空地磁测量系统、地球重力测量系统等多种遥感设备，以及探查放射性资源的核能资源，在一定程度上缓解了我国遥感设备对国外技术的依赖程度。

3.航空遥感系统日趋完善

为适应我国对高分辨率空间数据日益扩大的需求，特别是航空摄影测量的需求，目前已初步形成了包括国家和民营企业在内的航空遥感群体。在航空遥感平台方面，我国在20世纪90年代初期开始无人机的研制，在短短的10年间取得了跨越式的发展，目前，有代表性的无人机有WZ-2000，有效载荷为180 kg，留空时间可达12 h。机载的航空传感器包括三线阵扫描式ADS40系统、宽幅CCD的DMC相机、ADL激光雷达，以及刘先林院士研制的具有自主知识产权的SWDC系列航空数码相机等先进的航空遥感设备。此外，国产化的高光谱成像仪、合成孔径雷达等也进入了应用阶段。

4.国产化地球空间信息系统软件发展迅速

我国自主研究的VirtuoZo全数字摄影测量系统，能完成从自动空中三角测量到4D(DOM、DLG、DRG、DEM)产品的生产，作为可以直接从数字影像中获取测绘地理信息的软件平台，以全软件化的设计、灵活的数据交换格式、友好的用户界面、稳定快速的匹配算法、高度自动化的测图方式和生动的三维立体景观显示，被国际摄影测量界公认为三大实用数字摄影测量系统之一。

目前，我国已成功开发了各种遥感图像处理软件系统并成功应用于不同领域，为遥感数据快速处理技术的研究奠定了基础。这些研究成果包含了大型遥感并行处理软件、空间信息网格中的计算服务等，初步形成了具备上百种快速处理算法的遥感数据并行处理系统和二次开发平台，已投入实用的以北京1号小卫星地面预处理系统为代表的并行遥感数据预处理和标准产品生产系统、包含多种算法的商品化遥感图像处理软件、基于局部网格平台的并行处理试验软件、遥感地学参数反演软件等一系列高性能、网格化计算成果。

5.应用领域不断扩展

我国从20世纪70年代初期开始利用国内外遥感卫星，开展遥感应用技术的研究、开发和推广工作，在气象、地矿、测绘、农林、水利、海洋、地震和城市建设等方面得到了广泛应用，并利用国内外遥感卫星开展了气象预报、国土资源普查、作物估产、森林调查、灾害监测、环境保护、海洋预报、城市规划和地图测绘等多领域的应用研究工作。特别是卫星气象地面应用系统的业务化运行，极大地提高了对灾害性天气预报的准确性，大大降低了国家和人民的经济损失。

1.3.3 最新遥感对地观测技术前景展望

随着对地观测技术的发展，获取地球环境信息的手段将越来越多，信息也越来越丰富。为了充分利用这些信息，建立全面收集、整理、检索以及科学管理这些信息的空间数据库和管理系统，深入研究遥感信息机理，研制定量分析模型及实用的地学模型，以及进行多种信息源的信息复合及环境信息的综合分析等，构成了当前遥感发展的前沿研究课题。当前遥感发展的特点主要表现在以下几个方面。

1.研制新一代传感器，以获得分辨率更高、质量更好的遥感数据

当前，多波段扫描仪已从机械扫描发展到CCD推帚式扫描，空间分辨率从80 m提高到0.41 m。成像光谱仪的问世，不但提高了光谱分辨率，能探测到地物在某些狭窄波区光谱辐射特性的差别，而且为研究信息形成机制，进行定量分析提供了基础。目前，正在运行的MODIS（moderate-resolution imaging spectroradiometer）成像光谱仪有36个波段，未来成像光谱仪的波段个数将达到384个，每个波段的波长区间窄到5 nm。星载主动式微波传感器的发展如成像雷达、激光雷达等，使探测手段更趋多样化。目前，在轨运行的高分辨率雷达卫星主要有德国的TerraSAR-X卫星和意大利的COSMO-SkyMed卫星系统，其空间分辨率均达到或优于1 m。

获取多种信息，适应遥感不同应用需要，是传感器研制方面的又一动向和进展。总之，不断提高传感器的功能和性能指标，开拓新的工作波段，研制新型传感器，提高获取信息的精度和质量，将是今后遥感技术发展的长期任务。

2.遥感图像信息处理技术发展迅速

遥感图像处理硬件系统，已从光学处理设备全面转向数字处理系统，内外存容量的迅速扩大，处理速度的急速增加，使处理海量遥感数据成为现实，而网络的出现将使数据实时传输和实时处理成为现实。遥感图像处理软件系统更是不断翻新，从开始的人机对话操作方式（ARIES I2S101等），发展到视窗方式（ERDAS、PCI、ENVI等），未来将向智能化方向发展。另一个特点是RS与GIS集成，有代表性的是ERDAS与ArcInfo的集成。遥感软件的组件化也是一个发展方向，遥感软件的网络化，可实现遥感软件和数据资源的共享和实时传输。

大量的多种分辨率遥感影像形成了影像金字塔，再加上高光谱、多时相和立体观测影像，出现海量数据，使影像的检索和处理发生困难，因此建立遥感影像数据库系统已迫在眉睫。目前，遥感影像数据的研究是以影像金字塔为主体的无缝数据库，这涉及影像纠正、数据压缩和数据变换等理论和方法，还产生了“数据挖掘”（或知识发现）等新理论和新方法。为了能将海量多源遥感数据中的不同信息富集在少数几个特征上，又形成了多源遥感影像融合的理论和方法。

在遥感图像识别和分类方面，开始大量使用统计模式识别，后来出现了结构模式识别、模糊分类、神经网络分类，半自动人机交互分类和遥感图像识别的专家系统。但在遥感图像识别和分类中尚有许多不确定性因素，有待人们进行深入的研究。

3.遥感应用不断深化

在遥感应用的深度、广度不断扩展的情况下，微波遥感应用领域的开拓，遥感应用综合系统技术的发展，以及地球系统的全球综合研究等成为当前遥感发展的又一动向。具体表现为：从单一信息源（或单一传感器）的信息（或数据）分析向多种信息源的信息（包括非遥感信息）复合及综合分析应用发展；从静态分析研究向多时相的动态研究，以及预测预报方向发展；从定性判读、制图向定量分析发展；从对地球局部地区及其各组成部分的专题研究向地球系统的全球综合研究方向发展。

思考题与习题

1.遥感的概念和定义是什么？遥感对地观测有什么特点？

2.什么是遥感过程？遥感技术系统包括哪几个方面？

3.遥感科学与技术发展经历了哪几个阶段？

4.简述国内外遥感对地观测技术当前发展的水平。

第2章　电磁辐射传输机理

2.1　电磁波及其特性

2.1.1　电磁波与电磁波谱

1.电磁波的概念

波是振动在空间的传播，而电磁波则是电磁振动在空间的传播。假设在空间某处有一个电磁振源（电磁辐射源），则在其周围便产生变化的电场，变化的电场能够在它周围引起变化的磁场，这一变化的磁场又在较远的区域内引起新的变化电场，并在更远的区域内引起新的变化磁场。这种交变的电场和磁场交替产生，以有限的速度由近及远在空间内传播的过程称为电磁波。电磁波是一种横波，其传播方向与交变电场、磁场三者相互垂直，电磁振荡传播方向垂直于振幅变化方向，见图2.1。

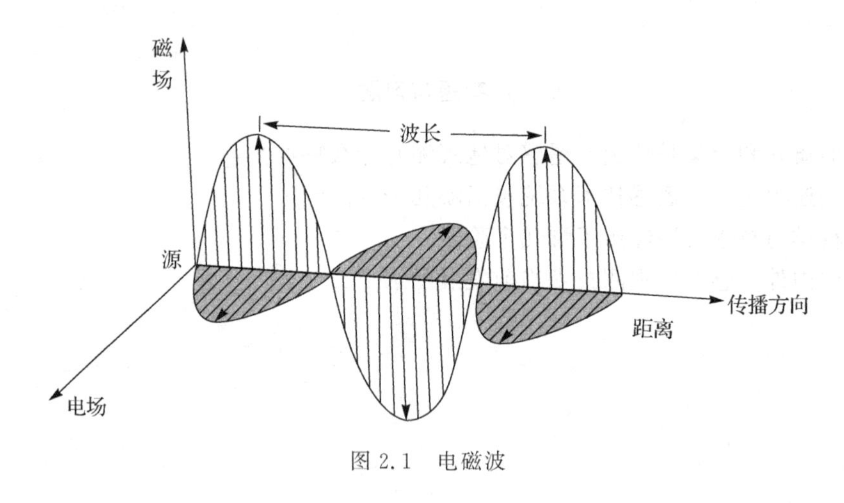

图2.1　电磁波

2.电磁波的性质

电磁辐射与物质相互作用中，既反映波动性，又反映粒子性，即所谓的波粒二象性。可见光是电磁波的一个特例，其波动性充分表现在干涉、衍射、偏振等现象中；而光在光电效应、黑体辐射中，则显示其粒子性。

1）波动性

电磁波（单色）的波动性可用波函数来描述，波函数是一个时空的周期性函数，其解析表达式为

$$\psi = A \cdot \sin\left[(\omega t - kx) + \varphi_0\right] \tag{2.1}$$

式中，ψ 为波函数，A 为振幅，ω 为角频率，t 为时间变量，k 为圆波数（$k=\frac{2\pi}{\lambda}$，λ 为波长），x 为空

间变量，φ_0 为初相位。

由式(2.1)可知，波函数是由振幅和相位两部分组成，是一个时空周期函数。对电磁波来讲，振幅表示电场振动的强度，振幅的平方与电磁波具有的能量大小成正比。一般成像时只记录振幅，只有全息成像时才同时记录振幅和相位信息。

——干涉(interference)。由两个(或两个以上)频率、振动方向相同、相位相同或相位差恒定的电磁波在空间叠加时，合成波振幅为各个波的振幅的矢量和。因此，会出现交叠区某些地方振动加强，某些地方振动减弱或完全抵消的现象，这种现象称为干涉。

一般来说，凡是单色波都是相干波。取得时间和空间相干波对于利用干涉进行距离测量是相当重要的。激光就属于相干波，它是光波测距仪的理想光源。微波遥感中的雷达也是应用了干涉原理成像的，其影像上会出现颗粒状或斑点状的特征，这是一般非相干的可见光影像所没有的，对微波遥感的判读意义重大。

——衍射(diffraction)。光通过有限大小的障碍物时偏离直线路径的现象称为衍射。从夫琅禾费(Fraun hofer)衍射装置的单缝衍射实验中可以看到，在入射光垂直于单缝平面时的单缝衍射实验图样中，中间有特别明亮的亮纹，两侧对称地排列着一些强度逐渐减弱的亮纹。如果单缝变成小孔，由于小孔衍射，在屏幕上就有一个亮斑，它周围还有逐渐减弱的明暗相间的条纹。一个物体通过物镜成像，实际上是物体各点发出的光线在屏幕上形成的亮斑组合。

遥感中部分光谱仪的分光器件，正是运用多缝衍射原理，用一组相互平行、宽度相同、间隙相同的狭缝组成衍射光栅，使光发生色散以达到分光的目的。因此，研究电磁波的衍射现象对设计遥感仪器和提高遥感图像几何分辨率具有重要意义。

——偏振(polarization)。偏振是横波的振动矢量(垂直于波的传播方向)偏于某些方向的现象。电磁波在反射、折射、吸收、散射过程中，不仅其强度发生变化，其偏振状态也往往发生变化，所以电磁波与物体相互作用的偏振状态的改变也是一种可以利用的遥感信息。

2)粒子性

电磁波的粒子性把电磁辐射能分解为非常小的微粒子，即离散化、量子化为光子。光子是电磁波的基本能量单元，其能量 Q 与频率 υ 成正比，而与波长 λ 成反比，即

$$Q=h\upsilon=hc/\lambda \tag{2.2}$$

式中，h 为普朗克常数，$h=6.62\times10^{-34}$ J・s，c 为光速。

3.电磁波谱

不同波长的电磁波的产生方式以及与物质的相互作用是不同的，γ 射线、X 射线、紫外线、可见光、红外线、微波、无线电波等都属于电磁波。将电磁波按照波长或频率递增或递减顺序排列，称为电磁波谱。电磁波谱区段的界限是渐变的，一般按产生电磁波或测量电磁波的方法来划分。习惯上人们常常将电磁波区段划分为表 2.1 所示形式。

目前遥感中常用的波谱段有紫外、可见光、红外和微波。

1)紫外线

紫外线的波长范围为 0.01～0.38 μm。由于大气中臭氧层对紫外线的强烈吸收作用，波长小于 0.3 μm 的紫外线在通过大气层时几乎全部被吸收，只有 0.3～0.38 μm 的紫外线能部分到达地面。大多数地物在该波段的影像反差很小，不易探测，只有少数物体如碳酸盐岩、油膜等对紫外线有较强的反射。因此，紫外线可用于探测碳酸盐岩的分布，监测油污染情况及油田的普查与勘探。用紫外线探测地物时，平台高度通常在 2 000 m 以下，不宜进行高空遥感。

表 2.1 电磁波谱

波段		波长
γ射线		小于 0.001 nm
X射线		0.01～10 nm
紫外线		10 nm～0.38 μm
可见光（0.38～0.76 μm）	紫	0.38～0.43 μm
	蓝	0.43～0.47 μm
	青	0.47～0.50 μm
	绿	0.50～0.56 μm
	黄	0.56～0.59 μm
	橙	0.59～0.62 μm
	红	0.62～0.76 μm
红外波段 0.76～1 000 μm	近红外	0.76～3 μm
	中红外	3～6 μm
	远红外	6～15 μm
	超远红外	15～1 000 μm
微波		1 mm～1 m
无线电波	超短波	1～10 m
	短波和中波	10～3 000 m
	长波	大于 3 000 m

2）可见光

可见光在电磁波谱中只占很狭窄的区间，波长范围在 0.38～0.76 μm。人眼对该波段最为敏感，不仅可以看到全色光（白色），还可以感受到地物不同的色彩，从而分辨出地物的类型。大多数地物在此波段都具有良好的反射特性，不同类型的地物在此波段的图像易于识别。

3）红外线

红外线的波长范围在 0.76～1 000 μm，是可见光的几千倍，因此可以反映更多的地物特征。为了应用方便，红外波段常常被划分为近红外、中红外、远红外和超远红外。

近红外主要来源于太阳辐射，遥感传感器接收到的是地表反射的红外能量，因此近红外又称为反射红外。近红外对植被有很好的表现能力，常用于识别植被类型，分析植被长势，监视植被的病虫害。

中红外、远红外和超远红外是产生热感的原因，所以又称热红外。热红外主要来源于地物本身的辐射，热红外遥感记录的是地物本身的红外辐射，辐射量的多少只与地物的温度和比辐射率有关。热红外遥感主要使用 3～15 μm 的红外线，最常见的波段有 3～5 μm 和 8～14 μm。热红外遥感主要是测量地物的温度，所以在探测地下热源、火山、森林火灾、热岛效应等方面 3～15 μm 的红外线具有重要的使用价值。

4）微波

微波波长在 1 mm～1 m 之间，由于其波长比可见光、红外线要长，受大气层中云、雾的散射干扰要小，因此能全天候遥感。微波对某些物体有一定的穿透能力，能直接透过植被、冰雪、土壤等表层覆盖物，探测表层下的地物。由于地物在微波波段的辐射能量较小，为了能够利用微波的优势进行遥感，一般由传感器主动向地面目标发射微波，然后记录地物反射回来的电磁波能量，因此微波遥感也称为主动遥感。

2.1.2 电磁辐射度量

在遥感中测量从目标反射或目标本身发射的电磁波能量的工作称为辐射量测定。辐射量测定有辐射测量和光度测量两种方式，它们使用不同的术语和单位。辐射测量是以 γ 射线到电磁波的整个波长范围为对象的物体辐射量的测定，而光度测量是对人类具有视觉感应的波段（即可见光）所引起的知觉量的测定。为了明确所测量的量，定义了一些基本术语，即由国际照明委员会制定的电磁辐射度量系统。

1. 辐射能量

辐射能量是电磁波辐射过程中携带所有波长的能量。对一任意面来说，是指通过该面的总能量或从该面辐射的总能量，用 Q 表示，单位为焦耳。

2. 辐射通量

辐射通量指电磁辐射单位时间内通过某一表面的能量，又称辐射功率，用 Φ 表示，单位是瓦，表达式为 $\Phi=\mathrm{d}Q/\mathrm{d}t$。如果是对应某个波长的辐射通量，则记为 $\Phi(\lambda)$。

3. 辐射通量密度

通过单位面积的辐射通量称为辐射通量密度，用 W 表示，单位为 $\mathrm{W\cdot m^{-2}}$，它和辐射通量的关系为：$W=\mathrm{d}\Phi/\mathrm{d}S=\mathrm{d}Q/\mathrm{d}S\mathrm{d}t$。因此，辐射通量密度也可定义为单位时间、单位面积的辐射能量。

在遥感中，辐射通量密度常被分为辐射出射度和辐射照度两个概念。

1）辐射出射度

如图 2.2 所示，单位面积发射出的辐射通量，称为辐射出射度，用 M 表示，它和辐射通量的关系为 $M=\mathrm{d}\Phi/\mathrm{d}S$。

2）辐射照度

如图 2.3 所示，投射到单位面积上的辐射通量称为辐射照度，简称辐照度，用 E 表示，可表示为 $E=\mathrm{d}\Phi/\mathrm{d}S$。

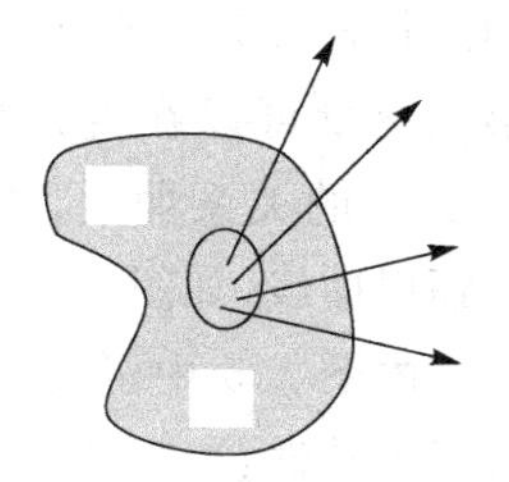

图 2.2　辐射出射度

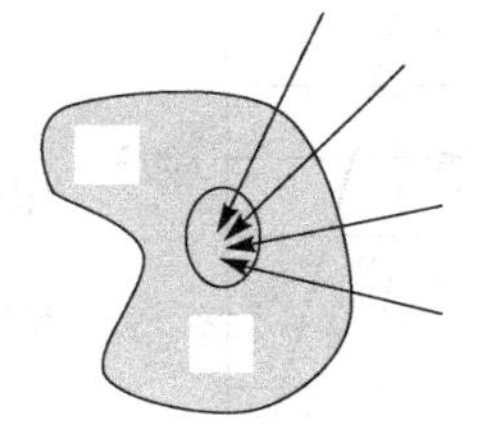

图 2.3　辐射照度

4. 辐射强度

如图 2.4 所示，点辐射源在某方向上单位立体角内发出的辐射通量称为辐射强度，用 I 表示，单位为 W/sr，表达式为

$$I=\mathrm{d}\Phi/\mathrm{d}\Omega \tag{2.3}$$

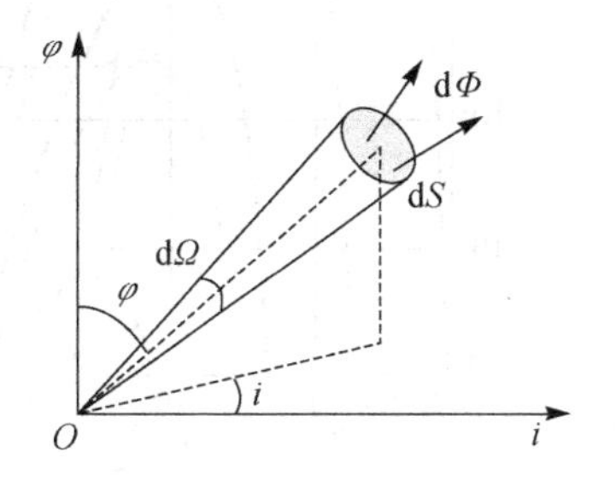

图 2.4　点辐射源的辐射强度

5. 辐射亮度

指辐射源法线方向上单位面积、单位立体角辐射的辐射通量，用 L 或 B 表示，单位为 $\mathrm{W/(sr\cdot m^2)}$，用 $L=\mathrm{d}^2\Phi/\mathrm{d}S\mathrm{d}\Omega$ 表达。若观察方向与表面法线方向的夹角为 θ，则在

该方向的辐射亮度为 $L=\mathrm{d}^2\Phi/\mathrm{d}S\mathrm{d}\Omega\cos\theta$。

2.2 物体的发射辐射

2.2.1 黑体辐射

温度高于绝对温度零度(−273.16℃)的物体都具有发射电磁波的能力。为了衡量地物发射电磁波能力的大小，常以黑体辐射作为度量的标准。如果一个物体对于任何波长的电磁辐射都全部吸收而毫无反射和透射，则这个物体称为绝对黑体。

1860年基尔霍夫得出了“好的吸收体也是好的辐射体”这一定律，即凡是吸收热辐射能力强的物体，它们的热发射能力也强；凡是吸收热辐射能力弱的物体，它们的热发射能力也就弱。黑体是个假设的理想辐射体，它既是完全的吸收体，又是完全的辐射体。黑体是朗伯源，其辐射各向同性。

在黑体辐射中存在各种波长的电磁波，辐射的电磁波波长和能量大小与它自身温度有关。1900年普朗克用量子理论概念推导出了黑体辐射定律，表明黑体辐射通量密度与其温度和波长有如下关系，即

$$W_\lambda=\frac{2\pi hc^2}{\lambda^5}\cdot\frac{1}{\mathrm{e}^{ch/\lambda\kappa T}-1} \tag{2.4}$$

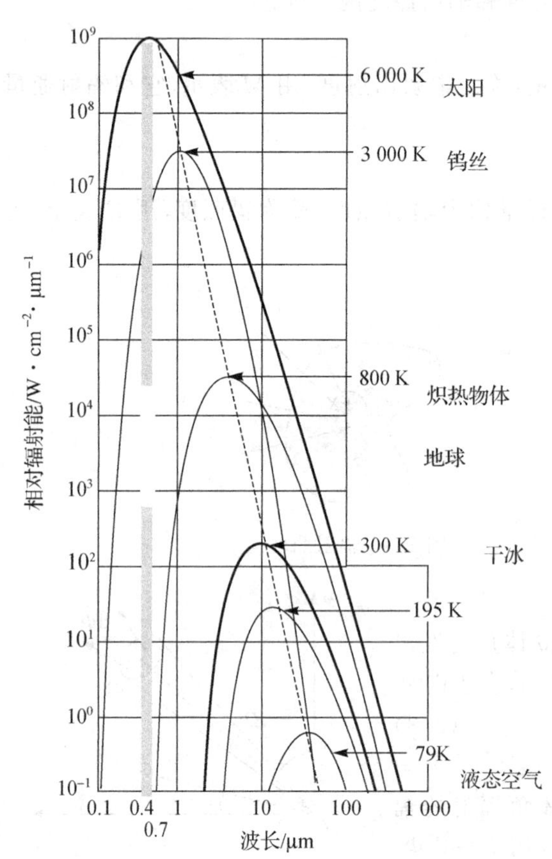

图 2.5　几种温度下的黑体波谱辐射曲线

式中，W_λ 为分谱辐射通量密度，W/(cm² · μm)；λ 为波长，m；h 为普朗克常数(6.62×10^{-34} J · s)；c 为光速(3×10^8 m/s)；κ 为玻耳兹曼常数($\kappa=1.38\times10^{-23}$ J/K)；T 为绝对温度，K。

从式(2.4)可以看出，W_λ 与温度 T 和波长 λ 有关。若以 T 为第一变量，λ 为第二变量可以在直角坐标系中绘出 W_λ 与 T、λ 的关系曲线，该曲线叫做黑体波谱辐射曲线，如图2.5所示。

由图2.5中可直观地看出黑体辐射的三个特性：

(1)总辐射通量密度 W 随温度 T 的增加而迅速增加，即与曲线下的面积成正比。总辐射通量密度 W 可从零到无穷大的范围内，对普朗克公式按波长进行积分求得，即

$$W=\int_0^\infty\frac{2\pi hc^2}{\lambda^5}\cdot\frac{1}{e^{ch/\lambda\kappa T}-1} \tag{2.5}$$

由此可得到从1 cm² 面积的黑体辐射到半球空间里的总辐射通量密度的表达式

为

$$W=\frac{2\pi^5\kappa^4}{15c^2h^3}T^4=\sigma T^4 \tag{2.6}$$

式中，$\sigma=\frac{2\pi^5\kappa^4}{15c^2h^3}=5.6697\times10^{-12}\ \mathrm{W\cdot m^{-2}\cdot K^{-4}}$，称为斯蒂芬-玻耳兹曼常数，该式也称为斯蒂芬-玻耳兹曼定律(Stefan-Boltsmann's law)。

从式(2.6)可知，绝对黑体表面上单位面积发出的总辐射能与绝对温度的四次方成正比。对于一般物体，传感器检测到其辐射能后就可以用此式概略推算出物体的总辐射能量或绝对温度。热红外遥感就是利用这一原理探测和识别目标物的。

(2)分谱辐射能量密度的峰值波长 λ_{max} 随温度的增加向短波方向移动。对普朗克公式微分并求极值有

$$\frac{\partial W_\lambda}{\partial\lambda}=\frac{-2\pi hc^2\left[5\lambda^4\left(e^{\frac{hc}{\lambda\kappa T}}-1\right)-\lambda^5 e^{\frac{hc}{\lambda\kappa T}}\cdot\frac{hc}{\lambda^2\kappa T}\right]}{\lambda^{10}\left(e^{\frac{hc}{\lambda\kappa T}}-1\right)^2}=0 \tag{2.7}$$

令 $X=\frac{hc}{\lambda\kappa T}$，解出 $X=4.96511$，因此

$$\lambda_{max}T=\frac{hc}{4.96511\kappa}=2897.8\ \mathrm{m\cdot K} \tag{2.8}$$

此式称为维恩位移定律(Wien's displacement law)。它表明黑体最大辐射强度所对应的波长 λ_{max} 与黑体的绝对温度 T 成反比，即黑体绝对温度增高时，其最大辐射峰值向短波方向移动。如当对一块铁加热时，我们可以观察到随着铁块的逐渐变热铁块的颜色也从暗红→橙→黄→白色变化，即向短波变化的现象。若知道了某物体温度，就可以推算出它所辐射的峰值波段。在遥感中，常用这种方法选择传感器和确定对目标物进行热红外遥感的最佳探测波段。

(3)每根曲线彼此不相交，故绝对温度 T 越高，所有波长上的波谱辐射通量密度也越大。该特性表明，不同温度的黑(物)体，在任何波段处的辐射通量密度是不同的，因此在分波段记录的遥感图像上它们是可以区别的。

2.2.2 太阳辐射与地球辐射

1. 太阳辐射

地球上的能源主要来源于太阳，太阳是被动遥感最主要的辐射源。作为一个炽热气体球的太阳，其中心温度达 15×10^6 K，表面温度约 6 000 K。太阳辐射的总功率为 3.826×10^{26} W，太阳表面的辐射出射度为 $6.284\times10^7\ \mathrm{W\cdot m^{-2}}$，送到地球的能量约为 1.72×10^{16} J/s，它所辐射的峰值波长 λ_{max} 在 0.47～0.50 μm 之间变动。

在距离地球一个天文单位内，太阳辐射在大气上界处的垂直入射的辐射通量密度称为太阳常数，平均值为 $1.4\times10^3\ \mathrm{W\cdot m^{-2}}$。由于地球绕太阳沿椭圆轨道运行，在地球大气外层处的日地距离是变化的，所以在单位时间、单位面积上接受的太阳辐射能量也是变化的，即太阳常数值是变化的。由于大气中大气成分对电磁波传输的影响，通过大气层到达地面的有效辐射通量密度为 $9.03\times10^2\ \mathrm{W\cdot m^{-2}}$，只占太阳直接辐射于大气上界的 64.5%。

地球大气层以外的太阳光谱辐照度曲线为平滑的连续曲线，从 X 射线一直延伸到无线电波，近似于 6 000 K 黑体的辐射曲线(图 2.6)。由图 2.6 看出，太阳辐射约 97.5%的能量

集中于近紫外－中红外(0.31～5.6 μm)区内，其中可见光占43.5%、近红外占36.8%，在此光谱区内辐射强度变化很小，因此太阳辐射属于短波辐射；X射线、γ射线、紫外及微波波段的辐射能小于1%，它们受太阳黑子及耀斑的影响，强度变化很大，主要影响地球电离层及通信。

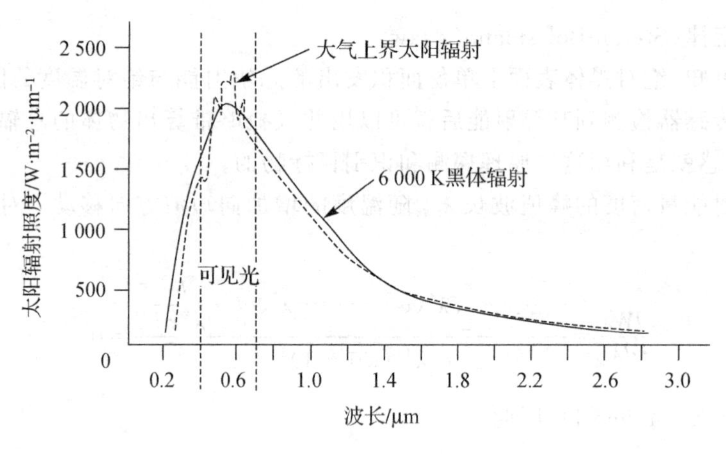

图 2.6 太阳辐射照度曲线

2. 地球辐射

地球上的能源来自太阳的直射能量(太阳直射光)与天空漫入射的能量(天空光或天空漫射光)。一般说来，白天收入大于支出，净收入为正，地面温度不断升高。实际上，净收入能量一部分以传导与对流形式使大气加入，一部分给水在物态转换时如蒸发、结冰等所需的潜热，再考虑植被光合作用吸收的能量，扣除上述这些能量，其余的才是导致地表温度变化的原因。地表温度的变化除与地面能量收支情况有关外，还与物质本身的热学性质有关。

被地表吸收的太阳辐射能，又重新被地表辐射。由维恩位移公式可计算出，地球温度在300 K时最大辐射强度约为10 μm。地球辐射可分为短波辐射(0.3～2.5 μm)及长波辐射(6 μm以上)，短波辐射以地球表面对太阳的反射为主，地球自身的热辐射可忽略不计；而长波辐射只考虑地表物体自身的热辐射，在该区域内太阳辐照的影响极小。介于两者之间的中红外波段(2.5～6 μm)太阳辐射和热辐射的影响均有，不能忽略。

2.2.3 一般物体的辐射特性

一般地物的温度都高于绝对零度，因此都会发射电磁波。在相同温度下，地物的电磁波发射能力较同温下黑体的辐射能力要低。黑体热辐射由普朗克定律描述，它仅依赖于波长和温度，而实际物体的辐射不仅依赖于波长和温度，还与构成物体的材料、表面状况等因素有关。地物的发射能力常用比辐射率来表示。

1. 比辐射率

比辐射率指单位面积上地物发射的某一波长的辐射通量密度 W'_λ 与同温度下黑体在同一波长上的辐射通量密度 W_λ 之比，又称发射率，记为 ε_λ，即

$$\varepsilon_\lambda = \frac{W'_\lambda}{W_\lambda} \tag{2.9}$$

比辐射率是一个无量纲的量，取值为0～1。ε_λ 是波长 λ 的函数，但通常在较大的温度变

化范围内其为常数，一般用 ε 来表示。黑体可以辐射全部的入射能量，即辐射能量等同于入射能量，发射率可以看做发射能所占入射能的比例。因此，在计算真实物体的总辐射出射度时，斯蒂芬-玻耳兹曼定律应修正为

$$W'=\varepsilon W=\varepsilon\sigma T^4 \tag{2.10}$$

2. 比辐射率的影响因素

物体的比辐射率是物体发射能力的表征，它不仅依赖于物体的组成成分，而且与其表面状态（粗糙度等）及物理性质（介电常数、含水量、温度等）有关，并随着所测定的辐射能的波长、观测角度等条件的变化而变化，表 2.2 列出的是部分地物比辐射率的实测值。

表 2.2　常温下部分地物的 ε_λ

地物名称	ε_λ	地物名称	ε_λ
人体皮肤	0.99	灌木	0.98
柏油路	0.93	麦地	0.93
土路	0.83	稻田	0.89
干沙	0.95	黑土	0.87
混凝土	0.90	黄黏土	0.85
石油	0.27	草地	0.84

3. 地物波谱发射曲线

依据光谱发射率可将实际物体分为两类：一类是选择性辐射体，发射率随波长变化，即 $\varepsilon_\lambda=f(\lambda)$；另一类是灰体，地物的发射率在各波长处基本不变，即 $\varepsilon_\lambda\approx\varepsilon$。

(1) 绝对黑体，即 $\varepsilon_\lambda\approx\varepsilon\approx1$。

(2) 灰体，发射率与波长无关，即 $\varepsilon_\lambda\approx\varepsilon$ 且 $0<\varepsilon<1$，自然界大多数物体为灰体。

(3) 选择性辐射体，发射率随波长而变化，即 $\varepsilon_\lambda=f(\lambda)$。

(4) 理想反射体（绝对白体），即 $\varepsilon_\lambda\approx\varepsilon\approx0$。

4. 热辐射与地面的相互作用

入射到物体表面的电磁波与物体之间会产生反射、吸收和透射三种作用，热辐射同样如此。基尔霍夫定律指出：在任一给定温度下，辐射通量密度与吸收率之比对任何物体都是一个常数，并等于该温度下黑体的辐射通量密度，即

$$\frac{W'}{\alpha}=W \tag{2.11}$$

式中，α 为吸收率。将 $W'=\varepsilon\sigma T^4$ 和 $W=\sigma T^4$ 代入式(2.11)得

$$\varepsilon=\alpha \tag{2.12}$$

说明物体的发射率等于其吸收率。对于不透射电磁波的物体，透射率 $\tau=0$，$1=\alpha+\rho$，所以

$$\varepsilon=1-\rho \tag{2.13}$$

式中，ρ 是地物反射率。

式(2.13)表明在热辐射光谱区段，物体的发射率与反射率之间的关系为：反射率越低，其发射率就越高；反之，发射率就越低。如在热红外谱段，水的反射率几乎微不足道，其发射率近似等于 1；相反，金属片反射热能很高，因而它的发射率远小于 1。

2.3 地物的反射

不同地物对电磁波的反射、透射和吸收能力是不相同的,此即地物的波谱特性。目前遥感中传感器记录的主要是地物本身发射的电磁波信息和地物反射太阳光中的电磁波信息,本节主要讨论地物对电磁波的反射特性。

2.3.1 电磁波与地表的相互作用

电磁辐射能与地表的相互作用主要有三种基本物理过程:反射、吸收和透射。

设入射到地表面的电磁波能量为 E,被物体反射、吸收的能量分别为 E_ρ、E_α,透射过物体的能量为 E_τ,根据能量守恒定理有

$$E=E_\rho+E_\tau+E_\alpha$$

或

$$1=\rho+\tau+\alpha \tag{2.14}$$

式中,ρ、τ、α 为反射率、透射率、吸收率,它们均是波长的函数。这里能量反射、吸收、透射的比例及每个过程的性质对于不同的地表特征是变化的,即与物质组成、几何特征、光照角度等有关。

1. 反射

当电磁辐射到达两种不同介质的分界面时,入射能量的一部分或全部返回原介质的现象称为反射(reflection),反射能量占入射能量的比例称为反射率。反射率不仅是波长的函数,同时也与入射角、物体的电学性质(电导、介电、磁学性质等)以及表面粗糙度、质地等有关,反射率随波长变化的规律称为地物的波谱反射特性。我们常用的可见光—近红外遥感系统就是控制在反射能量的波谱范围内。

物体对电磁波的反射可表现为三种形式,如图 2.7 所示。

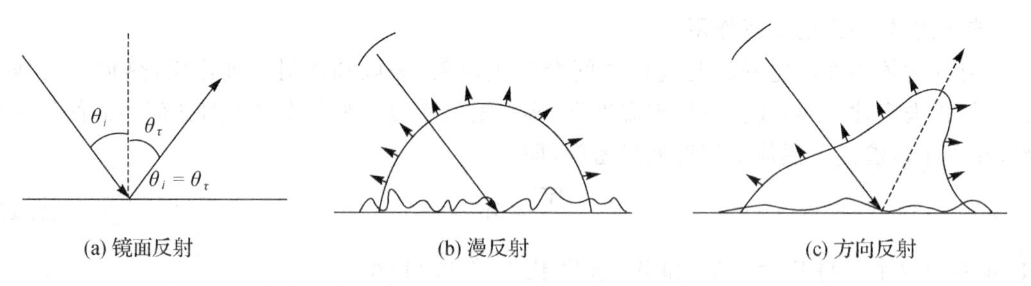

图 2.7 反射的三种形式

1)镜面反射

当入射能量全部或几乎全部按相反方向反射,且反射角等于入射角,称为镜面反射。镜面反射分量是相位相干的,且振幅变化小,伴有偏振发生。自然界中真正的镜面很少,对可见光而言,在光滑金属表面、平静水体表面均可发生镜面反射;而对微波面言,由于波长较长,故大多数平面物体都会产生镜面反射。

2)漫反射

当入射能量在所有方向均匀反射,即入射能量以入射点为中心在整个半球空间内向四周各向同性反射能量的现象称为漫反射,又称朗伯(Lambert)反射或各向同性反射。漫反射相

位和振幅的变化无规律，且无偏振。

一个完全的漫射体称为朗伯体，从任何角度观察朗伯表面，其反射辐射能量都相同。若表面相对于入射波长是粗糙的，即当入射波长比地表粗糙度小或比地表组成物质粒度小时，则表面发生漫反射。对可见光而言，土石路面、均一的草地表面均属漫反射体。

3）方向反射

朗伯体表面实际上是一个理想化的表面，即假定介质是均匀的、各向同性的。事实上，自然界大多数地表既不完全是粗糙的朗伯表面，也不完全是光滑的镜面，而是介于两者之间的非朗伯表面，其反射并非各向同性，而具有明显的方向性，即在某些方向上反射最强烈，这种现象称为方向反射。镜面反射可以认为是方向反射的一个特例。

2. 透射

当电磁波入射到两种介质的分界面时，部分入射能穿越两介质的分界面的现象称为透射（transmission），透射的能量往往部分被介质吸收并转换成热能再发射。透射率 τ 用来表示介质的透射能力，即透过物体的电磁波强度（透射能）与入射能量之比。对同一物体，透射率是波长的函数。

自然界中，人们最熟悉的是水体的透射现象，这是因为人们可以直接观察到可见光谱段的透射现象。然而，可见光以外的透射人眼虽然看不见，但它是客观存在的，如植物叶片对可见光辐射是不透明的，但它能透射一定量的红外辐射。微波的透射能力强，它与地面的相互作用常表现为体散射。

2.3.2　地物的反射光谱特性

1. 光谱反射率及地物反射波谱特性曲线

反射率定义为物体的反射通量与入射通量之比，即

$$\rho=\frac{E_\rho}{E} \tag{2.15}$$

这是在理想的漫反射情况下的定义，是指在整个电磁波波长范围的平均反射率。实际上由于物体的固有结构特点，对不同波长的电磁波是有选择性的反射。

对植物而言，由于均进行光合作用，因此各类植被都具有很相似的反射波谱特性，其特征是：在可见光波段 0.55 μm（绿光）附近有反射率为 10%～20%的一个波峰，两侧 0.45 μm（蓝光）和 0.67 μm（红光）则有两个吸收带，这是由于叶绿素对蓝光和红光吸收作用强，对绿色反射作用强而造成的。而在 0.8～1.0 μm 间有一个反射的陡坡，至 1.1 μm 附近有一峰值，形成了植被独有的特征，这是由于受叶片细胞结构的影响，除了吸收和透射的部分，形成的高反射率。在 1.3～2.5 μm 波段由于植物含水量的影响，吸收率大增，反射率大大下降，特别是在 1.45 μm、1.95 μm 和 2.7 μm 处是水的吸收带，反射特性曲线出现低谷，如图 2.8 所示。

对类似这种性质的地物，仅用上述的定义来反映它们的反射率是不客观的。因此，我们定义光谱反射率为地物在某波段的反射通量与该波段的入射通量之比，即

$$\rho_\lambda=\frac{E_{\rho\lambda}}{E_\lambda} \tag{2.16}$$

地物波谱反射率随波长变化而改变的特性称为地物的反射波谱特性，将其与波长的关系在直角坐标系中描绘出的曲线称为地物反射光谱曲线。

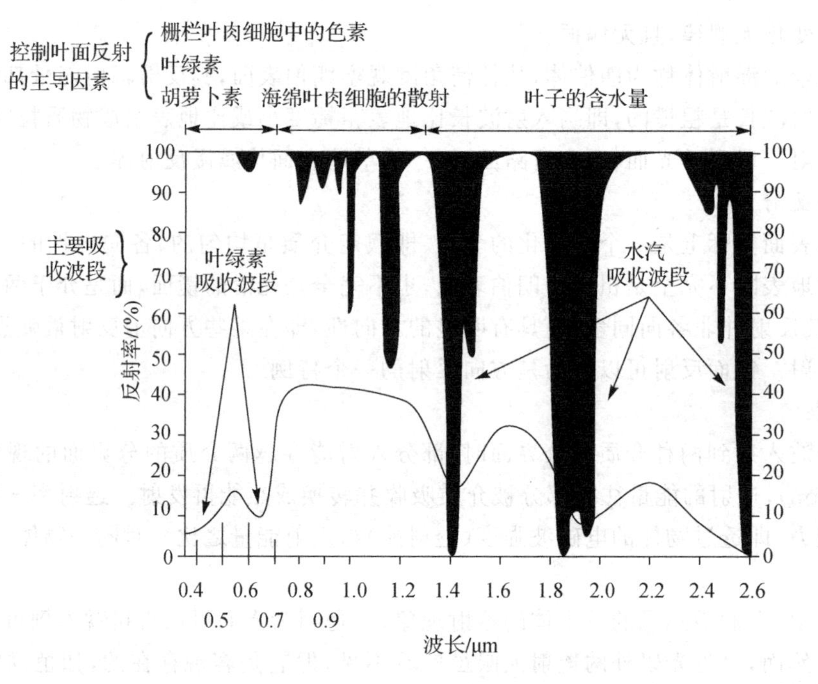

图 2.8 叶子的结构及其反射特性

图 2.9 表示四种不同地物的反射波谱曲线，其形态差异很大。以可见光谱段为例，雪在 0.49 μm(蓝、青色光)附近有最大发射峰值，随着波长的增加，反射率逐渐降低，但在可见光的蓝、绿、红谱段反射率均较高；沙漠在橙光 0.6 μm 附近有反射峰值；小麦在绿光 0.54 μm 附近有反射峰值；而湿地在所有光谱段反射都较弱呈暗灰色。四种地物在可见光谱段内反射率差异十分明显，分别呈现出蓝白、浅黄、绿、暗灰色。

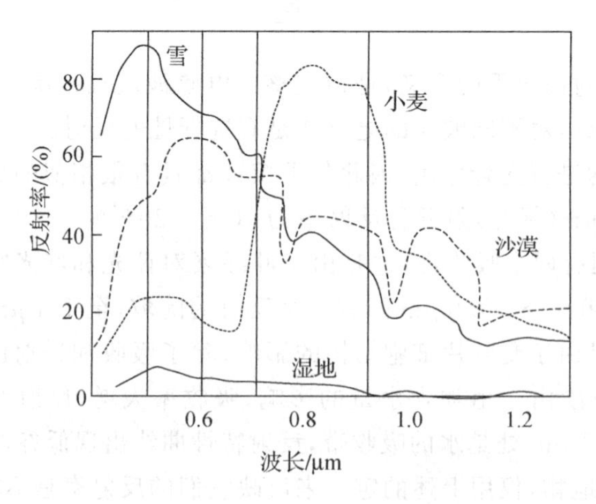

图 2.9 四种不同地物反射波谱曲线

2. 地物反射光谱特性分析

正因为不同地物在不同波段具有不同反射率这一特性，物体的反射特性曲线才可作为解译和分类的物理基础，广泛地应用于遥感影像的分析和评价中。下面分别举例说明物体的反射特性曲线在影像解译和识别中的实际应用。

1)同一地物的反射波谱特性

地物的光谱特性一般随时间、季节变化,称之为时间效应;处在不同地理区域的同种地物具有不同的光谱效应,称为空间效应。图2.10显示同一春小麦在花期、灌浆期、乳熟期、黄叶期的光谱测试结果。从图中可以看出,花期的春小麦反射率明显高于灌浆期和乳熟期。而黄叶期因不具备绿色植物特征(水含量降低),因此在1.45 μm、1.95 μm、2.7 μm附近的3个水吸收带减弱,反射光谱近似于一条斜线。当叶片有病虫害时,也有与黄叶期相类似的反射率。

2)不同地物的反射波谱特性

——土壤的反射波谱特性。自然状态下土壤表面的反射率没有明显的峰值和谷值,土壤的光谱特性曲线与土壤类别、含水量、有机质含量、土壤表面的粗糙度、粉砂相对百分比含量等因素有关。由图2.11可以看出,土壤反射波谱特性曲线较平滑,因此在不同光谱段的遥感影像上,土壤的亮度区别不明显。

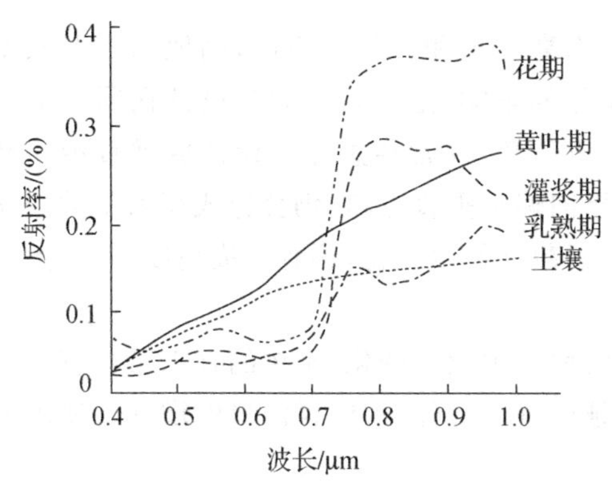

图2.10 春小麦在不同生长阶段的波谱特性曲线

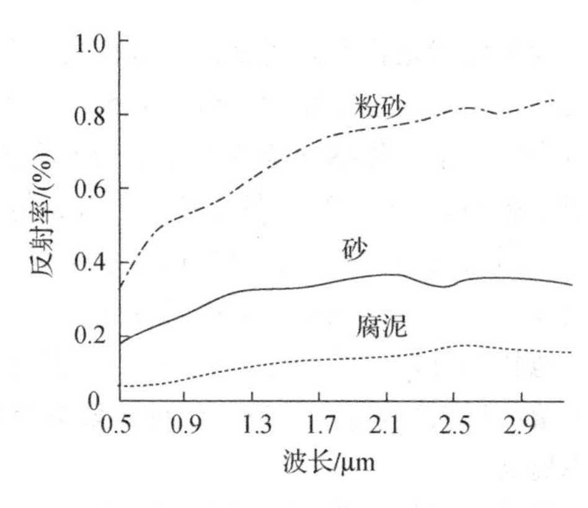

图2.11 不同土壤的反射光谱曲线

——岩石的反射波谱特性。岩石成分、矿物质含量、含水状况、风化程度、颗粒大小、色泽、表面光滑程度等,都会影响反射波谱特性曲线的形态。在遥感探测中,可以根据不同岩石的类别选择不同的波段,如图2.12所示。

水体的反射主要在蓝绿光波段,其他波段吸收率很强,特别在近红外、中红外波段有很强的吸收带,反射率几乎为零。因此,遥感中常用近红外波段确定水体的位置和轮廓,在此波段的黑白影像上,水体的色调很黑且与周围的植被和土壤有明显的反差,易于识别。但当水中含有其他物质时,反射光谱曲线会发生变化。水含泥沙时,由于泥沙的散射作用,可见光波段发射率会增加,峰值出现在黄红区;当水中含有叶绿素时(图2.13),近红外波段反射明显抬升。这些都是影像分析的重要依据。

3.影响地物反射光谱特性的因素

研究地物波谱特性是遥感的重要组成部分,是研究遥感成像机理、研制传感器、选择遥感最佳探测波段,以及遥感图像处理与分析中波段组合选择、专题信息提取等的重要依据。地物反射光谱特性是复杂的,它受地物本身性质与入射通量有关,而很多因素会引起入射通量及地物性质的变化,如:太阳位置、传感器位置、地理位置、地形、季节、气候变化、地面湿度变化、地物本身的变异、大气状况等。

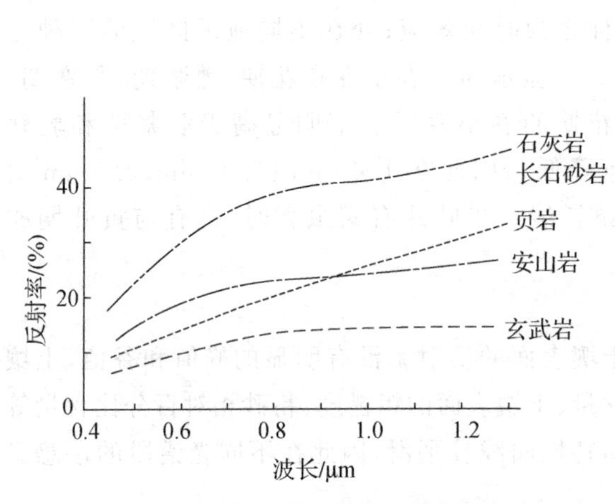

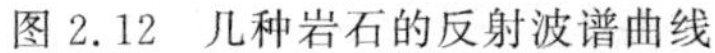
图 2.12 几种岩石的反射波谱曲线

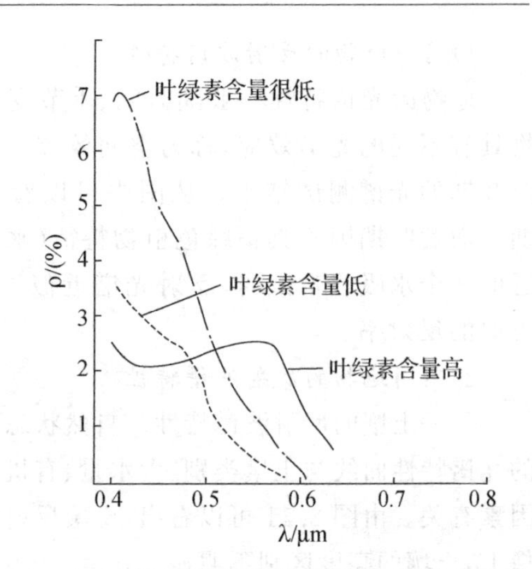

图 2.13 不同叶绿素含量的海水反射光谱曲线

太阳位置是指太阳高度角和方位角。如果太阳高度角和方位角不同，则地物入射照度就会发生变化。为了减小太阳位置对地物反射率变化的影响，卫星轨道大多设计在同一地方时通过当地上空。传感器位置指传感器的观测角和方位角，通常传感器多设计成垂直指向地面以减小影响，但由于卫星姿态变化会引起传感器指向偏离垂直方向，仍会造成反射率的变化。

不同的地理位置、太阳位置、地理景观等都会引起反射率变化，还有海拔高度不同，大气透明度改变也会造成地物反射率的变化。

地物本身性质的变异，如植物的病害将使反射率发生较大变化；土壤的含水量也直接影响着土壤的反射率，含水量越高红外波段的吸收就越严重。另外，水体含沙量的增加将使水的反射率提高。

随着时间的推移、季节的变化，同一种地物的光谱反射率特性曲线也会发生变化。比如新雪和陈雪(图 2.14)，不同月份的树叶等。即使在很短的时间内，由于各种随机因素的影响(包括外界的随机因素和仪器的响应偏差)也会引起反射率的变化，使得同一幅影像中引起的光谱反射率变化将在某一个区间中出现，图 2.15 为影响大豆反射率变化的区间。

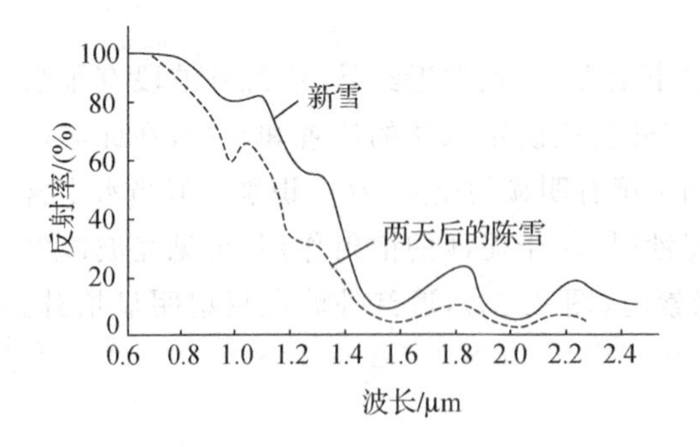

图 2.14 新雪和陈雪的反射光谱曲线

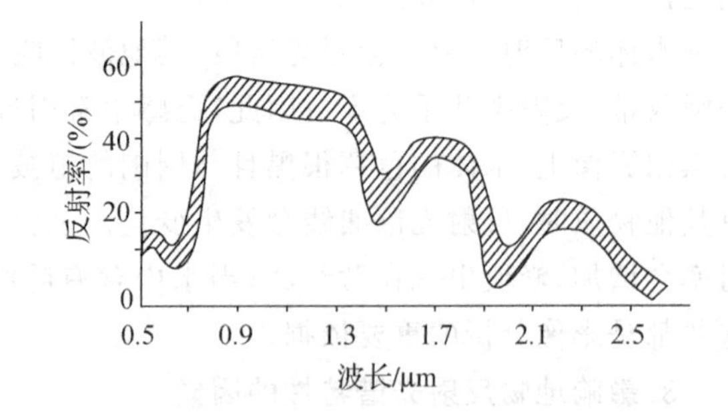

图 2.15 大豆的反射率变化范围

2.3.3 地物反射光谱特性的测量

1. 地物光谱特性测量的目的

地物波谱也称地物光谱。电磁波谱中，可见光和近红外波段(0.3～2.5 μm)是地表反射的主要波段，多数传感器使用这一区间。测量地物反射波谱特性的目的如下：

(1)它是选择遥感探测波段、验证和设计传感器的重要依据。这就要求在飞行前或卫星发射前系统地测量地面各种地物的反射波谱特性。

(2)为遥感数据大气校正提供参考标准。因此，地面测量最好与空中遥感同步进行。

(3)建立地物的标准反射波谱数据，为计算机图像自动分类和分析提供光谱数据，为遥感图像解译提供依据。如美国国家航空航天局 20 世纪 70 年代初建立的地球资源波谱信息系统(ERSIS)，美国普渡大学(Purdue University)1980 年建立的美国土壤反射特征数据库。美国喷气推进实验室(JPL)1981 年建立的野外地质波谱数据库，不仅存入 10 000 余种岩石和其他地物波谱数据，还存入了与测量有关的信息即时间、地点、位置描述、岩石种类、土壤与植物比例等，各种环境条件如风、云覆盖、太阳角，以及可能影响波谱的因素，成为一种关系型数据库。

地物反射波谱特性测量分为实验室测量和野外测量两类，野外测量又分为地面测量和航空测量。实验室测量是在限定条件下进行的，精度较高，但不是在自然状态下进行，所以与实际状况有一定的差别，所测数据一般仅作参考。野外测量是在实际的自然条件下进行的，因此能反映出测量瞬间实际地物的反射特性。

2. 地物反射光谱特性测量的原理

以 ASD 光谱仪为例。地物反射波谱特性测定是用光谱测定仪器(设置不同的波长或波段)分别探测地物和标准板，测量、记录和计算地物对每个波段的反射率，反射率随波长变化规律即为该地物的波谱特性。

地物或标准板的反射光经反射镜和入射狭缝进入分光棱镜产生色散，由分光棱镜旋转螺旋和出射狭缝控制逐一单色进入光电管，最后在微电流计中经放大后在电表上显示光谱反射能量的测量值。其原理是：先测量地物的反射辐射通量密度，在分光光度计视场中收集到的地物反射辐射通量密度为

$$\varphi_\lambda = \frac{1}{\pi}\rho_\lambda E_\lambda \tau_\lambda \beta G \Delta\lambda \tag{2.17}$$

式中，φ_λ 为反射辐射通量密度，ρ_λ 为光谱反射率，E_λ 为太阳入射到地面上的照度，τ_λ 为大气透过率，β 为光度计视场角，G 为光度计有效接收面积，$\Delta\lambda$ 为单色波长范围。

经光电转换变为电流强度，在电表上指示读数 I_λ，它与 φ_λ 的关系为

$$I_\lambda = K_\lambda \varphi_\lambda \tag{2.18}$$

式中，K_λ 为仪器的光谱辐射响应灵敏度。

然后测量标准板的反射辐射通量密度。标准板(由硫酸钡或石膏等物质制成)为一种理想的反射体，其反射率为 1(绝对白体)，但实际上只能做出近似的标准板，其反射率 ρ_λ^0 预先经严格测定并经国家质量监督检验检疫总局鉴定。当仪器观察标准板时，得到的光谱辐射通量密度为

$$\varphi_\lambda^0 = \frac{1}{\pi}\rho_\lambda^0 E_\lambda \tau_\lambda \beta G \Delta\lambda \tag{2.19}$$

同理，电表读数为

$$I_\lambda^0 = K_\lambda \varphi_\lambda^0 \tag{2.20}$$

将地物的电流强度与标准板的电流强度相比，并将式(2.17)至式(2.20)代入得

$$\frac{I_\lambda}{I_\lambda^0} = \frac{K_\lambda \varphi_\lambda}{K_\lambda \varphi_\lambda^0} = \frac{\varphi_\lambda}{\varphi_\lambda^0} = \frac{\frac{1}{\pi}\rho_\lambda E_\lambda \tau_\lambda \beta G \Delta\lambda}{\frac{1}{\pi}\rho_\lambda^0 E_\lambda \tau_\lambda \beta G \Delta\lambda} = \frac{\rho_\lambda}{\rho_\lambda^0} \tag{2.21}$$

则求得地物的光谱反射率为

$$\rho_\lambda = \frac{I_\lambda}{I_\lambda^0}\rho_\lambda^0 \tag{2.22}$$

再以波长为横轴、反射率为纵轴，在直角坐标系中就可绘出地物的反射波谱特性曲线。

3.地物反射光谱特性测量的步骤

(1)先设置仪器参数，并在野外安置仪器、连接电源线与数据线。

(2)野外数据采集，分别照准地物和标准板，仪器将自动测量和记录地物、标准板在各个波段的观测电流值 $I_{\lambda i}$ 和 $I_{\lambda i}^0$。

(3)室内数据转出，并按照式(2.22)计算地物在各个波段的反射率 ρ_λ。

(4)以 ρ_λ 为坐标纵轴，λ 为坐标横轴绘制地物反射波谱特性曲线。

由于地物波谱特性受多种因素影响而变化，如太阳高度、测试环境、仪器的位置等，所以应记录观测时的地理位置、自然环境(季节、气温、湿度等)和地物本身的状态，并要选择合适的光照角。

2.3.4 地物二向性反射特性

目前遥感中，通常假定地面目标是漫反射体即简单化、理想化的把地表看做各种同性的、均匀的朗伯体，地表与电磁辐射相互作用是各向同性。但事实上，地球表面并非朗伯体，地物与电磁波的相互作用也非各向同性，而具有明显的方向性。这种反射的方向性信息中，包含了地物的波谱特征信息和空间结构特征信息，而辐射的方向性信息是由物质的热特征及几何结构等所决定。因而，随着太阳高度角及观测角度的变化，地物的反射、辐射特征及地物瞬时所表现出的空间结构特征都会随之变化，这种变化记录在遥感图像上，将导致同一地物的反射、辐射信息产生较大差异。

方向反射率是对入射和反射方向严格定义的反射率，即特定反射能量与其面上的特定入射能量之比。实际地物的反射特性是随入射方向和反射方向而变化的，即反射率是入射角度和视角的函数，称为地物的二向性反射特性，它是自然界中地物表面反射的基本宏观现象。随着太阳入射角及观测角度的变化，地物表面的反射会有明显的差异，这种差异不仅与两种角度有关还随物体空间结构要素的变化而变化。

地物的二向性反射特性可用二向性反射率分布函数 BRDF(bidirectional reflectance distribution function)来描述，即

$$BRDF(\Omega_i, \Omega_r) = \frac{\mathrm{d}L(\Omega_r)}{\mathrm{d}E(\Omega_i)} \tag{2.23}$$

式中，Ω_i、Ω_r 分别表示入射方向(θ_i、ϕ_i)和反射方向(θ_r、ϕ_r)上的两个微小立体角(其中 θ_i、ϕ_i 表示入射辐射天顶角和方位角，θ_r、ϕ_r 表示反射辐射天顶角和方位角)；$\mathrm{d}E(\Omega_i)$表示在一个微小面积元 $\mathrm{d}A$ 上，特定入射光的辐射照度；$\mathrm{d}L(\Omega_r)$表示在一个微小面积元 $\mathrm{d}A$ 上特定反射光的辐射强度。图 2.16 显示了二向性反射现象的图解及各参量的含义。

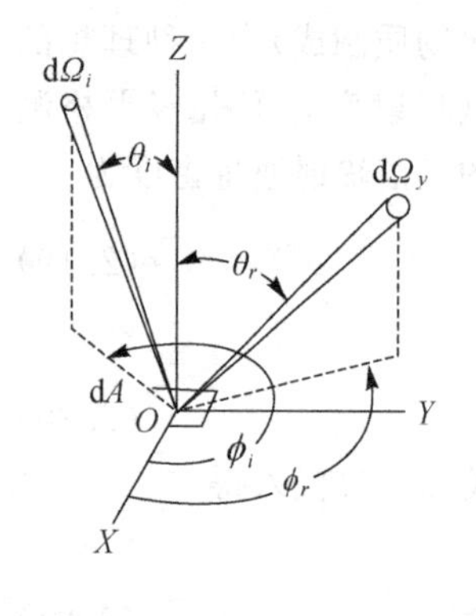

图 2.16 二向性反射分布函数图解

物体表面二向性反射率分布函数产生机理和模型的研究近年来取得了长足的进展，这是因为原来关于表面反射的理想化假定和近似(镜面反射、朗伯反射)不能满足对地观测技术发展的需

要,如宽视场遥感器由于观察方向的差异能产生极强的同物异谱现象,卫星过天顶时刻特定太阳高度角时观测到的反射率无法外延到其他位置,因而无法精确估计全日的平均反射率,等等。

二向性反射率分布函数与热红外辐射的方向性有直接关系,但当遥感像元内表面温度非处处均一时,热红外辐射的方向性就不只是由其表面的二向性反射率分布函数所确定。由于地物表面的二向性反射率分布函数载有其结构信息,多角度遥感具有反演地物表面亚像元尺度上结构参数的潜力,而由于地物结构对不同波段电磁波是共同的特征,地物结构即成为多波段与多角度遥感信息的融合点。

2.4　大气对电磁辐射传输的影响

遥感过程中对地面物体辐射的探测、收集是在大气中进行的,电磁波从太阳照射到地面,再从地面到达传感器两次经过大气层,因此大气对电磁波传输过程的影响是遥感主要考虑的问题。下面主要讨论大气的组成和大气层的结构、大气对电磁波传输过程的影响、大气窗口和辐射传输方程等问题。

2.4.1　大气成分和大气层结构

大气成分主要有氮、氧(约占99%)和各种微量气体如二氧化碳、甲烷、氧化氮、氢、臭氧等。除臭氧外,这些气体分子在80 km以下相对比例基本不变,约占大气总量0.3%的水汽在大气中浓度变化很大;悬浮微粒指半径在0.01～20 μm且比分子大得多的大气粒子,如霾、尘埃、液态水和固态水等,主要集中在紧靠地面几千米范围的大气层中。

大气层并没有一个确切的界限,离地球越远空气越稀薄。大气层的厚度一般取1 000 km,约相当于地球直径的1/12。大气按热力学性质可垂直分为对流层、平流层、中间层、电离层。

1. 对流层

对流层处于从地表到平均高度12 km的范围内,其上界往往随纬度、季节等因素而变化,极地上空仅7～8 km,赤道上空约16～19 km。对流层有明显的上下混合作用,主要的大气现象几乎都集中于此。对流层主要有以下特点:

(1)气温随高度上升而下降,每增高1 km约下降6°C,若地面温度为5～10°C时,则12 km处对流层顶部的温度约降至−55°C左右。

(2)对流层的空气密度最大,且与气压一样随高度升高而减小。地面空气密度为1.3 kg/m^3,气压为1×10^5 Pa,对流层顶部空气密度减小到0.4 kg/m^3,气压降低到2.6×10^4 Pa左右。

(3)空气中不变成分的相对含量是:氮占78.9%,氧占20.95%,氩等气体占不到1%。可变成分中,臭氧含量较少,水蒸气含量不固定,在海平面潮湿的大气中,水蒸气含量可达2%,液态和固态水含量也随气象变化。在1.2～3.0 km处是最容易形成云团的区域。

由于对流层空气密度大,而且有大量的云团、尘烟存在,电磁波在该层内被吸收和散射而引起衰减。因此,电磁波的传输特性主要在对流层内研究。

2. 平流层

平流层在12～80 km的垂直区间中,分为同温层、暖层和冷层。它们有以下特点:

(1)在12～25 km处为同温层,温度保持在−55°C左右,大气中的分子数减少,每1 m^{3}中为1.8×10^{24}个。

(2)在25～55 km处为暖层。这是因为在25～30 km有一层臭氧层,臭氧层因吸收太阳紫外辐射而升温;而在30～50 km处,随着臭氧含量逐渐减小,大气分子也从4×10^{23}个/m^3减少为4×10^{22}个/m^3。在55 km处的温度可达70～100℃,故称暖层。

(3)在55～80 km处称为冷层。因臭氧扩散至55 km处含量趋于0,不再有吸收太阳辐射的现象,温度降至−55～−70℃,大气分子也减少至10^9个/m^3。

3.电离层

电离层又称增温层,处于80～1 000 km,其顶层温度可达600～800℃。电离层空气稀薄,分子被电离成离子和自由电子状态。无线电波在该层会发生全反射现象(由于电波从高密度介质进入低密度介质的原因)。

4.外大气层

距地面1 000 km以上的高空称为外大气层。1 000～2 500 km范围主要是氦离子,称为氦层;2 500～2 5000 km主要成分是氢离子(又称质子),称为质子层。外大气层的温度高达1 000℃。

2.4.2 大气对电磁辐射传输的作用

用于遥感的辐射能在通过大气层时,其传输路径的长度是不同的。如被动式遥感需要两次通过大气层,而红外辐射仪直接探测地物的发射能量,它仅一次通过大气层。此外,路径长度还取决于遥感平台的高度,若传感器载于低空飞机上,大气对图像质量的影响往往可以忽略;但星载传感器所获得的能量需要穿过整个大气层,经大气传输后,其强度和光谱分布均会发生变化。大气净效应取决于电磁辐射能量的强弱、路径长度、大气条件以及波长等,它对遥感数据质量会产生重要影响。

大气对电磁波传输过程的影响包括散射、吸收、反射、扰动、折射和偏振。对于遥感数据来说,主要的影响因素是散射和吸收。由于大气分子及大气层中气溶胶粒子的影响,太阳辐射在大气层中传输时,一部分被吸收,一部分被散射,剩余部分穿过大气层到达地面;地物反射或辐射的电磁波在大气层中传输时,同样部分被吸收和散射,剩余部分穿过大气层到达传感器的接收系统,由此引起光线强度的衰减,进而影响传感器成像的质量。

1.大气吸收与大气窗口

大气吸收是将电磁辐射能量转换成分子的热运动,而使能量衰减。大气中对太阳辐射的主要吸收体是水蒸气、二氧化碳和臭氧。

臭氧主要集中于20～30 km高度的平流层,在紫外(0.22～0.32 μm)有个很强的吸收带,还在远红外9.6 μm附近有个弱吸收带。虽然臭氧在大气中含量很低,只占0.01%～0.1%,但对地球能量的平衡起着重要作用。

二氧化碳主要分布于低层大气,在大气中的含量仅占0.03%左右,人类的活动使之含量有所增加。二氧化碳吸收带全在红外区段,在中远红外(2.7 μm、4.3 μm、14.5 μm附近)均有强吸收带,最强的吸收带出现在13～17.5 μm的远红外段。

水蒸气(H_2O),这里不包括固态水中的水滴,一般出现在低空。其含量随时间、地点变化很大(0.1%～3%),吸收辐射是所有其他大气成分吸收辐射的数倍。最重要的吸收带在0.70～1.95 μm,2.5～3.0 μm,4.9～8.7 μm和15 μm～1 mm处,在这些区段水蒸气的吸收可超过80%。此外,还在微波波段1.63 mm及1.35 cm处有两个吸收峰。

氧气在微波0.253 cm、0.5 cm处也有吸收现象,另外像甲烷、氧化氮,工业集中区附近的高浓度一氧化碳、氨气、硫化氢、氧化硫等都具有吸收电磁波的作用，但吸收率很低，可忽略不计。

由于这些气体往往以特定的波长范围吸收电磁能量，吸收的多少与波长有关，即选择性吸收。根据实验测定主要的吸收带如图2.17所示。

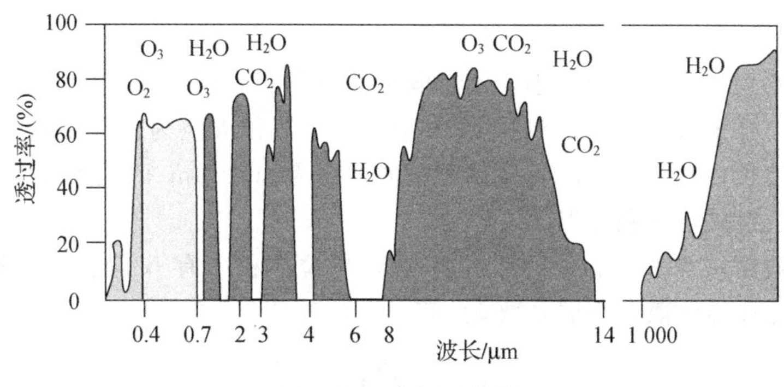

图2.17　大气吸收带

由于大气对电磁波吸收作用影响，使一部分波段的太阳辐射在大气中的透过率很小或根本无法通过。电磁波辐射在大气传输中透过率较高的波段称为大气窗口。为了利用地面目标反射或辐射的电磁波信息成像，遥感中对地物特性进行探测的电磁波“通道”应选择在大气窗口内。目前遥感常使用的一些大气窗口为：

——0.30～1.15 μm大气窗口，包括全部可见光、部分紫外和近红外波段，是遥感技术应用最主要的窗口之一。其中0.3～0.4 μm近紫外窗口透射率为70%，0.4～0.7 μm可见光窗口透射率约为95%，0.7～1.10 μm近红外窗口透射率约为80%。该窗口的光谱主要是反映地物对太阳光的反射，通常采用摄影或扫描的方式在白天收集目标信息成像，也称为短波区。

——1.3～2.5 μm大气窗口，属于近红外波段。该窗口习惯分为1.40～1.90 μm以及2.00～2.50 μm两个窗口，透射率为60%～95%。其中1.55～1.75 μm透过率较高，白天夜间都可应用，是以扫描成像方式收集目标信息，主要应用于地质遥感。

——3.0～5.0 μm大气窗口，属于中红外波段，透射率为60%～70%，包含地物反射及发射光谱，用来探测高温目标，例如森林火灾、火山、核爆炸等。

——8～14 μm热红外窗口，透射率为80%左右，属于地物的发射波谱。常温下地物光谱辐射出射度最大值对应的波长是9.7 μm。所以，此窗口是常温下地物热辐射能量最集中的波段，所探测的信息主要反映地物的发射率及温度。

——1.0 mm～1 m微波窗口，其中1.0～1.8 mm窗口透射率为35%～40%，2～5 mm窗口透射率为50%～70%，8～1 000 mm窗口透射率为100%。微波的特点是能穿透云层、植被及一定厚度的冰和土壤，具有全天候工作能力，因而越来越受到重视。遥感中常采用被动式遥感（微波辐射测量）和主动式遥感，前者主要测量地物热辐射，后者是用雷达发射一系列脉冲，然后记录分析地物的回波信号。

2.大气散射

电磁波在传播过程中遇到微粒而使传播方向发生改变，并向各个方向散开，称为散射。大气散射尽管强度不大，但太阳辐照到地面又反射到传感器的两次通过大气过程中，传感器所接收到的能量除了反射光还增加了散射光，从而增加了信号中的噪声部分，造成遥感影像质量的下降。在可见光波段范围内，大气分子吸收的影响很小，主要是散射引起衰减。

散射的性质与强度取决于微粒的半径和被散射光的波长。大气的散射方式随电磁波波长与大气分子直径、气溶胶微粒大小之间的相对关系而变，通常引入尺度数 $\chi=2\pi r/\lambda$ 作为判别标准，将散射过程分为三类：瑞利(Rayleigh)散射、米氏(Mie)散射和无选择性散射。

1)瑞利散射

当引起散射的大气粒子直径远小于入射电磁波波长，即 $r\ll\lambda$、$\chi\ll 0.1$ 时，称为瑞利散射，也称为分子散射。分子散射理论是瑞利 1871 年在试图解释天空为何呈现蓝色这一问题时提出的。可见光的波长在 0.5 μm 左右，气体分子的大小为 10^{-4} μm，因此大气中的氧、氮气体分子等对可见光的散射属于瑞利散射。

一般用散射截面 σ_{sc} 来表示粒子的散射能力，若单位体积中有 N 个独立散射的粒子，令各个粒子散射截面之和为体散射削弱系数 k_{sc}，有

$$k_{sc}=\sum_{i=1}^{N}\sigma_{sc,i} \tag{2.24}$$

根据理论计算可以得到瑞利散射的散射截面，即

$$\sigma_{sc}=\frac{32\pi^3(m-1)^2}{3N^2}\cdot\frac{1}{\lambda^4} \tag{2.25}$$

则瑞利散射的体积散射削弱系数为

$$k_{sc}=\sum_{i=1}^{N}\sigma_{sc,i}=\frac{32\pi^3(m-1)^2}{3N}\cdot\frac{1}{\lambda^4}=C\lambda^{-4} \tag{2.26}$$

式中，m 表示介质的折射率，一般为复数，其虚部代表吸收作用。当介质的吸收很小时，折射率可用一个实数来表示。对于空气分子，在标准状态下，$m=1.000\,293$，$N=2.688\times10^{25}\ \mathrm{m}^{-3}$，则有 $C=1.056\,3\times10^{-30}\ \mathrm{m}^3$。所以，标准状态下体积散射削弱系数为

$$k_{sc}=1.056\,3\times10^{-6}\lambda^{-4} \tag{2.27}$$

可见，瑞利散射的强度与波长的 4 次方成反比，即波长越短、散射越强，且前向散射(指散射方向与入射方向夹角小于 90°)与后向散射强度相同。瑞利散射多在 9～10 km 的晴朗(无云、能见度很好)高空发生，“蓝天”正是瑞利散射的一种表现。当日光与大气相互作用时，蓝光散射要比可见光其他较长波段散射强得多，从而天空呈现蔚蓝色。瑞利散射对可见光影响较大，而对红外的影响很小，对微波基本不产生影响。

瑞利散射是造成遥感图像辐射畸变、图像模糊的主要原因，它降低了图像的“清晰度”或“对比度”。对于彩色图像则使其带蓝灰色，特别是对高空摄影图像影响更为明显。因此，摄影像机等遥感仪器多利用特制的紫外滤光片(UV 镜)，阻止紫蓝光透过以消除或减少图像模糊，提高影像的灵敏度和清晰度。

2)米氏散射

当引起散射的大气粒子的直径约等于入射波长，即 $r\cong\lambda$、$0.1<\chi<50$ 时，出现米氏散射，也称为大颗粒散射。尘埃颗粒大小为 0.1～10 μm，云滴一般为几微米，他们相对于可见光而言就是米氏散射。但对于微波辐射，却可以用瑞利散射来处理。

大气中的气溶胶粒子是引起太阳电磁波米氏散射衰减的主要原因，气溶胶来源主要有两种途径：一是地球表面物质的扩散和大气中化学反应或冷凝、凝结作用；二是来自包括海洋的海盐粒子，以及随风传播的矿物粒子(如沙漠中的沙尘、由大气中微粒发生转化产生的硫酸、硝酸盐气溶胶)、有机质、工业燃料或生物燃料产生的含碳物质等，这些粒子大多在地球表面产

生，仍然留在大气边界层，但也可能被传送到海拔较高处。

米氏散射往往影响到比瑞利散射更长的波段，可见光及可见光以外的广大范围。它的效果依赖于波长，但不同于瑞利散射的模式，其前向散射大于后向散射。米氏散射与大气中微粒的结构、数量有关，其强度受气候影响较大。尽管在一般大气条件下，瑞利散射起主导作用，但米氏散射能叠加于瑞利散射之上，使天空变得阴暗。

1908 年米氏利用电磁场的基本方程求解电磁波的散射过程，得到了米氏散射的精确公式，但由于气溶胶变化很大，数据观测困难，散射削弱系数常用下列近似公式，即

$$k_{sc} = C\lambda^{-b} \tag{2.28}$$

当 $b=4$，米氏散射退化为瑞利散射。对大颗粒米氏散射 $b<4$，大约为 1～2，其数值随气溶胶或云滴半径而变化。

米氏散射讨论的是均匀的球形粒子对电磁波的散射。但实际上，气溶胶粒子大部分都是非球形的。当考虑非球形粒子散射时就遇到了两个难题：一是粒子形状不规则，二是粒子在空间取向的不同，此时米氏定理就不适用了。非球形粒子散射研究目前已成为定量遥感领域研究的热点。

3）无选择性散射

当引起散射的大气粒子的直径远大于入射波长，即 $d \gg \lambda$、$\chi > 50$ 时，出现无选择性散射，其散射强度与波长无关，属于几何光学散射范畴。大气中云、雾等的散射属于此类，其直径一般为 5～100 μm，大约同等散射所有可见光、近红外波段。正因为此类散射对所有可见光区段的散射是等量的，所以云和雾呈白色、灰白色。

大气散射对遥感数据传输的影响极大，降低了太阳光直射的强度，改变了太阳辐射的方向，削弱了到达地面或地面向外的辐射，产生了漫反射的天空散射光（又叫天空光或天空辐射），增强了地面的辐照和大气层本身的“亮度”。散射还使地面阴影呈暗色而不是黑色，使人们有可能在阴影处得到物体的部分信息。此外，散射使暗色物体表现得比它自身的要亮，使亮物体表现得比它自身的要暗。因此，它降低了遥感影像的反差，降低了图像的质量及影像上空间信息的表达能力。

另外，电磁波与大气的相互作用还包括大气反射。当电磁波到达云层时，就像到达其他物体界面一样，不可避免地要产生反射现象，这种反射同样满足反射定律。而且各波段受到不同程度的影响，削弱了电磁波到达地面的辐射程度，因此应尽量选择无云的天气接收遥感信号。

3. 大气透过率

电磁波在大气中传播时，因大气的吸收和散射作用，使强度减弱即被大气衰减，由此引起光线强度的衰减叫做消光。在可见光波段，吸收作用小（仅 3%），消光主要是由散射引起的。

若入射辐照度为 E_λ，在吸收和散射物质密度为 ρ 的介质中通过光路长 ds 后，光亮度减弱了 dE_λ，则有

$$dE_\lambda = -E_\lambda K_\lambda ds \tag{2.29}$$

式中，K_λ 表示消光系数，是散射和吸收引起的总衰减，且随大气层的厚度变化。

设 $s=0$ 处的辐射照度为 E_0，则 s 处的辐照度为

$$E_\lambda = E_0 e^{-\int_0^s K_\lambda ds} \tag{2.30}$$

光学厚度的定义为

$$\delta_\lambda = \int_0^s K_\lambda ds \tag{2.31}$$

它表示沿辐射传输路径单位截面上所有吸收和散射物质产生的总削弱，是一个无量纲量，则

$$E_\lambda = E_0 e^{-\delta_\lambda} = E_0 \tau \quad (2.32)$$

式中，$\tau = e^{-\delta_\lambda}$ 表示透过率。

当太阳天顶角为 θ 角时，光线通过的路径会产生变化，其相应的透过率为

$$\tau = e^{-\delta_\lambda \sec\theta} \quad (2.33)$$

2.4.3 电磁波的辐射传输方程

到达地球大气外边界的太阳辐射，大约 30% 被云层和其他大气成分直接反射返回太空，约有 17% 的太阳辐射被地球大气吸收，还有 22% 被散射并成为漫射辐射到达地球表面。因此，在进入地球外边界的太阳辐射中，仅有 31% 作为直射太阳辐射到达地球表面。

辐射传输方程是指从辐射源经大气层到达传感器的过程中电磁波能量变化的数学模型。在可见光与红外遥感中，被传感器接收的电磁波有两种类型：一是地物反射的太阳辐射电磁波，主要为可见光、近红外和中红外波段；另一种是地物自身发射的电磁波，主要集中在中红外、热红外。此外，电磁波传输过程还受到大气的吸收、散射等影响而衰减。同时，大气本身作为反射体（散射体）的程辐射（path radiance）也会进入传感器，使能量增加，它与所探测的地面信息无关，但会降低图像的清晰度。

1. 大气反射辐射传输方程

对可见光到近红外（0.4～2.5 μm）及中红外（3～5 μm）波段，遥感传感器主要接收的是地物对太阳辐射的反射电磁波，且传感器入瞳孔处的光谱辐射亮度是太阳辐射与大气、地面相互作用的总和。依据电磁波经过的路径（图 2.18），其能量变化的过程分为以下几个部分：

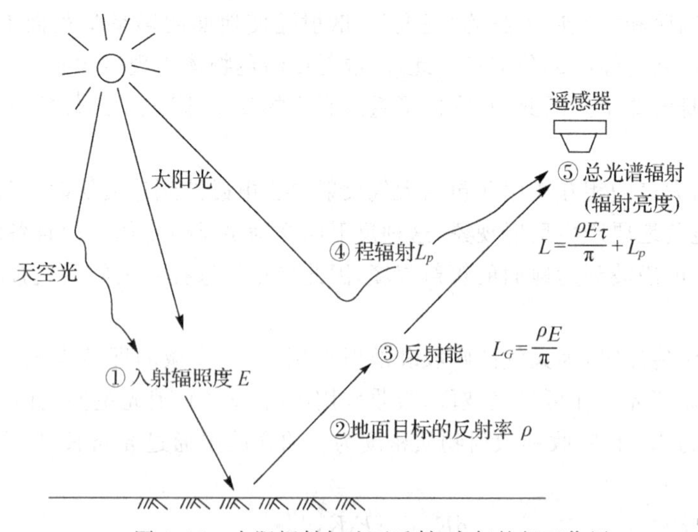

图 2.18 太阳辐射与地面反射、大气的相互作用

（1）在辐射传输过程中到达地面总辐射照度 E，主要是太阳辐射 E_0 经大气衰减到达地面的辐射照度 E_s 和大气散射辐照度 E_d 之和，即

$$\begin{aligned} E &= E_s^{❶} + E_d^{❷} \\ &= E_0^{❸} \cos\theta \cdot \tau + E_d^{❹} \end{aligned} \quad (2.34)$$

❶❷❸❹均是波长、空间、时间的函数，且部分与大气状况和观测角度等有关。

式中，τ 为大气透过率，θ 为太阳天顶角。

(2)地表目标对到达地表电磁辐射能量 E 的反射。假设地表反射为朗伯体的各向同性反射，则沿遥感器观测方向的地物目标反射出来的辐射能量 L_G 为

$$L_G = \frac{\rho E}{\pi} = \frac{\rho(E_0 \cos\theta \cdot \tau + E_d)}{\pi} \tag{2.35}$$

式中，ρ 地物表面的反射率。

(3)地物目标反射出来的辐射能量，经大气散射和吸收后进入遥感器，含有目标信息。此外，从太阳发射出的能量有一部分未到地面之前就被大气散射和吸收，其中一部分散射能量 L_p 也进入遥感器视场，但这一部分能量(程辐射)中却不含任何目标信息。因此被遥感器测得的总辐射亮度为

$$L = L_G + L_p = \frac{\rho}{\pi}(E_0 \cos\theta \cdot \tau + E_d) \cdot \tau + L_p^{❶} \tag{2.36}$$

2.地物热辐射传输方程

太阳辐射是地表发射能量的主要来源。地面吸收太阳短波能量(包括太阳直射光和天空漫射光)开始升温，将部分太阳能转为热能，然后再向外辐射较长波段的热红外能量，再穿过大气被传感器接收。考虑到热红外遥感大气窗口主要集中在 3.0～5.0 μm 中红外和 8.0～14.0 μm 的远红外波段，在热红外遥感的地—气辐射传输中(图 2.19)，地面与大气都是热红外的辐射源，辐射能多次通过大气层，被大气吸收、散射与发射。

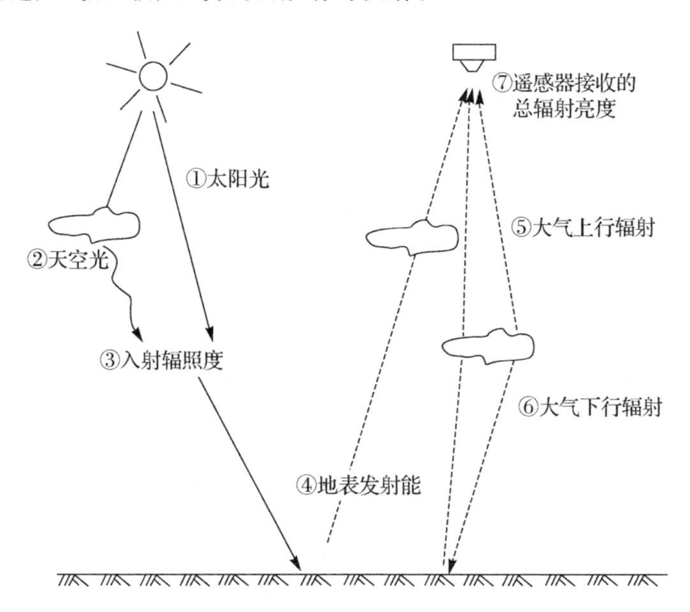

图 2.19　地—气辐射传输示意图

若假设地表和大气对热辐射具有朗伯体性质，大气下行辐射强度在半球空间内为常数，则热辐射传输方程可简化为

❶是波长、空间、时间的函数，且部分与大气状况和观测角度等有关。

$$L_{\lambda}=B_{\lambda}(T_S)\varepsilon_{\lambda}\tau_{0\lambda}+(1-\varepsilon_{\lambda})L_{0\lambda}^{\downarrow}\tau_{0\lambda}+L_{0\lambda}^{\uparrow} \tag{2.37}$$

式中，L_{λ} 为遥感器所接收的波长 λ 的热红外辐射亮度，$B_{\lambda}(T_S)$ 为地表物理温度 T_S 时的普朗克黑体辐射亮度，ε_{λ} 为波长 λ 的地表比辐射率，$\tau_{0\lambda}$ 为从地面到遥感器的大气透过率，$L_{0\lambda}^{\uparrow}$、$L_{0\lambda}^{\downarrow}$ 为波长 λ 的大气上行辐射和大气下行辐射。

式(2.37)中，第一项为地表热辐射经大气衰减后被遥感器接收的热辐射亮度(即被测目标本身的辐射)，第二项为大气下行辐射(大气向地面的热辐射)经地表反射后又被大气衰减最终被遥感器接收的辐射亮度，第三项为大气上行辐射亮度(大气直接热辐射)。

思考题与习题

1. 电磁波的波动性和粒子性有什么不同？又有什么联系？
2. 电磁波谱由哪些电磁波组成？这些电磁波有什么特点？
3. 什么是黑体？黑体辐射有什么特征？
4. 说出大气散射的类型及对电磁辐射传输的作用机理。
5. 地物反射光谱曲线测定的目的和作用是什么？
6. 简述沙土、植物和水的光谱反射曲线的特点。
7. 大气按热力学性质可分为哪几层？各有什么特点？
8. 什么是大气窗口？形成大气窗口的原因是什么？

第3章　遥感传感器

3.1　传感器概述

传感器是收集、探测、记录地物电磁波辐射信息的装置，是遥感对地观测的技术基础。传感器性能决定了获取图像信息的电磁波波段范围、光谱分辨率、空间分辨率、几何特性、物理特性、信息量大小和可靠程度等。

3.1.1　传感器组成

无论何种传感器，一般都由收集器、探测器、处理器、记录与输出设备等四部分组成，如图3.1所示。

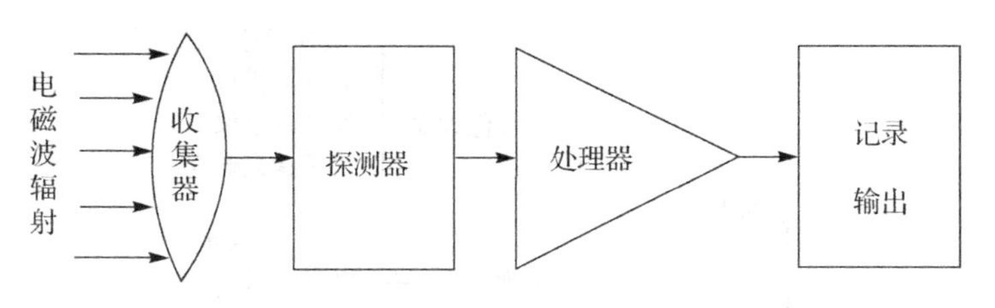

图3.1　传感器的组成

——收集器。收集来自目标物体的电磁波辐射能量。用做收集器的器件有透镜组、反射镜(组)、天线等。

——探测器。通过光化学反应或光电效应将收集到的地物电磁辐射能量转变成化学能或电能，以区分目标辐射能量的大小。感光胶片、光电二极管及其他光敏或热敏探测元件都是常用的探测器件，不同类型的探测器具有不同的光谱响应特性。

——处理器。将探测获得的辐射能信号进行处理，如信号放大、变换、校正、量化等以获取图像信息。

——记录与输出设备。记录或输出获取的信息。用于记录影像信息的有高密度磁带、高速阵列磁盘等，用做输出的设备有扫描晒像仪、阴极射线管、电视显像管、彩色喷墨记录仪等。

3.1.2　传感器分类

传感器的种类很多，分类的方式也多种多样，常见的分类方式有以下几种。

1.按工作方式分类

传感器按其工作方式或电磁波辐射来源的不同分为主动式和被动式两类(或称有源和无源)。主动式传感器本身向目标发射电磁波，然后收集目标后向散射的电磁辐射信息，如合成孔径侧视雷达、激光雷达等。被动式传感器本身不发射电磁波，只收集地面目标反射的太阳辐射信息或目标本身辐射的电磁波能量，如摄影机、多光谱扫描仪等。

2.按记录方式分类

传感器按照记录方式分为成像类和非成像类。成像传感器按其成像特点和性能获取目标区整幅图像;非成像传感器获取的是目标的特征数据或遥感辅助信息,如激光高度计记录的是平台高度数据。

3.按成像方式分类

传感器按照成像方式可分为摄影型、扫描型和微波三种。摄影型传感器按所获取图像的特性,又细分为画幅式、缝隙式和全景式三种;扫描型传感器按扫描成像方式,又分为光机扫描仪和推帚式扫描仪;微波传感器按其天线形式,分为真实孔径雷达和合成孔径雷达。

4.按成像波段分类

按成像波段的多少和波段的细分程度,传感器可分为单波段、多光谱、高光谱和超光谱传感器。单波段传感器只能获取一个波段的图像,如画幅式摄影机;多光谱传感器可得到几个波段图像,光谱分辨率为几十到几百纳米,如多光谱扫描仪、专题制图仪等;高光谱传感器可得到几十到几百个波段,光谱分辨率在十纳米左右;而超光谱传感器可以得到更多的波段和更细的波段划分,光谱分辨率在一个纳米左右。

图 3.2 以树结构形式显示传感器的主要类型。

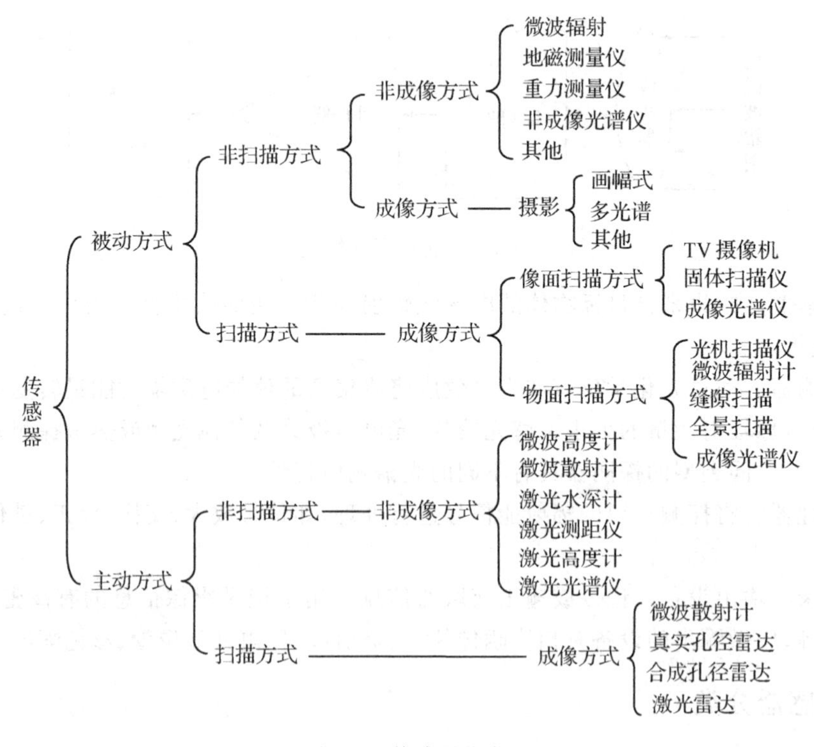

图 3.2 传感器分类

3.1.3 传感器性能

评价传感器性能的技术指标和参数有很多,但对大多数用户而言,传感器的空间分辨率、波谱分辨率、辐射分辨率、时间分辨率和视场角是衡量其性能的主要指标。传感器的分辨率除受制造时的技术条件限制外,还要适合其设计目的和应用领域,因此不宜单纯用分辨率指标的高低来评价不同传感器性能的优劣。

1.空间分辨率

空间分辨率(spatial resolution)是指遥感影像能区分的最小单元的尺寸或大小,是表征传感器分辨空间目标细节能力的指标。不同种类传感器对其空间分辨率有不同的表述方式,主要分为直接表述方式和间接表述方式两种。直接表述方式有地面分辨率(ground resolution)、像素分辨率(pixel resolution)和地面采样间隔(ground sampling distance,GSD);间接方式有瞬时视场角(instantaneous field of view,IFOV)和影像分辨率(image resolution)。

地面分辨率是指遥感影像能分辨的最小地面尺寸,是空间分辨率最常用也是最基本的表述方法。其他各种表述方式都可以归化为地面分辨率。

像素分辨率主要用于光电转换型传感器,指一个像素所对应的地面距离或尺寸。传感器成像时的原始像素并不是一个点,而是有其自身的尺寸,其大小等于探测器单个探测单元的大小或阵列探测器相邻单元的间隔。若像素分辨率为 D_P,像素大小为 d,则二者的关系为

$$D_P=\frac{H}{f}d \tag{3.1}$$

式中,H 为平台高度,f 是传感器光学系统的焦距。值得注意的是,存储后的数字图像的每个像素都是一个点,没有大小,观察时的像素大小取决于图像输出设备,但每个像素对应的地面尺寸是不变的。

地面采样间隔是航空数码相机空间分辨率的表述方式,其本质与像素分辨率相同。瞬时视场角是指传感器的探测单元相对于投影中心形成的张角,任一类型的光学传感器的瞬时视场角是固定不变的,地面分辨率的高低取决于平台的高度。若用 $\Delta\theta$ 表示 IFOV,则其与像素大小的关系为

$$\Delta\theta=\frac{d}{f} \tag{3.2}$$

这时式(3.1)变为

$$D_P=H\cdot\Delta\theta \tag{3.3}$$

影像分辨率用于描述摄影型传感器的空间分辨能力,是指区分最小影像单元的能力,一般用影像上单位长度能区分明暗相间的线对数来表示,单位是每毫米线对数(lps/mm)。这时,影像分辨率和地面分辨率的关系可表示为

$$D=\frac{H}{f}\cdot\frac{1}{R} \tag{3.4}$$

式中,D 是地面分辨率,R 为影像分辨率。显然,用影像分辨率求出的地面分辨率与像素分辨率是不均等的,前者大体上是后者的2倍。

2.波谱分辨率

波谱分辨率(spectral resolution)是指传感器接收目标辐射的波谱时能区分的最小波长间隔,或一个成像波段的波长范围。波段范围越窄,波长间隔越小,分辨率越高。衡量传感器的波谱分辨能力不仅要考虑探测波段范围的宽窄,还要考虑能同时探测的波段数量和总的波长范围。

传感器的波谱分辨率越高,记录的波段也越多,得到的波谱信息就越丰富,越有利于对地面目标的分析、识别与分类。特别是当波谱分辨率高于物质诊断吸收峰的半宽时,可以有效地提取地物的诊断吸收峰,从而准确区分地物类别,甚至确定目标的元素构成。

由于传感器受探测器光谱响应灵敏度的限制，波谱分辨率和空间分辨率一直是不可兼得的一对矛盾。要提高波谱分辨率，就要降低空间分辨率，反之波谱分辨率就不可能太高。目前，有两种方法解决这一矛盾：一是开发具有更高波谱灵敏度的新型探测器；二是将高空间分辨率和高光谱分辨率图像进行融合。在实际应用中，并不是波段越多、波谱分辨率越高或空间分辨率越高，应用效果就越好，而是要根据遥感的任务和目的、处理目标的波谱特性及对地面区分的详细程度进行综合考虑，选择最为适宜的空间与波谱分辨率组合。

3. 辐射分辨率

辐射分辨率（radiometric resolution）是指传感器能区分的最小辐射量之差，它取决于传感器能够输出的地物电磁波辐射量的动态范围，以及记录时将该动态范围量化为有效灰度值的等级数。动态范围越大，能划分的灰度级就越多，辐射分辨率就越高，如图 3.3 所示。遥感图像是以每个像素的量化级数评价其辐射分辨率，量化级数越多，辐射分辨率就越高。传感器的输出被量化为 2^n 级，遥感图像量化的灰度级有 256 级、128 级、64 级不等。

图 3.3 不同辐射分辨率的遥感图像

由于辐射分辨率代表了传感器对辐射量的区分能力，因此热红外传感器的辐射分辨率实际上代表对地表温度差别的分辨能力。目前，热红外图像的温度分辨率可达 0.1 K，常用的 TM 第 6 波段图像可分辨出 0.5 K 的温差。

4. 时间分辨率

时间分辨率（temporal resolution）指对同一目标相邻两次探测的时间间隔，也叫重访周期。时间分辨率取决于卫星轨道的类型、传感器的视场范围及传感器的侧视能力。根据回归周期的长短，时间分辨率可分为三个级别：

（1）短周期时间分辨率。以小时为单位，用于观测一天之内的变化。

（2）中周期时间分辨率。以天为单位，可以观测一年内的变化。

（3）长周期时间分辨率。一般观测以年为单位的变化。

时间分辨率对动态监测意义重大，如天气和气候变化、自然灾害监测、土地利用监测等；还可以通过预测发现物体运动规律，进行自然历史变迁研究和运动力学分析，如可以分析河口、三角洲、城市发展变迁趋势。合适的时间分辨率是进行遥感信息挖掘的基础或保障。

5. 视场角

视场角(FOV)是传感器对地扫描或成像的总角度,决定了一幅图像对地面的覆盖范围。视场角越大,一幅图像所包含的地面范围就越广,完成对一个区域覆盖所需的图像帧数就越少,处理效率就越高。此外,视场角还决定了某些传感器的基高比,视场角越大,基高比就越大,高程测量精度就越高,反之,将降低高程测量精度。如美国的大画幅相机 LFC,将相幅设计为23 cm×46 cm 以提高基高比,航向相幅比旁向增大了一倍。我国的测地卫星也采用这个策略来提高基高比。

3.2 摄影型传感器

用光学系统成像并用胶片记录影像的传感器称为摄影型传感器,所得到的图像称为摄影图像。摄影型传感器主要由摄影机、滤光片和感光材料组成。不同类型的摄影机、滤光片和感光材料的组合,将产生几何特性和物理特性各异的摄影图像。

3.2.1 摄影机及其成像

摄影机按其结构可分为画幅式、全景式、缝隙式和多光谱四种。

1. 画幅式摄影机

画幅式摄影机的特点是整幅图像同时曝光成像,所得像片为中心投影像片。画幅式摄影机是最常见的摄影机类型,按平台高度分为航空和航天摄影机。常用的航空摄影机有国产航甲 17、德国 Zeiss 的 RMK 以及瑞士 Wild 的 RC-10、RC-20 和 RC-30 等,如表 3.1 所示。带有像移补偿和 GPS 导航的摄影机如 RMK3000、RC-30 等,目前仍在使用中。

表 3.1 常用的航空摄影机

<table>
<tr><th>产地</th><th>型 号</th><th>像幅/mm</th><th>焦距/mm</th><th>分辨率 lps/mm</th><th>畸变/μm</th></tr>
<tr><td rowspan="4">瑞士</td><td rowspan="4">RC-20
RC-30
(有 FMC)</td><td rowspan="4">230×230</td><td>303</td><td rowspan="4">70～80</td><td rowspan="4">±7</td></tr>
<tr><td>213</td></tr>
<tr><td>153</td></tr>
<tr><td>88</td></tr>
<tr><td rowspan="5">德国</td><td rowspan="5">RMK
(有 FMC)</td><td rowspan="5">230×230</td><td>610</td><td rowspan="5">40～50</td><td>±50</td></tr>
<tr><td>305</td><td>±3</td></tr>
<tr><td>210</td><td>±4</td></tr>
<tr><td>153</td><td>±3</td></tr>
<tr><td>85</td><td>±7</td></tr>
</table>

注:表中 FMC(forward motion compensation)是像移补偿装置。

表 3.2 列出了几种有代表性的航天摄影机。从表中可以看出 LFC、KFA 和 KWR 的摄影性能都十分优良,这为利用航天遥感图像进行目标识别,特别是地形图测制提供了良好的基础。

2. 缝隙式摄影机

缝隙式摄影机又称航带式或推扫式摄影机,摄影瞬间获取的是与航向垂直、且与缝隙等宽的一条影像带。当平台向前飞行时,在相机焦平面上与飞行方向垂直的狭隙中会出现连续变化的地面影像,从而完成对地面的覆盖。

表 3.2　航天画幅式摄影机

名称	国家	焦距/mm	像幅/mm	航高/km	地面分辨率/m	像片比例尺
MC	德国	305	230×230	250	16～33	1∶82 万
LFC	美国	305	230×460	225	10	1∶74 万
KATE	俄罗斯	200	180×180	280	25	1∶104 万
MKL	俄罗斯	300	180×180	280	8	1∶80 万
KFA-1000	俄罗斯	1 000	300×300	275	5	1∶25 万
KWR-1000	俄罗斯	1 000	180×180	220	1～2.5	1∶22 万
KFA-3000	俄罗斯	3 000	300×300	250	1	1∶12 万

3. 全景摄影机

全景摄影机又称全景扫描相机，成像与缝隙式相机类似也是一条很窄的条带，条带方向平行于平台移动方向。全景摄影机的特点是焦距长，可达 600 mm 以上，承影面在扫描方向是以后节点为中心的圆弧，保证了每个扫描带都能得到清晰的影像，圆弧的总弧度决定了全景相机的扫描视场。由于摄影视场角很大，理论上能达 180°，可摄取航迹到两侧地平线之间的广大地区，故称为全景摄影机。

4. 多光谱摄影机

多光谱摄影机可在曝光瞬间摄取同一地区多个波段影像，常见的有单镜箱和多镜箱两种形式。单镜箱型又称为光束分离型，其成像原理是在物镜后利用多个半反光透镜将收集到的光束分离并成像在不同方向的感光材料上，在胶片前面加上不同颜色的滤光片，从而同时得到多个波段影像。多镜箱型是将多个镜箱捆装在一起，并在不同镜箱的镜头前设置不同的滤光片，从而获得多光谱像片。

3.2.2　摄影图像的物理特性

图像的色调或颜色特性称为图像的物理特性，是由目标的光谱特性、滤光片性质和感光材料特性所决定。黑白图像的物理特性用影像的色调差别来体现，而彩色图像则是由不同的颜色来表达。

1. 黑白图像的物理特性

根据摄影学知识，在正常条件下黑白像片上的影像密度为

$$D = D_0 + \gamma \log H \tag{3.5}$$

式中，D_0、γ、H 表示胶片的灰雾密度、反差系数和曝光量。曝光量是像面照度 E_P 和曝光时间 Δt 的乘积，即

$$H = E_P \cdot \Delta t \tag{3.6}$$

显然，当曝光时间一定时，曝光量随像面上的照度而变化。在航空航天摄影中，像面照度可表示为

$$E_P = \frac{\cos^4 \alpha}{4N^2} \int_{\lambda_1}^{\lambda_2} \tau(\lambda) \cdot (E_0(\lambda) \mathrm{e}^{-T(Z_1, Z_2)\sec\theta} \cdot \rho(\lambda) \cdot \mathrm{e}^{-T(0,h)} + E_A(\lambda)) \mathrm{d}\lambda \tag{3.7}$$

式中，α 为入射光线与主光轴的夹角，$N = f/D$ 为光圈系数，$\tau(\lambda)$ 是透镜、滤光片的透过率，$E_0(\lambda)$ 是太阳辐射照度，T 是大气衰减系数，θ 是太阳高度角，$\rho(\lambda)$ 是地物光谱反射率，h 为平台

高度，$E_A(\lambda)$为大气辐射照度，Z_1、Z_2 分别是海拔高度和大气上界高度。由式(3.7)可知，黑白图像物理特性的一般规律为：

(1)同一幅图像上影像的色调主要取决于地物的反射特性。反射率大的地物在负片上的色调深(密度大)，反射率小的色调就浅。多光谱图像上同一地物因对各波段的反射率不同，因此在各波段成像的色调也不一致。

(2)光线通过镜头后，像面照度从中心到边缘以 $\cos^4\alpha$ 的比率减弱，造成了像片上不同位置反射率相同的地物其影像色调并不一致。因此，航空和航天摄影机都有照度补偿装置，以便使像面上的照度分布尽量均匀。

(3)大气亮度使影像反差变小。大气亮度主要是由大气散射产生的，为了消除大气散射对摄影的影响，在摄影时应采用反差系数较大的胶片以提高影像反差。另外，可根据不同的摄影高度、天气情况和太阳高度角，选择合适的黄色或红色滤光片，以消除散射光，改善大气色温。

2.彩色图像的物理特性

彩色图像是用颜色表示地物的，较黑白图像有以下两个突出的优点。

(1)直观、真实。地面物体本身呈五颜六色，仅以灰度显示景物是一种不完全的信息表达方式，既缺乏丰富多彩的表现力，也缺乏真实感。彩色图像用色彩表示地物，符合人眼观察物体的习惯，可大大降低人眼观察时的疲劳程度。

(2)信息丰富，有利于目视解译和自动识别。在目视解译中，因受视觉功能的限制，人眼对黑白密度的辨别能力是很有限的，实验表明：

当密度为0.0～0.4时，能分辨的密度值间隔为0.04；

当密度为0.4～0.7时，能分辨的密度值间隔为0.16；

当密度为0.7～1.4时，能分辨的密度值间隔为0.40。

考虑到感光胶片的灰雾密度一般在0.15左右，故在上述的几个密度段内，眼睛能分辨出的灰阶数如下：

密度值为0.15～0.4时，能分辨$(0.4-0.15)\div0.04\approx6$(级)；

密度值为0.40～0.7时，能分辨$(0.7-0.40)\div0.16\approx2$(级)；

密度值为0.70～1.4时，能分辨$(1.4-0.70)\div0.40\approx2$(级)。

一般黑白图像的密度范围多在0.15～1.7内，由上面的算式可知，人眼能分辨出来的灰阶数只有10级左右。

彩色图像以颜色表示地物，而颜色有三个基本要素，即色别、明度和饱和度。影像的色别与物体反射的峰值波长有关；明度则取决于物体的反射率；饱和度则体现了颜色中所包含的消色成分，反射峰值对应的波长范围越窄，颜色的饱和度就越大。颜色三要素的组合为我们提供了丰富的视觉信息。正常人眼在可见光范围内(0.4～0.7 μm)能分辨出波长间隔为2～4 nm的不同色光，若按3 nm间隔计算，人眼能分辨的色别约为100种，再加上颜色的明度与饱和度，人眼能辨别出约10 000种颜色，这远远超过对灰度的分辨能力。

彩色图像有天然彩色和红外假彩色两种。无论是哪一种都是用色彩来表示地物，其影像的颜色主要决定于地物的光谱特性和感光材料的类型，当然也同摄影高度、天气状况和洗印条件等因素有关。下面分别介绍这两种彩色图像的物理特性。

天然彩色图像的颜色与天然色彩是一致的，但在实际摄影中，要真正做到彩色还原，即影像颜色与地物颜色完全一致是非常困难的。不同时间、不同季节、不同天气状况，太阳照射到地面的光谱成分就不同，这必然影响地物反射的光谱成分和图像的颜色。例如，太阳高度角较小时，大气中的水分较多，对红黄光的散射较强，大气呈红黄色，使影像色调偏红；平台越高，大气散射和吸收就越严重，一方面降低地物色彩的饱和度，另一方面散射的蓝色光与地物的反射光混合进入摄像机，使图像出现蓝青色的蒙雾。

在红外彩色图像上，绿色地物为蓝色影像，红色地物呈绿色，反射红外光强的地物呈红色。因红外片对蓝色不感光，所以蓝色物体在像片上是黑色。因此，红外影像受大气散射的影响较小，彩红外像片的颜色饱和度要高于天然彩色像片。在实际应用中，大量的红外彩色图像可以通过彩色合成的方法得到。

3.多光谱图像的物理特性

多光谱图像不仅反映了常规图像上所具有的地物空间特征，还记录了不同波段的光谱数据，为各种目视识别、地物的自动分类提供了更多有价值的信息。多光谱胶片都是黑白的，但可以根据需要把不同波段图像合成为天然彩色或假彩色图像。

多光谱图像的物理特性取决于波段的选取和地物在该波段的反射强度，因此选择合适的波段非常重要。波段的选择要根据图像识别的目的和地物的光谱反射特性来确定，以便增大影像的反差，易于区分。如雪山反射蓝光很强，雪山在蓝色波段与其他地物的界线就很分明，有利于调查和分析雪山范围和雪山水量；绿色波段对水体有最强的穿透能力，这对水底的解译有利；红色波段受大气散射影响较小，影像的对比度和清晰度较高，对地貌构造的解译非常有利；红外波段不受大气散射的影响，植被在此波段有较高的反射峰值，且不同植被、健康和非健康植被的反射率有较大差异，这对植被的分布状况和种类，以及生长状况的解译非常有利。

3.3　光机类扫描仪

光机（光学机械）类扫描仪是借助平台的飞行和自身的横向扫描来完成对地面的覆盖，由于具有电磁波响应范围宽、波谱分辨率高和可实时传输等特点，因而广泛应用于航空和航天遥感中。有代表性的航天光机扫描仪是搭载在美国陆地卫星的多光谱扫描仪、专题制图仪和增强型专题制图仪（enhanced TM，ETM）。我国研制的红外扫描仪，属于典型的机载光机型传感器。

3.3.1　光机扫描仪的组成

光机扫描仪由收集器、分光器、探测器、处理器和记录与输出装置等组成，他们在同步控制系统的控制下共同工作，如图 3.4 所示。由于光机扫描仪有热红外探测功能，因此还必须为热红外探测器配备专用的制冷装置和标准热辐射源。

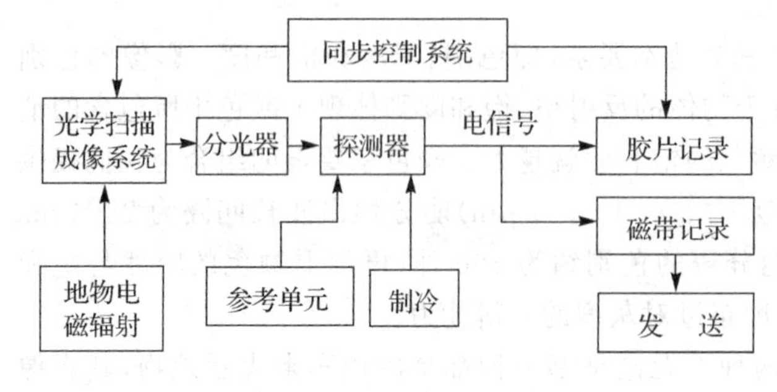

图 3.4　光机扫描仪的基本组成

1.收集器

收集器是将目标的电磁波辐射聚集并成像在探测器上。收集器分为扫描和成像两部分：扫描部分利用反射镜或棱镜的摆动或旋转，对地面作垂直于飞行方向的横向扫描；成像部分则把扫描镜反射的电磁波辐射成像在探测单元上。由于普通玻璃对红外线有较强的吸收作用，因此光学部件需用锗、硅、铍等贵重材料制作。此外，为了减少透镜介质对中红外和热红外电磁波的吸收，成像部分一般采用卡塞格伦、牛顿、格里高利等双反射望远镜方式，如图3.5所示。

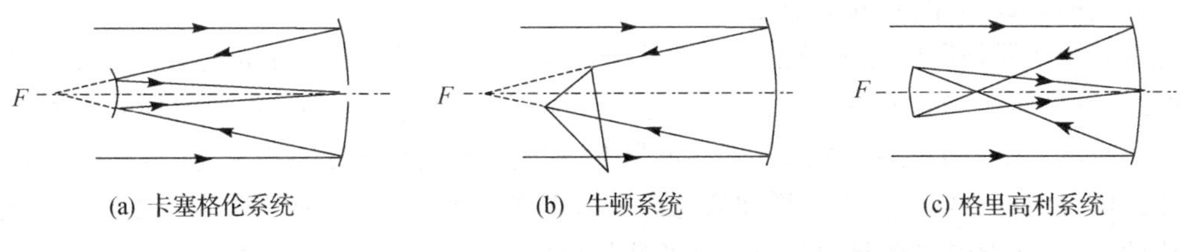

图3.5　双反射望远镜系统

2. 分光器

分光器由分光棱镜、衍射光栅和滤光片组成，其作用是将收集到的目标电磁辐射分解成所需要的光谱成分，并投射到相应波段的探测器上。

分光棱镜是依据透明介质的折射率随波长变化的原理进行分光。当一束混合光从棱镜通过后，由于不同波长光线的折射率不同，其相应的传播方向将彼此分开，如图3.6所示。根据光学原理，为了达到分光的目的，分光介质的入射面和出射面不能平行，要有一定的夹角，在不发生全反射的情况下，夹角越大分光性能越好。物理学理论和实验证明，$\alpha=60°$时分光棱镜有最佳的分光效果。

衍射光栅是由平行排列的细小狭缝或刻槽组成的一种光学器件。光线照射到光栅上就会引起衍射，其规律由光栅方程决定，即

$$(a+b)\sin\theta=\pm k\lambda \tag{3.8}$$

式中，$a+b$ 是光栅的刻痕间隔，称为光栅常数；θ 为光线出射角；λ 为波长；k 为衍射光谱级。

若入射光为白光，则除零级谱外将形成不同波长的光线分布在不同方向的现象，这就是光栅的分光作用。光栅的分光性能远远优于棱镜，但是普通光栅分光后能量损失较大，只能用于光谱分析。因此，作为传感器分光元件的光栅常常被设计成刻面略有倾斜的反射型光栅，即所谓的反射光栅，如图3.7所示。

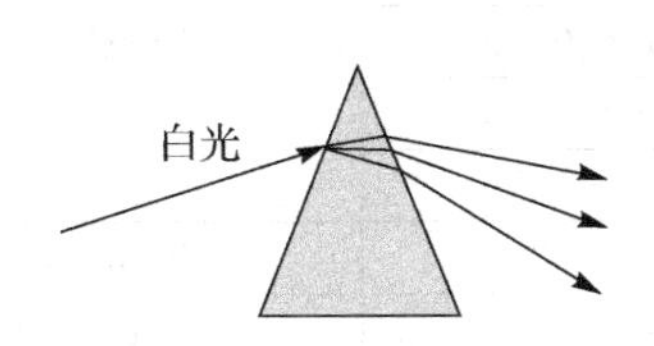

图3.6　分光棱镜示意图

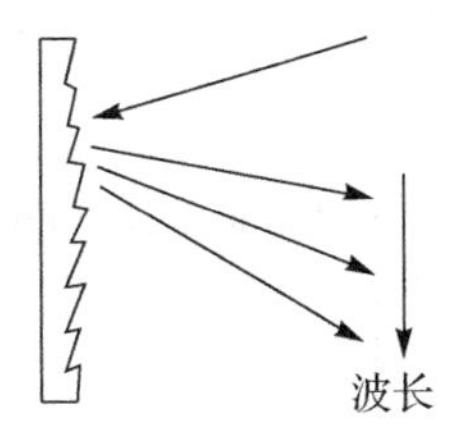

图3.7　反射光栅的分光

滤光片是从某一光束中透射或反射特定波长的元件，根据其透光性能分为长波通滤光片、短波通滤光片和带通滤光片。常见的有干涉滤光片、偏振光干涉滤光片等。

3. 探测器

光机扫描仪采用的是光电探测器件，其作用是把接收到的电磁辐射能量通过光电效应转换成电流或电压信号进行输出。光电探测器分为光电子(发射)、光电导和光伏探测器三类。

光电子(发射)探测器是利用光电子发射效应制作的。典型的光电子探测器是封装于真空

管中的电极所组成的光电管和光电倍增管。当光线通过窗口照射在阴极时，阴极释放电子，阳极收集所释放的电子，并以电压或电流的形式输出。光电子发射探测器的输入光能量和输出光电流具有良好的线性关系，但其功耗较大，且必须封装于真空管内，不能像半导体器件一样进行大规模的集成，只能制成单个元件。

光电导探测器是利用光电导晶体的光电导效应制作的探测器。在光电导晶体上装上电极，并在两电极间加上电压，晶体中就会有电流流动，称为暗电流。当光线照射到晶体时，禁带内的原子吸收一个光子能量，并激发到导电带上，产生一对自由电子与自由空穴，形成载流子，从而使晶体内的电流增加。由于增加的电流是由光照产生的，故称为光电流。通过检测输出光电流的大小，就能确定光照的强弱。这类器件结构简单，种类最多，应用也最广。

利用光生伏特效应制作的探测器称为光伏探测器。它的响应速度比光电导探测器快，适用于高速探测。制作光伏探测器主要采用半导体材料，因而便于集成为一维或二维探测器阵列；再加上其功耗小、响应灵敏度高，所以有着非常广阔的发展前景。

4. 处理器

从探测器输出的低电平信号，需经在探测器后面设置的低噪声前置放大器进行放大和限制带宽。前置放大器输出的视频信号输往磁带机，将模拟信号记录在磁带上。若要将信号记录在胶片上，则必须设计电光转换电路，将电信号转变成阴极射线管上显示的光信号，这时输出器上的光强度正好与目标辐射强度一致。如果要求输出信号为数字形式，则将视频信号用模数转换器数字化，对连续的模拟信号进行采样、量化和编码，变成离散的数字信号。

5. 记录与输出

除实时传输外，目前的记录介质主要是磁盘和磁带。磁带分模拟磁带和数字磁带两种。模拟磁带记录数据后形成的磁场强度与视频信号强度一致；数字磁带记录的是经采样、量化和编码后的数字数据。数字磁带又分高密度数字磁带（HDDT）和计算机兼容磁带（CCT）两种。当遥感平台到达地面接收站的接收范围时，将磁带上记录的数据传送至地面站。

表 3.3 几种光机扫描仪的成像性能

传感器名称	地面覆盖范围	光谱段/μm		地面分辨率
TM	185 km×185 km	TM-1	0.45～0.52	30 m×30 m
		TM-2	0.52～0.60	
		TM-3	0.63～0.69	
		TM-4	0.76～0.90	
		TM-5	1.55～1.75	
		TM-6	10.4～12.6	120 m×120 m
		TM-7	2.08～2.35	30 m×30 m
ETM	185 km×185 km	保留 TM 原有波段，并增加一个 0.50～0.90 μm 的全色波段		全色波段 15 m，热红外波段 60 m，其他波段 30 m

3.3.2 光机扫描仪的成像原理

如图 3.8 所示，光机扫描仪在扫描瞬间将瞬时视场内的地面辐射由扫描镜反射到成像镜组，经反射、聚焦、分光后分别照射到相应的探测器上，从而将辐射能转变为电信号。由于单个探测器没有空间分辨能力，所以，瞬时视场内的所有辐射在图像上被记录成一个像元，这个像元可以是多个波段的。当反射镜振动或扫描镜转动时，所指向的瞬时视场连续不断地变化，从而完成垂直于飞行方向的一个条带的扫描成像。当完成一个条带的扫描后，平台恰好运动到下一条带，扫描镜继续转动完成第二个条带的扫描。这样，平台运行和扫描镜转动的密切配合完成对地面的扫描覆盖。

光机扫描仪由于结构和使用目的不同，其成像过程的细节也不尽相同。如我国机载红外扫描仪只有一个红外波段，用旋转棱镜作为扫描镜，阴极射线管（cathode ray tube，CRT）扫描记录在胶片上。Landsat 系列携带的多光谱扫描仪可获得 4 个或 5 个波段，用振动反射镜作为扫描镜，采用单向扫描成像方式，每次扫描被分为 6 个成像带，用磁带记录。光机扫描仪的种类很多，表 3.3 列举了几种典型的光机扫描仪。但是，由于受其结构和成像原理的限制，光机扫描图像的几何特性不稳定，影像变形较大，空间分辨率较低，不利于精确定位及目标的细节解译。

3.3.3 光机扫描图像的地面分辨率

光机扫描图像的地面分辨率指一个像元所对应的地面尺寸，亦即物方瞬时视场的大小。对扫描仪来说，其瞬时视场角是固定不变的，所以地面分辨率的大小由平台高度和扫描角决定。由图 3.9 可知，地面分辨率可表达为

$$D_{纵}=\Delta\theta \cdot H \cdot \sec\theta \tag{3.9}$$

$$D_{横}=\Delta\theta \cdot H \cdot \sec^2\theta \tag{3.10}$$

式中，$D_{纵}$、$D_{横}$ 分别表示沿飞行方向、扫描方向的地面分辨率，$\Delta\theta$ 为瞬时视场角，H 为平台高度，θ 为扫描角。

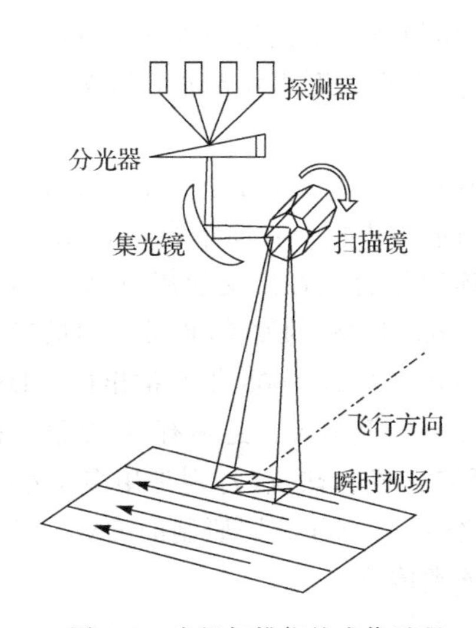

图 3.8 光机扫描仪的成像过程

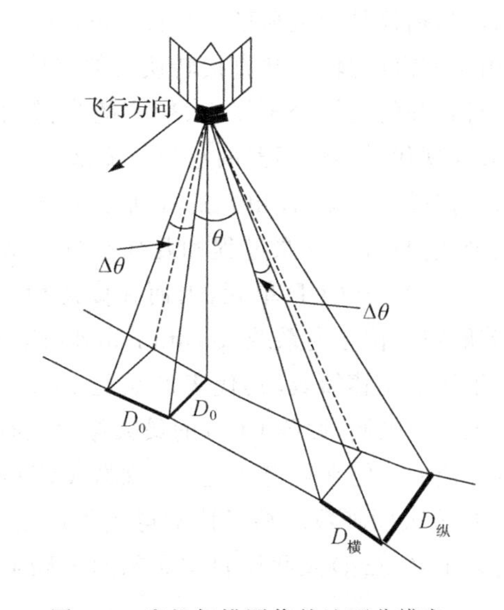

图 3.9 光机扫描图像的地面分辨率

由式(3.9)和式(3.10)看出：地面分辨率随像点的位置不同而变化，在星下点处（即 $\theta=0$ 时）最高，且纵向与横向分辨率相等；其他位置的地面分辨率从中间向两边逐渐降低，且纵向分辨率高于横向分辨率。因此，通常光机扫描图像的标称分辨率是指星下点的分辨率。为了控制像片边缘分辨率的大幅度下降，总扫描角不能太大。如多光谱扫描仪的总扫描角为±5.78°，4～7 波段的瞬时视场角为 0.082 mrad，Landsat 轨道高度为 918 km，由式(3.9)和式(3.10)计算得出多

光谱扫描仪的地面分辨率为 79 m×79 m。

3.3.4 光机扫描图像的物理特性

光机扫描仪用光电探测器来响应地物的电磁波辐射，记录的波段范围从可见光到热红外区域。如 Landsat-6、7 上携带的 ETM 可获得 8 个波段图像，其中有 1 个全色波段、4 个可见光波段、2 个近红外波段和 1 个热红外波段。下面对光机扫描仪的特有波段作一简要介绍。

10.4～12.6 μm 称为热红外波段，该波段记录的是地物自身的热辐射特性。热红外图像的色调反映了物体的温度差别，活动火山与死火山、失火的树林与正常树林、静止飞机与即将起飞飞机等在热红外图像上有较大的色调差别。因此，热红外遥感在地热资源调查、火灾监控和热岛监测中具有很高的应用价值。

1.55～1.75 μm 是近红外波段，地物在此波段的反射率与其含水量有关，含水量高反射率就小。因此，近红外遥感常用于土壤含水量监测、农业旱情调查、植被长势监测和区分不同生长期的农作物等；不同种类的岩石在该波段的反射率差异也较大，在地质调查中可据此对岩石进行分类。2.08～2.35 μm 属短波红外波段，主要用于地质制图，特别是用于热液变岩环的制图。

3.4 固体扫描仪

固体扫描仪是用电荷耦合器件(charge coupled device，CCD)作为光敏探测器件的成像传感器，由于 CCD 的输出被直接转换为数字信号，所以固体扫描仪常被称为数字传感器。CCD 传感器有较高的空间分辨能力、较宽的光谱响应范围、直接数字化性能和灵活的立体构像方式，已成为现代遥感传感器的重要组成部分。

固体扫描仪依 CCD 单元的排列方式分为线阵列和面阵列扫描仪两种。线阵列扫描仪又称为推帚式扫描仪，成像过程和几何特性类似于缝隙扫描摄影机。目前单线阵 CCD 可集成 12 000～16 000 个 CCD 单元，因而在姿态稳定的航天遥感平台上被广泛使用，见表 3.4。同时，随着航空定位定向系统(position and orientation system，POS)的发展，推帚式扫描仪已成功应用于航空遥感领域，其代表产品是 Leica 公司的 ADS40 以及 2008 年新推出的 ADS80。受制造工艺的限制，面阵 CCD 的最大像素只有 4 000×7 000，几何尺寸还很有限，故很少在航天平台上使用。但在航空遥感中，面阵 CCD 相机的研究已成为热点，特别是用多个小面阵 CCD 拼接成大面阵数码相机技术得到了广泛应用，如 Zeiss 和 Z/I 共同研制的 DMC、Vexcel 公司的 UltraCam-D 及我国自主研制的 SWDC 都属于该类传感器。

表 3.4 几种典型的线阵 CCD 传感器的性能参数

参数	HRV	MOMS-02	QuickBird
搭载平台	SPOT 卫星	航天飞机	QuickBird 卫星
平台高度	832 km	296 km	450 km
地面覆盖	星下点 60 km 侧视 60～80 km	星下点 37 km 前视、后视 78 km	星下点 16.5 km

续表

参数		HRV	MOMS-02	QuickBird
成像波段	多光谱	0.50～0.59 μm 0.61～0.58 μm 0.79～0.89 μm	0.440～0.505 μm 0.530～0.575 μm 0.645～0.680 μm 0.770～0.810 μm	0.45～0.52 μm 0.52～0.60 μm 0.63～0.69 μm 0.76～0.90 μm
	全　色	0.51～0.73 μm	0.520～0.760 μm	0.45～0.90 μm
地面分辨率		全色 10 m 多光谱 20 m	全色 4.2 m(星下) 多光谱、前视及后视 12.8 m	全色 0.61 m 多光谱 2.44 m
立体构成方式		异轨立体	同轨立体	同、异轨立体

3.4.1　推帚式扫描仪成像原理

推帚式扫描仪主要由光学成像系统和线阵 CCD 构成。它一次获取垂直于平台移动方向的一行影像，随着平台的移动逐行完成对地面的覆盖，如图 3.10 所示。为了避免行间图像的重叠和遗漏，在获得一行影像的时间内，平台移动的距离必须正好是一行影像对应于飞行方向的地面距离。推帚式扫描仪省去了机械扫描装置，所以重量轻，图像的几何关系稳定、像素单元小、地面分辨率高、感光波段宽，并可以数字形式进行实时传输。

推帚式扫描仪也可获得立体图像，立体构成方式有同轨立体和异轨立体两种。同轨立体是指在同一条轨道方向上获取立体影像，具体方法是：在卫星上安置两台以上的线阵传感器，一台垂直指向天底方向，其余的则指向前进方向的前方或后方，并使传感器之间的光轴保持一定的夹角，如图 3.11 所示。随着平台的移动，三台传感就可获取同一地区的立体影像。为了便于立体观察，不同传感器获取的影像应有相同的构像比例尺，所以前、后视传感器的焦距应不同于正视传感器。如美国的立体测图卫星，前、后视线阵的主光轴与正视线阵的主光轴夹角均为 26.57°，卫星高度 705 km，正视传感器的焦距设计为 705 mm，而前、后视的焦距均设计为 775 mm，这样三台扫描仪获取的影像比例尺均为 1∶100 万。

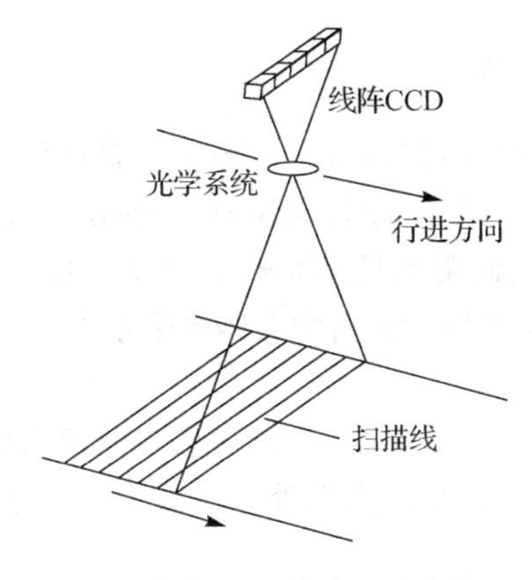

图 3.10　线阵 CCD 传感器的成像过程

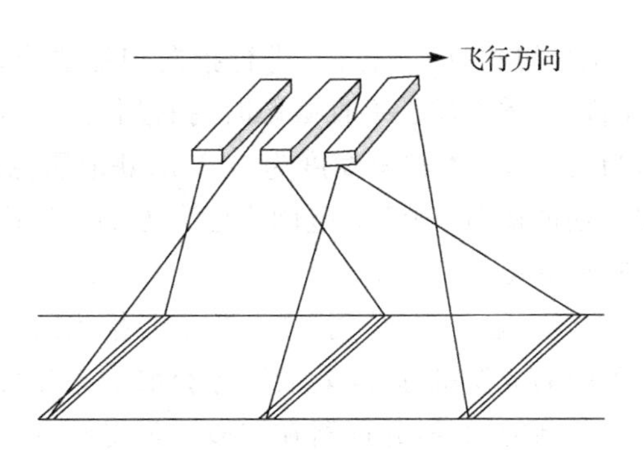

图 3.11　同轨立体观测

异轨立体是指在不同轨道上获取立体影像，如图 3.12 所示。一般使用两台以上的线阵传感器，一台垂直向下，获取本轨道的图像，另一台侧视观测相邻轨道，这样在两条轨道上得到的同一地区图像将构成立体像对。如 SPOT 卫星携带的高分辨率可见光传感器，其指向镜可绕平台移动方向在±27°的范围内旋转，不但可垂直获取本轨道内的影像，而且可侧向轨道的任意一侧实现不同轨道间的立体观测。由于异轨立体图像不能同时获得，两幅图像的摄影间隔一般有几天，因而图像色调相差较大，影响了立体观察的效果。另外，指向镜的旋转会造成平台姿态的不稳定。

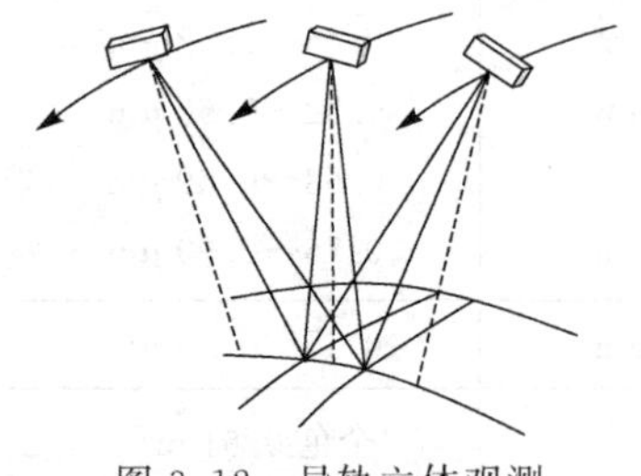

图 3.12 异轨立体观测

3.4.2 典型固体扫描仪简介

1. HRV

HRV(hight resolution visible imaging system)即高分辨率可见光成像系统，结构如图 3.13 所示。SPOT-1、2、3 上各搭载有两台 HRV，每台 HRV 由 4 条线阵 CCD 杆组成，具有多光谱和全色两种成像模式，可分别获取绿、红、红外和全色波段图像。全色 CCD 杆由 6 000 个光敏元件组成，每个像素对应地面距离为 10 m；每个多光谱 CCD 杆由 3 000 个光敏元件组成，具有 20 m 的地面分辨率。

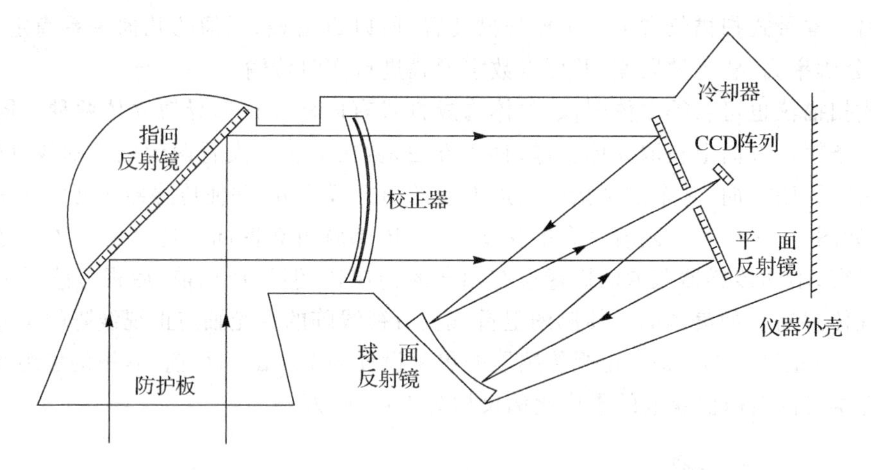

图 3.13 HRV 的基本结构

HRV 可根据地面指令进行指向扫描成像，既可进行垂直摄影，也可旁向倾斜成像，以获取“异轨”立体影像。垂直摄影时，扫描带的覆盖宽度为 60 km；倾斜成像时，指向镜的最大倾斜角为±27°，地面覆盖宽度为 80 km，获取影像的最远横向距离是 475 km。因此，HRV 可根据需要获取横向 950 km 范围内任一处的立体影像，是一种较为灵活的立体构像方式。

2. ADS40

ADS40 是 Leica 公司 2000 年 7 月推出的一种新型机载多线阵 CCD 成像与处理系统，其与众不同的成像机理、高效的图像获取能力和自动化程度较高的数据处理方式为航空遥感开辟了一条新的途径，并逐渐在许多国家得到应用。

ADS40 由 SH40 摄像头、CU40 控制单元、MM40 存储器、OI40 操作界面、PI40 导航界面、

PAV 30 平台组成。SH40 摄像头、CU40 控制单元用于获取扫描图像和每行图像的位置、姿态信息，是 ADS40 的核心部件；MM40 存储器完成惯性测量装置(inertia measurement unit，IMU)数据、GPS 数据、影像数据、飞行数据、飞行控制与管理系统输出数据的记录与存储；OI40 和 PI40 辅助系统完成摄影飞行任务，保障摄影成果质量满足用户要求；PAV 30 是保持相机姿态的一个相机平台，不作为 ADS40 的标准配置。

SH40 是设计独特的推帚式传感器(图 3.14)，采用焦距为 62.77 mm 的 DO64 大口径单镜头，视场角为 64°，分辨率为 150 lps/mm，畸变差为 1 μm。其焦平面上平行安置 7 个线阵 CCD 探测器，其中多光谱 4 个，可获取光谱范围 420～900 nm 的蓝、绿、红和近红外波段；全色 3 个，分别获取下视、前视和后视影像。每个多光谱阵列有 12 000个光敏单元，每个全色阵列由两条相错 3.25 μm 的 12 000 个光敏单元的线阵 CCD 组成，使地面采样间隔提高了一倍。前视和后视采用非对称排列，侧向角分别是 28.4°和 14.2°，可形成 14.2°、28.4°和 42.6°三种不同的交会角，使立体观测更为丰富。SH40 内置有惯性测量单元，每次摄影前无需在检校场对 IMU 进行校正。

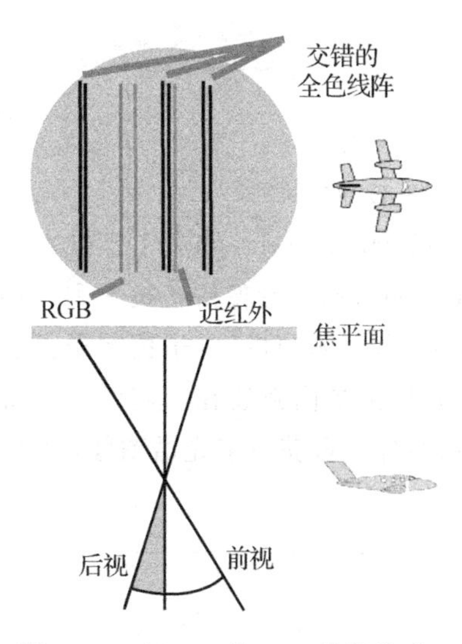

图 3.14　ADS40 的 CCD 线阵排列

ADS40 的姿态和航迹是由 DGPS 和 IMU 组成的 POS 系统来确定。GPS 生成 2 Hz 位置数据，IMU 生成 200 Hz 的位置及俯仰、横滚及偏流姿态数据，这两种长周期与短周期测量数据互相补充与校正，最后得到以 80 Hz(1.2 ms 间隔)输出的后处理轨道数据。ADS 40 数字航摄仪主要参数见表 3.5。

表 3.5　ADS40 数字航摄仪主要参数

数据采集性能		相机参数	
CCD 动态范围	12 bit	焦距	62.77 mm
模数转换器采样率	14 bit	CCD 像素大小	6.5 μm
数据带宽	16 bit	全色　465～680 nm	2×12 000 像素
数据格式	压缩 RAW	蓝色　430～490 nm 绿色　535～585 nm 红色　610～660 nm 红外　835～885 nm	12 000 像素
压缩数据辐射分辨率	8 bit	视场角	46°
GPS 采样频率	2 Hz	前视方向与底点夹角	28.4°
IMU 采样频率	200 Hz	底点与后视方向夹角	14.2°
POS 输出频率	800 Hz	地面采样间隔	15 cm(航高 2 880 m)

ADS40 对地扫描时，在焦平面的不同位置一次获得沿飞行方向的 7 幅条带影像，如图 3.15 所示，条带的宽度和图像的地面采样间隔取决于平台的飞行高度。

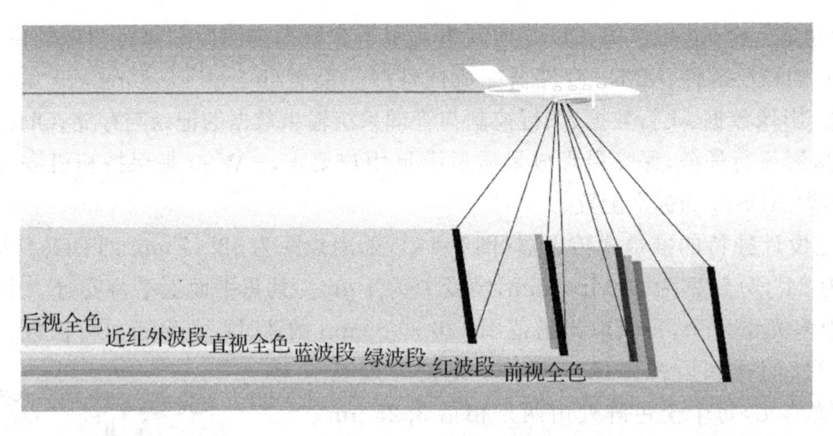

图 3.15 ADS40 的成像过程

3. DMC

DMC 是 Zeiss 和 Z/I 公司 2000 年合作推出的机载面阵 CCD 数码相机。它由多个小面阵 CCD 相机通过影像拼接技术和专用后处理软件，形成具有虚拟投影中心的大面阵 CCD 相机。DMC 由主体相机、电子控制单元、在线数据记录设备和地面处理系统组成，如图 3.16 所示。主体相机是由封装在一起的 8 台面阵 CCD 相机组成，其中 4 台用于获取高分辨率的全色图像，另外 4 台获取多光谱图像，其主要性能指标见表 3.6。

图 3.16 DMC 相机

表 3.6 DMC 的主要性能参数

焦距	120 mm	
CCD 像素大小	12 μm×12 μm	
全色 400～680 nm	7 680×13 824 像素	
蓝色 400～500 nm 绿色 500～590 nm 红色 590～675 nm 红外 675～850 nm	2 000×3 000 像素	
视场角	全 色	航向 42°， 旁向 69.3°
	多光谱	航向 52.35°，旁向 72.8°
像幅	95 mm×168 mm	
地面采样间隔	14.4 cm(比例尺 1∶8 000)	
辐射分辨率	12 bit	
原始图像格式	RAW	

主体相机内装备的像移补偿装置可使 CCD 面阵传感器控制电路按时间延迟方式工作，也称为全电子像移补偿装置，大大增强了低空和高速摄影的性能。

全色相机沿飞行方向呈 2×2 矩阵排列，它们之间的航向和旁向距离分别为 80 mm 和 170 mm，每个镜头对应4 096×7 168 像素的 CCD 阵列，并相对于垂直方向偏离一定的角度(航向、旁向分别倾角 10°和 20°)。4 个全色镜头所获取的子影像间存在一定程度的重叠，通过倾斜纠正、平移等后处理和拼接之后，可生成一幅由 7 680×13 824 像素组成的虚拟中心投影影像。CCD 的像素尺寸为 12 μm，因此 DMC 的相幅尺寸相当于 95 mm×168 mm。而 4 个多光谱相机均匀地排列在全色相机周围，可获取 2 000×3 000 像素的蓝、绿、红、近红外 4 个波段影像，与全色影像的融合处理后，最终可输出 7 680×13 824 像素的高分辨率真彩色和彩红外影像。

当 DMC 相机工作在全彩色 12 bit 状况下，系统每 2 s 就可得到一幅 260 MB 原始 RAW 图像，这就要求相机具有高速数据传输和存储能力。在线数据记录设备就是为此而设计的，它由三个并行操作的基于完整 PCI 总线的记录仪组成。相机得到的图像数据，通过各自独立的光纤从 CPU 传送到可插拔的移动硬盘，每个硬盘的容量为 280 GB，共有 840 GB 的存储能力。在高分辨率和四波段彩色模型状态下，DMC 一次运行能拍摄并存储 2 000 张以上像片。此外，DMC 数字摄影相机包含有一套完整的地面后处理系统，可以将原始图像转换整合成标准的中心投影的数字图像。该系统由一个框架机柜组成，装有可插拔移动硬盘和一个多 CPU 的服务器，在 4 小时之内能处理完一次拍摄的全部数据，处理后的影像是标准的、开放式的数据格式。

3.5　侧视雷达

用于成像的侧视雷达（side-looking radar，SLR）有真实孔径雷达（real aperture radar，RAR）和合成孔径雷达（synthetic aperture radar，SAR）两种。由于真实孔径雷达的分辨率较低，目前已不再作为成像雷达（imaging radar）使用。

SAR 属于主动式传感器。在成像时，雷达本身发射一定波长和功率的微波波束，然后接收并记录目标后向散射的带有目标属性信息的回波信号，从而获取地面物体的微波图像。与其他传感器相比，侧视雷达有以下几个明显的优点：

（1）微波能穿透云雾和雨雪，有全天候工作能力，适用于实时动态监测。

（2）微波对地物有一定的穿透能力。如微波可穿透几十米的沙层和上百米的冰层，对中度含水量的土壤能穿透几米甚至十几米，可用于地下勘探和军事目标探测。

（3）SAR 图像不仅包含了地物对微波的反射或散射的强弱，而且还包含了回波的相位信息，从而可利用雷达干涉测量来确定目标的高度。

（4）SAR 图像的地面距离分辨率与平台高度无关。

3.5.1　侧视雷达成像原理

1. 真实孔径侧视雷达

1）真实孔径侧视雷达的成像过程

真实孔径侧视雷达主要有天线、接收与发射转换开关、微波发射机、脉冲发生器、控制定时器和显示记录装置等组成，如图 3.17 所示。成像雷达安装在飞机或卫星上，天线平行于飞行方向侧向一边。

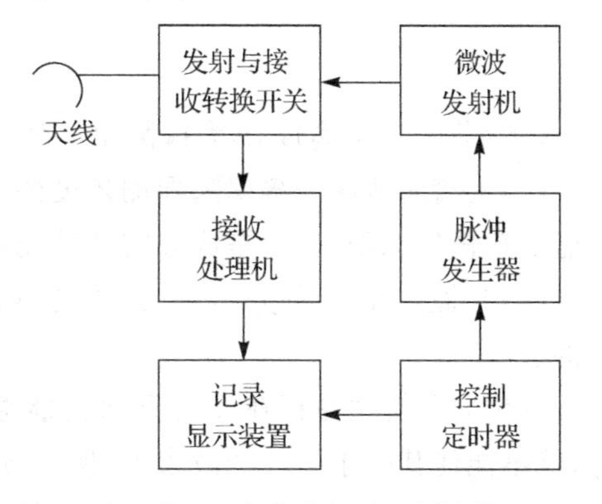

图 3.17　真实孔径雷达的结构

在平台运行时，雷达向垂直于飞行方向（距离向）发射脉冲，脉冲波束在飞行方向（方位向）很窄，但在距离向则较宽，覆盖了地面上方位向很窄的条带，如图 3.18 所示。接收与发射转换开关转向接收，接收机按照先后次序逐个接收地面返回的微波信号，并由显示记录装置进行记录或显示。一个条带记录完后，在胶片上形成一条视频回波线即微波图像(像点的亮度反映了目标的回波强度，而位相则取决于物体至天线的距离或回波时间)。然后，平台向前飞行至下一条带，继续发射脉冲并接收影像。如此反复，完成对地面的条带式覆盖。

2)真实孔径侧视雷达的地面分辨率

真实孔径侧视雷达图像的地面分辨率分为方位向分辨率和距离向分辨率。如图 3.19 所示，设地面上 A、B 两点的回波是天线接收到的相邻回波，A、B 两点到天线的距离分别为 R_A 和 R_B，微波往返传输时间分别是 t_1 和 t_2，则

$$t_1=\frac{2R_A}{c},\quad t_2=\frac{2R_B}{c}=\frac{2(R_A+\Delta R)}{c} \tag{3.11}$$

式中，c 为电磁波的传播速度。两个回波的时间差为

$$\Delta t=t_2-t_1=\frac{2}{c}\Delta R \tag{3.12}$$

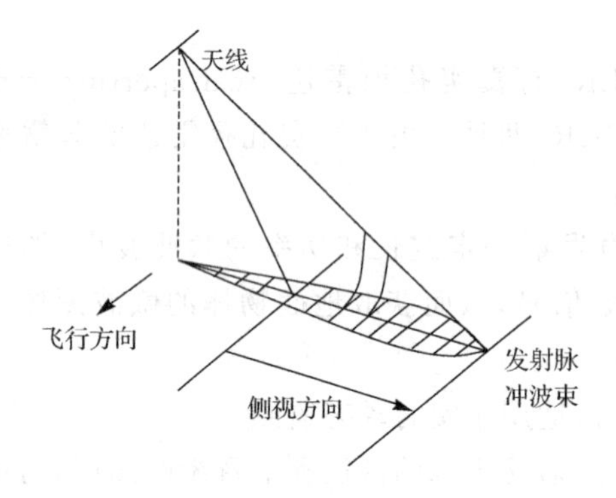

图 3.18　真实孔径雷达的成像过程

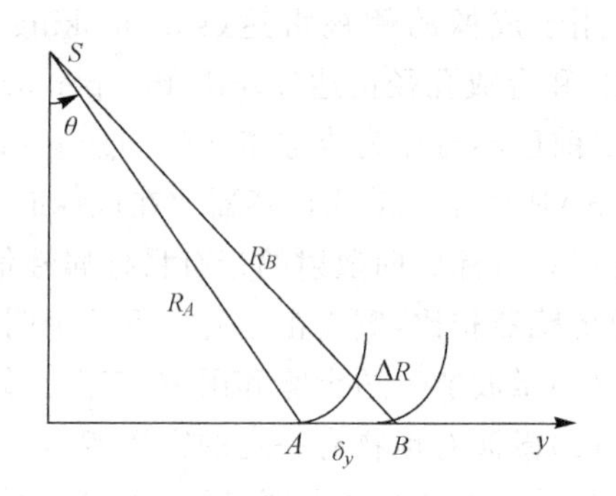

图 3.19　距离分辨率示意图

对于雷达系统而言，接收时间间隔即脉冲宽度是一定的，因此 ΔR 为定值，称为侧视雷达的距离向分辨率。若令脉冲宽度为 τ，则距离向分辨率为

$$\Delta R=\frac{c}{2}\tau \tag{3.13}$$

由此可得真实孔径侧视雷达图像的距离向地面分辨率 δ_y 为

$$\delta_y=\frac{c\tau}{2\sin\theta} \tag{3.14}$$

式中，τ 为探测脉冲宽度，θ 为探测角。从式(3.14)可看出：

(1)距离向地面分辨率随探测角度的增大而提高，越靠近星下点分辨率越低，在星下点处不能分辨任何地物，这就是成像雷达需要侧视的原因。

(2)要提高距离向分辨率必须减小脉冲宽度，目前常采用脉冲压缩技术来实现这一目的。

方位向分辨率是指在飞行方向上能够分辨的地物最小尺寸。欲在该方向上区分两个目标，就不能使其处于同一个波束内，所以方位向分辨率就是微波波束在方位向上对应的地面宽度。根据天线理论，波束角等于发射波长与天线长度的比值，即

$$\beta=\frac{\lambda}{d} \tag{3.15}$$

式中，β 是波束角，λ 为波长，d 是天线的孔径。参照图3.20，方位分辨率 δ_x 可用下式表示为

$$\delta_x=R\cdot\beta=\frac{H}{\cos\theta}\cdot\frac{\lambda}{d} \tag{3.16}$$

从式(3.16)看出，要提高方位向分辨率需采用较短波长的微波，或加大天线孔径，缩短观测距离，这几项措施无论在飞机上或卫星上都受到限制。例如，若要求方位向分辨率为25 m，当波长为5.7 cm、卫星高度为600 km、侧视角为40°时，天线孔径需大于或等于1 790 m。显然在卫星平台上安装这样大的天线是不可能的。因此，真实孔径侧视雷达的方位向分辨率很低，为了解决这个问题，目前采用合成孔径技术来提高侧视雷达的方位向分辨率。

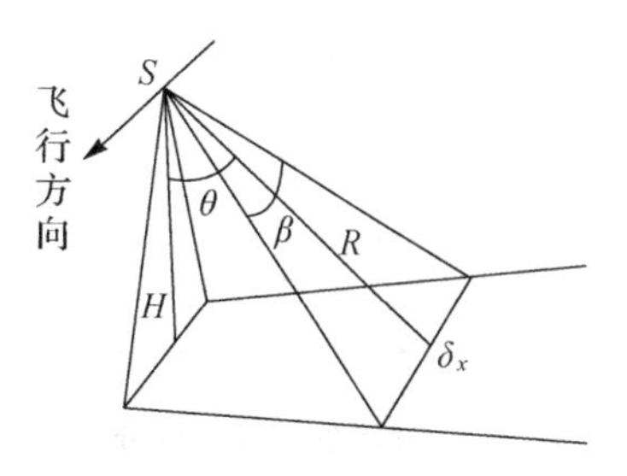

图3.20 真实孔径雷达的方位向分辨率

2.合成孔径侧视雷达

1)合成孔径的基本原理

合成孔径的基本原理是用一个小天线沿飞行方向作直线运动，在移动中相隔一段距离发射一束微波，并接收地面目标对该发射位置的回波信号(包括振幅和相位)。这样地面同一地物，在天线波束角对应的长度 L_S 的范围内被多次探测，相当于长度为 L_S 的天线阵列所探测的信号，如图3.21所示。合成天线是在不同的时刻接收地面信息，而天线阵列则是在同一时间完成探测。由于同一目标在不同位置被多次记录，原始的合成孔径雷达图像是被拉长的包含回波强度和相位的条带，必须进行特殊处理才能成为清晰的图像。

由于雷达天线发射具有相干性的微波，因此在远距离探测时，其波束角可用夫琅禾费衍射来解译。设有 N 个天线组成一个阵列(图3.22)，在远场的 θ 方向第 n 个天线的辐射可写成

$$E_n\propto a_n e^{i\varphi_n}e^{-i\omega d_n\sin\theta} \tag{3.17}$$

式中，E_n 是第 n 个天线辐射的光场分布，a_n 是振幅，φ_n 是初相位，ω 为角频率，d_n 是天线间隔，θ 是辐射方向。若每个天线的振幅和初相位都相等，则阵列天线的总远场为

$$E\propto a e^{i\varphi}\sum_{n=1}^{N}e^{-i\omega d_n\sin\theta} \tag{3.18}$$

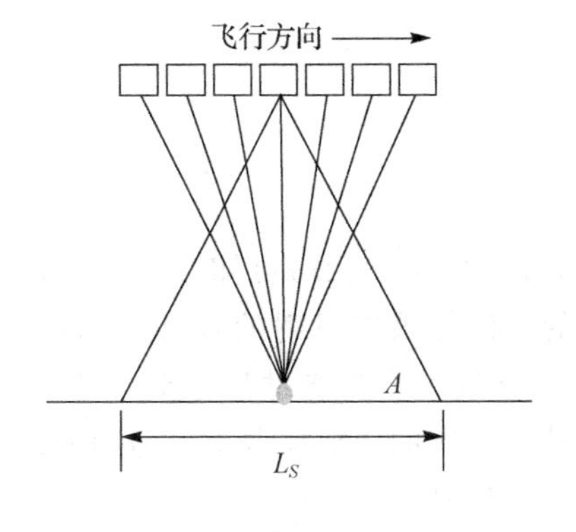

图3.21 合成孔径原理

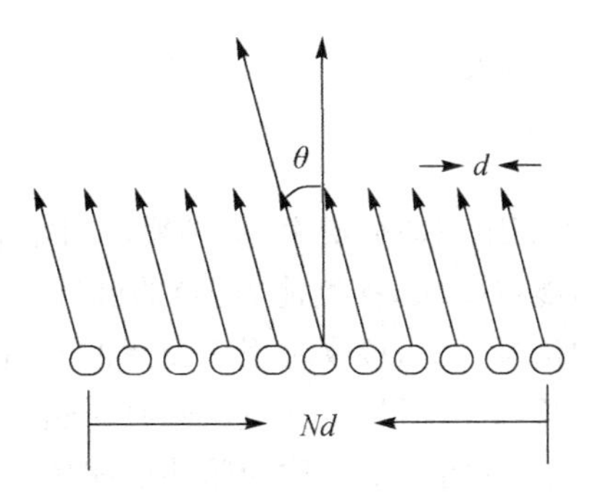

图3.22 天线阵列的远场辐射

根据相干叠加原理,当 $\theta=0$ 时,光场强度出现零级主最大;当光程满足 $N\omega d\sin\theta=2k\pi$ 时,出现各级最小,如图 3.23 所示。在各级最小的中间,出现各级次最大,且大部分能量都集中在零级主最大的半宽度中。零级主最大称为天线的主波瓣,它的半宽度称为天线的波束角,用 β 表示,其他各级次最大称为旁瓣。显然,主波瓣的半宽度是第一级最小方向和零方向的夹角。这时 $\kappa=1$,并考虑图 3.23,则

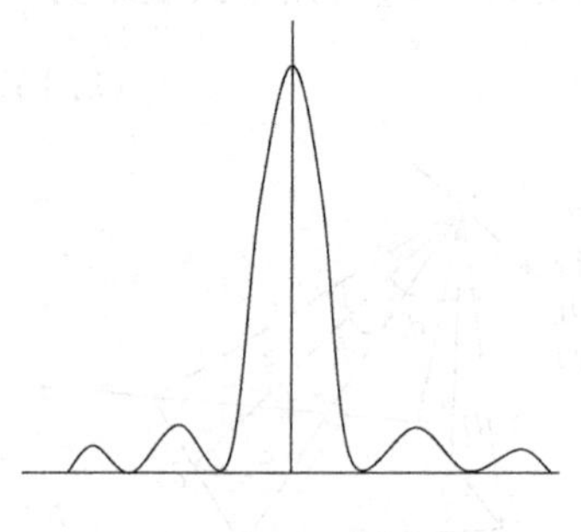

图 3.23 远场的光场强度分布

$$\beta=\sin^{-1}\frac{2\pi}{\omega Nd}\approx\frac{\lambda}{Nd}=\frac{\lambda}{L_S} \tag{3.19}$$

由于到达地面的微波又反射回天线,相当于一个长度为 L_S 的辐射体的远场辐射,因此合成孔径雷达成像时的等效波束角为 $\beta_S=\frac{\lambda}{2L_S}$,故合成孔径雷达的方位向分辨率可表示为

$$\delta_{SX}=R\cdot\beta_S=R\cdot\frac{\lambda}{2L_S} \tag{3.20}$$

而 $L_S=R\cdot\frac{\lambda}{d}$,代入式(3.20)得

$$\delta_{SX}=\frac{d}{2} \tag{3.21}$$

式中,d 为合成孔径雷达天线的真实孔径。

由式(3.21)可以看出,合成孔径雷达的方位向分辨率有如下特点:

(1)方位向分辨率与探测角度无关。

(2)方位向分辨率与探测波长无关。

(3)方位向分辨率与平台高度无关。

(4)理论上天线孔径越小,方位向分辨率越高。

合成孔径侧视雷达的距离向分辨率与真实孔径雷达相同。

2)合成孔径雷达的成像原理

合成孔径雷达是采用脉冲压缩技术和多普勒效应来实现成像的,其中脉冲压缩技术也用于提高距离向分辨率。脉冲宽度越窄,发射能量就越小,对地物的探测能力就越低。由傅里叶频谱分析可知,一个脉冲的频谱宽度可近似表示为

$$B=\frac{1}{\tau} \tag{3.22}$$

则式(3.14)可变为

$$\delta_y=\frac{c}{2B\sin\theta} \tag{3.23}$$

因此,要提高距离向分辨率,就必须采用宽带脉冲信号。从式(3.23)可知,要同时得到带宽很大和足够能量(τ 大,探测能力强)的脉冲是相矛盾的。但如果在发射的宽脉冲内采用调频方法以增加信号带宽,接收时用匹配滤波器进行相关运算处理将长脉冲压缩到 $1/B$ 宽度,这样就实现了长脉冲获得大的能量,同时又达到了短脉冲所具有的距离向分辨率,这种技术称为脉冲压缩技术,获得的信号称为脉冲压缩信号或大时带积信号。

常用的调频信号是线性调频脉冲信号(波形如图 3.24 所示),经过匹配滤波器之后的输出包络近似为 sinc 函数,如图 3.25 所示,脉冲宽度为 $1/B$,能量与发射能量相同。可见压缩后的

脉冲宽度反比于 B，而与 τ 无关。线性调频脉冲信号输入脉冲宽度 τ 与匹配滤波器输出的脉冲宽度 τ' 之比称为脉冲压缩比，即

$$C=\frac{\tau}{\tau'}=\frac{\tau}{1/B}=\tau\cdot B \tag{3.24}$$

式(3.24)表明，压缩比等于信号的时带积。

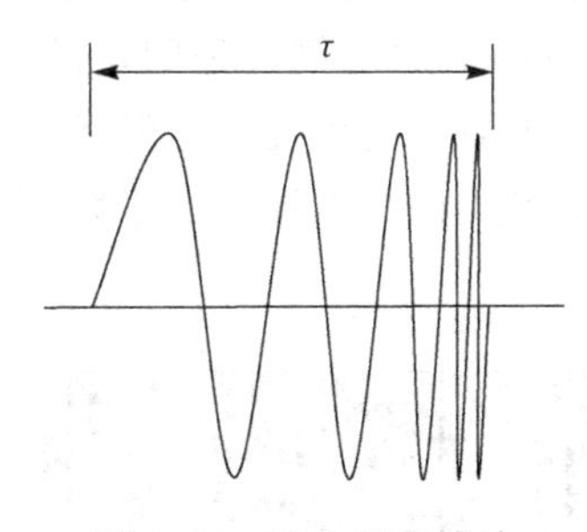

图 3.24　输入调频脉冲

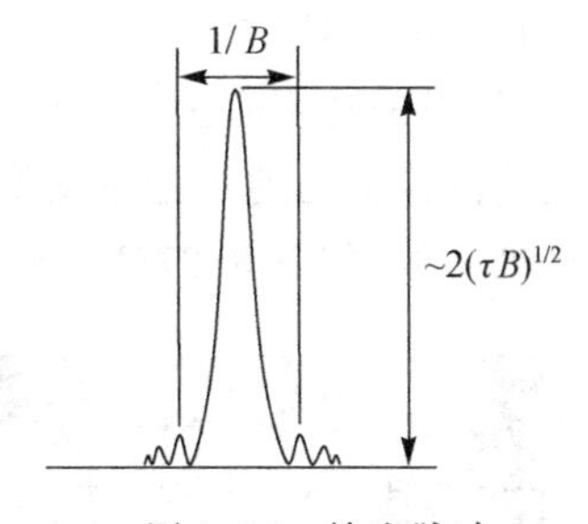

图 3.25　输出脉冲

方位向上由于雷达平台相对地面运动，天线接收频率必然不同于发射频率，这就是多普勒(Doppler)频移。如图 3.26 所示，设平台以速度 v 平行于地面运动并发射波长为 λ 的微波波束，地面上 A 点接收微波信号并反射回雷达天线，若某时刻平台运动到位置 B，运动方向和 BA 方向的夹角为 θ，这时天线从发射到接收的多普勒频移为

$$f_d=\frac{2v}{\lambda}\cos\theta \tag{3.25}$$

由于

$$\cos\theta=\frac{x}{R}=\frac{vt}{R} \tag{3.26}$$

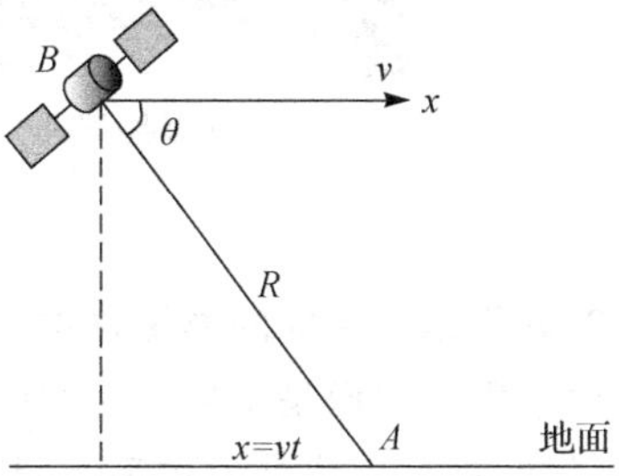

图 3.26　方位向的多普勒频移

代入式(3.25)得

$$f_d=\frac{2v}{\lambda}\cdot\frac{vt}{R}=\frac{2v^2}{\lambda R}t \tag{3.27}$$

所以，多普勒频率的变化速率为

$$f'_d=\frac{\mathrm{d}f_d}{\mathrm{d}t}=\frac{2v^2}{\lambda R} \tag{3.28}$$

由此可见，多普勒频率是一个线性调频信号。

由图 3.21 可知，在 L_s 范围内雷达可探测到 A 点回波信号。若平台飞行该距离所需时间为 Δt，则最大的多普勒频率间隔，即多普勒带宽为

$$B_D=f'_d\cdot\Delta t=f'_d\frac{L_s}{v}=\frac{2v}{D} \tag{3.29}$$

经过脉冲压缩后，得到的方位向探测的时间分辨率为

$$t_R=\frac{1}{B_D}=\frac{D}{2v} \tag{3.30}$$

则在方位向能分辨的地面最小距离为

$$\delta_{SX}=t_R\cdot v=\frac{D}{2} \tag{3.31}$$

3.5.2 侧视雷达图像的几何特性

1. 侧视雷达图像的比例尺

侧视雷达图像的距离向是按斜距记录的，每个像点对应的地面距离随探测角度的增大而减小。当成像姿态标准时，图像在距离向上的比例尺随探测角的增大而变大，造成了近地点被压缩、远地点被拉长的感觉，如图 3.27(a)所示。而方位向上的比例尺是固定的，只与平台飞行的速度和胶片记录的速度有关。在记录回波信号时，如果雷达系统按探测角度采用斜距延时记录，这种雷达图像称为地距记录图像或平距记录图像。在平坦地区以平距记录的雷达图像上，比例尺处处一致，如图 3.27(b)所示。

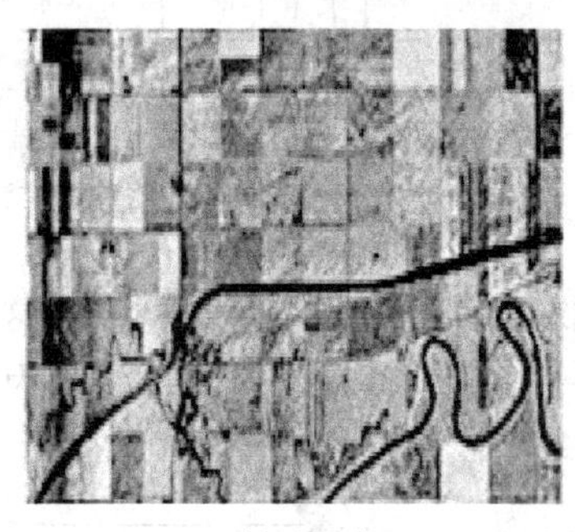
(a) 斜距记录

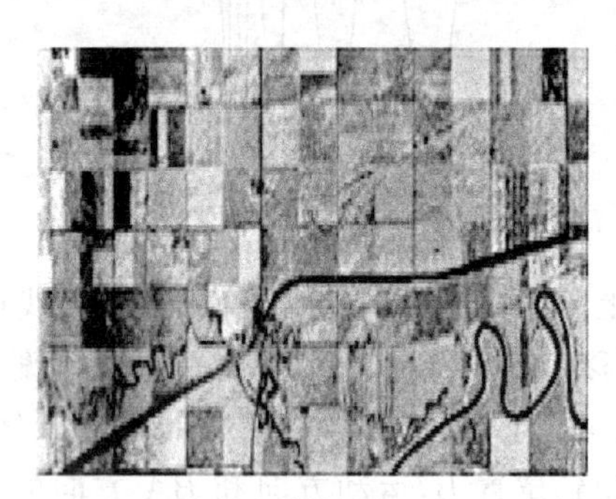
(b) 平距记录

图 3.27 雷达图像的比例尺

2. 高于地面目标的影像移位

由于雷达图像是按目标回波的先后次序，即物体到天线的斜距大小记录影像，所以高出地面的目标，如高山或高大建筑物，其顶部斜距小于其在地面上垂直投影处的斜距。因此，顶部回波先于底部回波被记录，影像向着底点方向移位，如图 3.28 所示。

影像移位的大小与目标高度和目标所处的位置有关，在探测角相同情况下，移位与高度成正比。当目标高度一定时，探测角越大，其顶、底部的斜距差就越小，即移位随探测角的增大而减小。因此，山区向着天线一侧的山坡影像被压缩，背着天线的坡面被拉长，这种现象称为雷达图像的透视收缩，而顶部影像先于底部影像被记录的现象称为顶底位移。

3. 阴影

侧视雷达图像上的阴影指受到高于地面的物体遮挡，探测脉冲不能到达地段在图像上形成的黑色调影像。阴影的形成与背向天线一面的地形坡度及探测角有关。如图 3.29 所示，在 A 处，$\alpha<90°-\theta$，雷达波束仍能到达斜坡的背面，只是回波较弱，影像色调较深，是山坡的本影；而在 B 处，$\alpha>90°-\theta$，雷达波束不能到达斜坡的背面，该区域没有雷达回波，就形成了黑色调的阴影。由图 3.29 可知，阴影的长度 L 与地物高度 h 和探测角 θ 有如下关系

$$L=h\sec\theta \tag{3.32}$$

背向天线坡面的本影能增强图像的立体感，有利于目识解译；另一方面，阴影导致一部分区域不能成像，造成了这些目标的缺失，而且阴影还会影响立体观察效果，对雷达图像的辐射校正也非常不利。

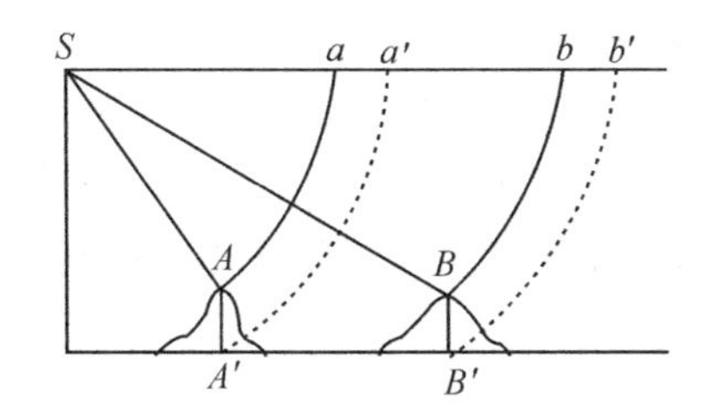

图 3.28　雷达影像的移位

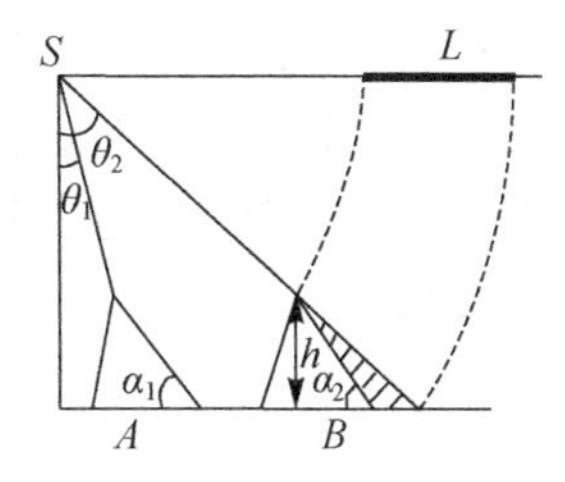

图 3.29　雷达图像阴影的成因

3.5.3　侧视雷达图像的物理特性

地面目标在雷达图像上的影像色调与天线接收到的回波强度有关，回波信号强色调就浅，回波信号弱影像色调则深。回波信号的强度可用雷达方程表示为

$$W_r = \frac{W_t G^2 \lambda^2 \sigma}{(4\pi)^3 R^4} \tag{3.33}$$

式中，W_r 为天线接收到的回波功率，W_t 为天线发射功率，G 为天线增益，λ 为波长，σ 为目标散射截面，R 为目标至天线的斜距。

对于特定的雷达系统，接收的回波强度除与斜距有关外，还与系统的极化方式、探测角、目标表面粗糙度，以及目标的复介电常数有关。

1. 平台高度

平台的高度决定了微波在大气中传播的路程。微波在大气中传播时会受到大气分子的吸收和散射，从而影响透过率。在相同大气条件下，微波的衰减量随距离的增大而增加，因此同一目标在不同高度成像的色调会随之变化，平台高度越高，其影像色调会相对深一些。

2. 探测角

探测角的变化会引起地物影像色调和形状的变化。雷达的探测角小，目标的反射率就大；反之，反射率就低。但当探测角大于 30°时，反射率几乎不受探测角变化的影响。

3. 波长与目标表面粗糙度

同一种地物，对不同波段微波的反射特性有较大的差异，因此要根据遥感目的选择不同的微波波段。常用的微波波段及其探测对象见表 3.7。

表 3.7　成像雷达常用的几个波段

波段名称	波长/cm	探测对象
Ka	0.8～1.1	雪
K	1.1～1.7	植被
Ku	1.7～2.4	风、冰、大地水准面
X	2.7～4.8	降雨
C	4.8～7.7	土壤水分
S	7.7～19.0	地质
L	19.0～77.0	波浪

目标表面粗糙度 h 是指小范围(一般用地面分辨率范围)内地面的起伏程度，可用高差的均方根来度量，即

$$h = \left[\frac{1}{n-1}\left(\sum_{i=1}^{n} Z_i^2 - n\overline{Z}^2\right)\right]^{\frac{1}{2}} \tag{3.34}$$

式中，n 是取样点个数，Z_i 是取样点对基准面的高度，$\overline{Z}$是取样点的平均高度。

粗糙度影响到对微波的反射形式。光滑物体表面对入射微波会产生镜面反射，回波信号很弱，在雷达图像上呈暗色调；粗糙表面产生漫反射或方向反射，回波信号相对较强，图像上呈浅色调。在微波波段，目标表面是光滑还是粗糙的，理论上可用夫琅禾费准则予以判别，即

$$h=\frac{\lambda}{32\cos\theta} \tag{3.35}$$

式中，λ 为波长，θ 为入射角。若将式(3.35)中的"＝"换成"＜"，则表示地面是光滑的；否则，表示地面是粗糙的。

4.复介电常数

复介电常数是表示物体导电、导磁性能的参数。复介电常数大，物体反射微波的能力就强，微波的穿透能力相应较弱。复介电常数与单位体积内液态水的含量呈线性变化关系，水分含量低，雷达波束穿透力就强；当地物含水量大时，穿透力就大大减弱，即反射能量增大。在雷达图像解译中，含水量常常是复介电常数的代名词。一般情况下，金属物体比非金属物体的复介电常数大，潮湿的土壤比干燥的土壤复介电常数大。

5.极化

极化是指电磁波的偏振，依偏振的方向可分为水平和垂直两种极化方式。水平极化是指电磁波的电场矢量与入射面(微波传播方向与目标表面入射波处的法线所组成的平面)垂直，垂直极化是指电磁波的电场矢量在入射面内。改变雷达发射天线的方向，就可以改变发射电磁波的极化方式。

当偏振光被界面反射后，反射光将变为部分偏振光，各个偏振分量的能量分配由原偏振光的偏振方向、反射界面的性质和入射角决定。假设雷达发射时用水平极化方式，微波与地物表面发生作用时，会使微波的极化方向产生不同程度的旋转，形成水平和垂直两个分量。接收时的极化方式可以与发射时相同，也可以不同。如水平极化方式只接收到回波的水平分量，而垂直极化方式只能接收到回波的垂直分量，这就造成同一地物在不同极化方式图像上呈现出不同的色调。雷达图像的极化方式有 HH、HV、VH、VV 四种组合方式，其中 HV 与 VH 的极化方向垂直，称为正交极化方式，得到的图像称为正交极化图像，可用于某些特定目标的探测，如海浪、道路等。

6.硬目标

具有较大的散射截面，在侧视雷达图像上呈亮白色影像的物体统称为硬目标。与雷达波方向垂直的金属板、略呈圆拱形的金属表面、与入射方向垂直的线导体、谐振元件以及角反射物体等都视为硬目标。

角反射器是指向着微波入射方向有两个或三个相互垂直的光滑平面的物体，它可将来自雷达天线的发射脉冲直接反射回天线，使接收信号非常强，从而使构成角反射器的目标在雷达图像上色调较浅。平地建筑物的墙与地面即构成角反射器，使雷达波返回能力大大增加，因此侧视雷达图像上的街区式居民地、与雷达波垂直的街道和成排的房屋色调很亮。另外，高于地面的堤、行树和沟堑，在侧视雷达图像上也呈线状的白色影像。

3.5.4 雷达干涉测量

雷达干涉测量是利用合成孔径雷达获取的同一景物复影像对的相干性数据提取物体三维

信息的技术。目前,获取同一地区不同视角并能产生干涉效应的复影像对的方法主要有两种:一是在同一遥感平台上安置两个有间隔的天线同时接收地面回波,如SRTM(the shuttle radar topography mission)计划中的SIR-C与X-SAR;另一种是用单天线重复对同一地区成像,如ERS、Radsat等。这两种方法形成了两个不同的名词,前者称为干涉合成孔径雷达(Interferometric Synthetic Aperture Radar),后者称为合成孔径雷达干涉(Synthetic Aperture Radar Interferometry)测量。但在实际应用中这两个词汇相互混用,并没有严格的界定,通常均称为InSAR。

1.雷达干涉测量的基本原理

如图3.30所示,假设A_1和A_2是两个天线的位置,都接收了来自地面点Z_1的回波。A_1和A_2的连线长度(基线)为B,基线的水平角为α,A_1的轨道高度为h,入射角为θ,则地面点Z_1的高程H_1为

$$H_1=h-R_1\cos\theta \tag{3.36}$$

式中,R_1为A_1至目标Z_1的距离。根据余弦定理,有

$$\begin{aligned}R_2^2&=R_1^2+B^2-2R_1B\cos(\alpha+90^\circ-\theta)\\&=R_1^2+B^2+2R_1B\sin(\alpha-\theta)\end{aligned} \tag{3.37}$$

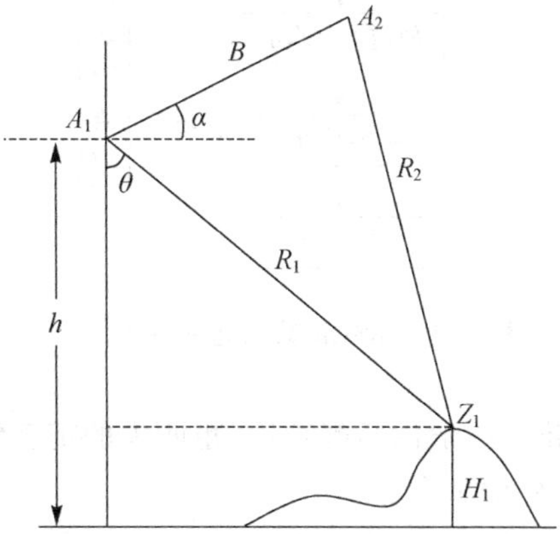

图3.30　InSAR几何关系

式中,R_2为A_2至目标Z_1的距离。若令$\Delta R=R_2-R_1$,则有

$$\sin(\alpha-\theta)=\frac{(R_1+\Delta R)^2-R_1^2-B^2}{2BR_1} \tag{3.38}$$

由此可得

$$R_1=\frac{\Delta R^2-B^2}{2B\sin(\alpha-\theta)-2\Delta R} \tag{3.39}$$

两束波在某点产生干涉,是因为在该点存在固定相位差所造成的。A_1、A_2接收到回波的相位差$\Delta\varphi$与光程差ΔR、波长λ的关系为

$$\Delta\varphi=\frac{2\pi}{\lambda}\Delta R \tag{3.40}$$

考虑到雷达成像时的光程差是双向的,则有

$$\Delta R=\frac{\lambda}{4\pi}\Delta\varphi \tag{3.41}$$

整理后得

$$H_1=h-\frac{\left(\frac{\lambda\Delta\varphi}{4\pi}\right)^2-B^2}{2B\sin(\alpha-\theta)-\frac{\lambda\Delta\varphi}{2\pi}}\cdot\cos\theta \tag{3.42}$$

式(3.42)表明了地面高程与干涉相位信息、雷达参数、天线位置以及探测角的关系,这就是InSAR能够从干涉相位图中得到地面高程的原理。

2.雷达干涉测量的基本过程

根据InSAR的原理,雷达干涉测量的基本过程可用图3.31表示。

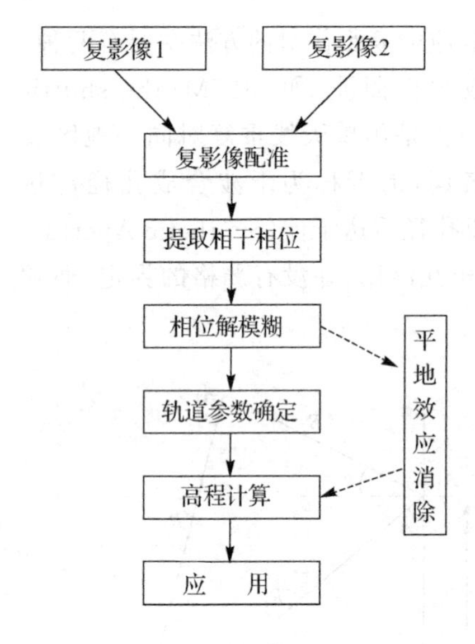

图 3.31 InSAR 数据处理过程

1)复影像配准

复影像配准是将两幅同地区复影像的同名像点一一对准的过程。对重复轨道 InSAR 来讲,由于两幅图像是在不同时刻取得的,不同的天线位置、不同的入射角、不同的地形起伏必然会造成具有相同像坐标的点不是同名像点的情况。因此,只有在对不同轨道的 SAR 图像进行精确配准后,才能得到每个地面点的干涉相位信息。实践证明,影像配准的精度只有达到子像元级,才能获得较为完好的相位干涉图。影像配准一般分复影像粗匹配、复影像精匹配和影像重采样三个步骤。

复影像粗匹配(位置匹配)是对两幅图像的成像位置进行配准。由于 InSAR 数据是在不同轨道上获取的,因而原始图像各自的成像范围不同。为了方便精匹配,在匹配前应将两幅图像的范围进行裁剪、位置基本对准。一般的匹配算法,粗匹配的精度约为 5 个像元,而最小二乘匹配算法对初值的精度要求较高,即 1 个像元。

精匹配是在粗匹配的基础上,利用匹配算法计算出两幅复影像每个同名像点的精确偏移参数,修正后使两幅影像的同名像点完全对准。由于 SAR 影像的固有噪声较大,所以完全基于灰度的复影像精匹配算法很难得到较高的匹配精度。目前已发展了很多影像匹配算法,如最小二乘匹配、频率极大法、平均波动函数法、相关系数法、基于特征骨架的格网匹配等,其中最小二乘匹配和基于特征骨架的格网匹配应用效果较好。

影像重采样是根据精匹配所得到的偏移参数,以一幅影像为基准,对另一幅配准影像所有像点进行重新内插成像。此项工作有时可以省略,如最小二乘匹配和平均波动函数匹配算法已经完成了影像重采样。

2)提取相干相位

利用相干叠加原理,将两幅完全配准的复影像进行相干叠加即可得到干涉条纹图,从而提取两幅图像的相干相位。对于数字复影像,这个过程是将两幅图像的同名像点的复数值共轭相乘。设两幅图像同名像点的复数值分别为 $G_L(i,j)$ 和 $G_R(i,j)$,则相干叠加后的相干条纹图的强度分布为

$$I(i,j) \infty G_L(i,j) G_R^*(i,j) \tag{3.43}$$

3)相位解缠

经配准后的两幅 SAR 影像进行相干可得到干涉相位,但只是主值 $\Delta\varphi_m$(取值范围是$[-\pi,\pi]$),而不是真实的相位差 $\Delta\varphi$。真实值与主值之间相差 $2m\pi$,即 $\Delta\varphi=2m\pi+\Delta\varphi_m$。为了获取地面高程信息,必须先获得真实干涉相位,求出 m 值即将干涉相位按周期进行分离,这个过程称为相位解缠。

相位解缠是在干涉条纹图上提取出所有干涉条纹,并对它们按相关位置进行排序,从而得到 m 值,因此干涉条纹图的优劣直接影响到相位解缠的结果。在理想情况下,干涉相位从 0 渐变到 2π,再由 2π 迅速下降到 0,然后又渐变到 2π,呈现明显清晰的周期性。此时干涉图变

化轮廓明显，层次分明，突变点即为相位周期分界点，很容易将干涉相位按周期分离出来，达到解缠的目的。实际的干涉相位图由于受各种噪声的影响，条纹质量远远不如理想干涉图，虽然也出现一定的周期性趋势，但并不明显，特别是突变线模糊及较多的奇异点、错误相位突变点的存在，给周期的正确分离带来了极大的困难。

目前已发展了一些相位解缠算法，如余数法（分割线法），最小二乘法、边缘特征和区域特征提取法等，它们都能在一定程度上消除各类奇异点对相位解缠的影响，也取得了较好的应用效果。但是，通用性强、解算正确的相位解缠方法仍待进一步研究。

4）轨道参数求解

解求轨道参数是为了计算两天线的间距（基线长）和天线连线与水平线的夹角。在精度要求不高时，可以用星历表估算轨道参数。一般情况下是利用一定数量的地面控制点，根据SAR图像几何模型，求解成像时的轨道参数。星载或机载高精度的定位定向数据可直接用于计算基线长和基线倾角。

5）平地效应消除

平地效应是高度不变的平地在干涉图中，所表现的随距离向和方位向的变化而呈周期性变化的现象。干涉图中存在较严重的平地效应，在相位解缠前可进行平地效应消除，以便顺利分离相位周期。是否进行平地效应消除与高程解算方法有关，并不是必须的。

平地效应在频谱中表现出一个很强的峰值，可通过估计距离向和方位向的条纹频率，并减去平地效应峰值所对应的频率来消除平地效应。

6）高程计算

在获得干涉相位的真实值和轨道参数后，就能解算地面点的高程。

3.6　激光雷达

3.6.1　激光雷达概述

通过发射光波来测量物体产生后向散射光的时间、强度、频率偏移、偏振状态变化等物理量，以获取目标的性质、距离、密度、速度、形状等信息的装置称为光波探测与测距传感器，简称光雷达 LiDAR(light detection and ranging)。由于激光的单色性好、发散角小、具有良好的方向性，实际中使用的光波几乎全是激光，因此通常称为激光雷达。

激光雷达是一种主动式传感器，主要用于测量大气的状态、大气污染等平流层物质的物理性质及其空间分布，此外还用于测量物体的距离、速度、形状等。在单纯用于测距时，多称为激光测距仪（laser distancemetet）或激光测高仪（laser altimeter）。目前，激光雷达不仅能为遥感中的大气校正提供可靠的校正参数，同时也广泛应用于大气环境探测、障碍物发现、水下探测、地形测绘等领域。

3.6.2　激光雷达的分类

目前，由于激光源、载体、扫描成像方式、探测量、探测目的及探测原理的不同，激光雷达已发展成为一个庞大的家族，很难进行统一的、规范的类别划分。表3.8是按探测量和探测原理列出了几种具有代表性的激光雷达。值得注意的是，一台激光雷达往往能接收多个探测量，从而达到综合探测目的。

表 3.8 激光雷达的分类

探测量	探测原理	探测目的	名称
回波强度	米氏散射 瑞利散射 拉曼散射 气体吸收 差分吸收	气溶胶及其分布 分子密度 高密度气体密度 特定气体及密度 特定气体及密度	米氏激光雷达 瑞利激光雷达 拉曼激光雷达 吸收激光雷达 差分吸收激光雷达
回波频率	多普勒效应	速度	多普勒激光雷达
回波时间或相位	激光测距	距离 高度 地形 障碍物	激光测距仪 激光测高仪 激光扫描仪 激光测障仪

3.6.3 激光雷达的测量原理

探测回波强度的激光雷达，如图 3.32 所示。当发射光与接收光的波长不变时，从距离 R 处返回的光信号功率为

$$P_r(R)=P_0KA_rq\sigma(R)T^2(R)Y(R)\frac{1}{R^2}+P_b \tag{3.44}$$

式中，$P_r(R)$是探测到的回波功率，P_0 为发射的激光强度，K 为接收系统的效率，A_r 是收集器的光瞳面积，q 是脉冲周期的一半，$\sigma(R)$为后向散射系数，$T(R)$是大气透过率，$Y(R)$是几何学效率，P_b 为背景光噪声。接收的光经光电探测器转换为电信号，通过模数转换后作为数字量输入到计算机进行存储、处理与分析。

激光雷达的测距原理如图 3.33 所示，通过时间间隔测量装置得出发射与接收的时间间隔，按下式计算测量距离，即

$$R=\frac{c\Delta t}{2} \tag{3.45}$$

式中，c 为光速，Δt 是发射与接收的时间间隔。

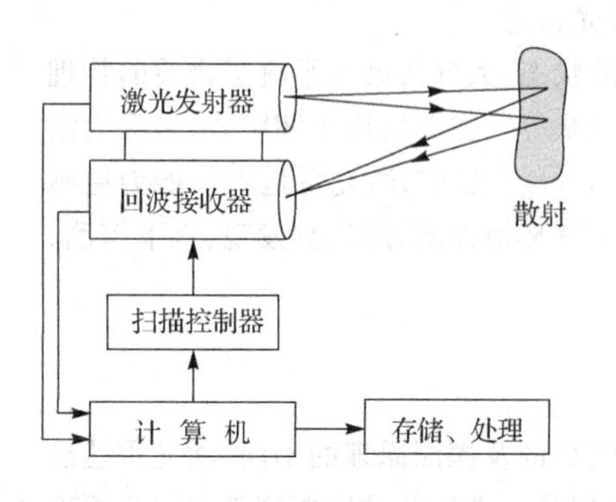

图 3.32 回波强度测量装置示意图

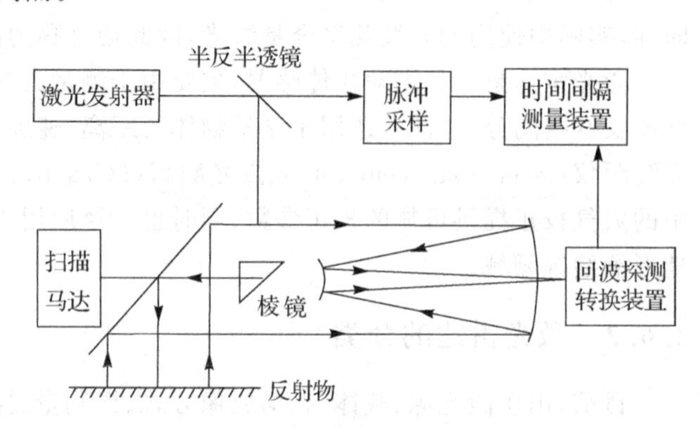

图 3.33 激光扫描测距

3.7 成像光谱仪

3.7.1 什么是成像光谱仪

成像光谱仪是将光谱仪和成像传感器结合起来组成的新一代传感器，是高光谱遥感的技术基础，它可获取大量窄波段的连续光谱图像数据，使每个像元都能反映出几乎连续的光谱辐射特征。目前很多国家都致力于该方面的研究，并已成功研制出了基于不同原理、不同性能、不同用途的成像光谱仪。

3.7.2 基本组成

与传统的摄影型传感器、光机扫描仪和CCD传感器相比，成像光谱仪的结构和构成更加复杂。成像光谱仪不但有复杂高效的分光装置，同时要使用多种光电探测器，仅用于分光的探测器的数量就达几十到几百个。此外成像光谱仪对光谱特征的稳定性要求很高，所以必须增加稳定可靠的定标装置。

3.7.3 成像原理与方式

目前，成像光谱仪主要有三种扫描方式，第一种是线性扫描，第二种是掸扫式扫描，第三种是推帚式扫描，扫描方式及工作原理如图3.34和图3.35所示。线性扫描仪一次可获得多个

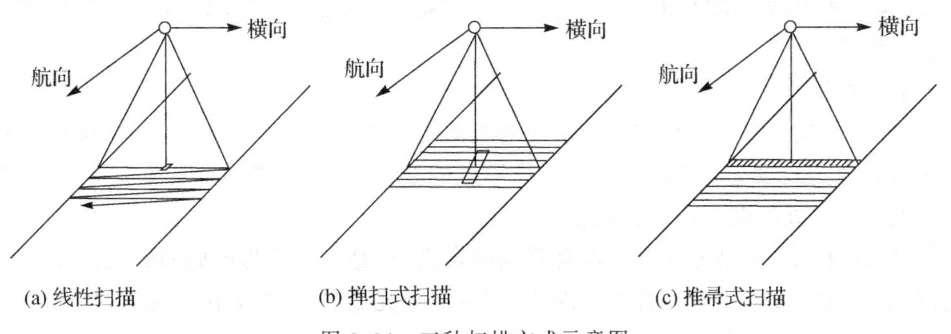

图3.34 三种扫描方式示意图

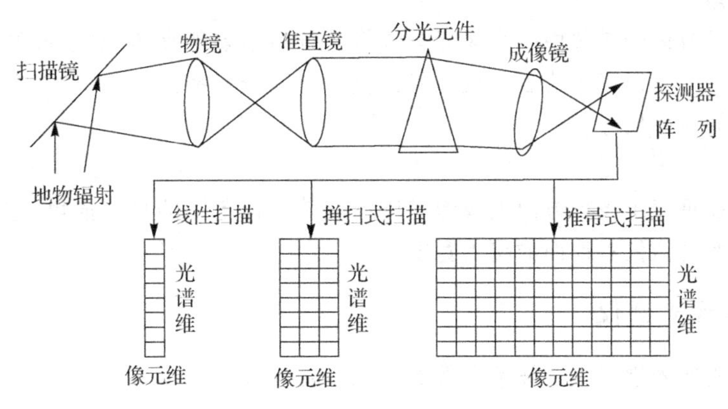

图3.35 光谱仪成像原理

波段的单个像元，扫描一行后通过平台的移动得到下一个扫描条带；摆扫式扫描仪在一个瞬时扫描位置上，同时得到几个平行于飞行方向的像元的多通道光谱值，并通过平台移动完成对地面的覆盖；而推帚式扫描仪，用一个沿横向排列的线阵 CCD 阵列在一次光积分时间内，同时获得上千个像元及对应的窄波段光谱值，并随着平台移动推扫得到整景图像。

3.7.4 主要技术参数

成像光谱仪的技术性能主要由光谱范围、波段数、波段宽度、光谱分辨率、瞬时视场角、总视场角等参数来描述。

1.光谱范围

该参数描述了成像光谱仪对可见光、近红外、中红外和热红外波段的探测能力。设计完整的成像光谱仪，理论上光谱探测范围应包括从可见光到远红外所有大气窗口内的波段，但由于光谱仪的应用领域不同、设计条件的差异，不同的光谱仪具有不同的光谱探测范围。大部分光谱仪只探测有限的光谱段，只有少数成像光谱仪（如中国的 OMIS）几乎能探测从可见光到热红外的所有波段。

2.波段数

波段数由成像光谱仪的光谱维方向的探测器个数来确定，图 3.35 表明一个像元对应的光谱值的个数，也是高光谱图像的特征向量维数。

3.波段宽度

波段宽度是指相邻两个波段的光谱采样间隔，是表征成像光谱仪对光谱细分的能力。波段数、波段宽度和光谱范围之间一般没有必然的联系，也就是说，波段数和波段宽度的乘积不一定等于光谱范围。

4.光谱分辨率

在光谱学中，光谱分辨率是描述光谱仪对光谱分辨能力的一个基本述语，它与波段宽度是两个不同的概念。波段宽度是指相邻两个抽样点的波长间距，而光谱分辨率则是光谱仪响应单色光最大值一半处所对应的波长宽度。

在高光谱遥感中，光谱分辨率并没有明确的定义，还是一个较为模糊的概念。在多数文献中，光谱分辨率和波段宽度相互替代。因此，商业成像光谱仪的参数中，一般只给出光谱仪的波段宽度，而不给出光谱分辨率。

5.瞬时视场角

瞬时视场角是成像光谱仪中一个像元与成像系统后节点的夹角，对于成像光谱仪来说这个夹角是固定值。瞬时视场角代表了成像光谱仪的空间分辨率能力，它与平台高度的乘积就是一个像元对应的地面尺寸。

6.总视场角

总视场角是在垂直于飞行方向上成像光谱仪有效成像范围的总扫描角，它与飞行高度的乘积就表示了成像光谱仪对地面的覆盖宽度。

3.7.5 典型成像光谱仪

常用的典型成像光谱仪主要技术参数如表 3.9 所示。

表 3.9　典型成像光谱仪

传感器	波段数	光谱范围/nm	波段宽/nm	瞬时视场/mrad	视场/(°)	备注
ASTER（美国）	1 3 20	760～850 3 000～5 000 8 000～12 000	90 600～700 200	1.0/2.0/5.0	28.8/65/104	始于 1991
AVIRIS（美国）	224	380～2 500	9.7～12.0	1	30	始于 1987
CASI（加拿大）	≥288	430～870	1.8	0.3～2.4	35	始于 1990
PHI（中国）	244	400～850	7.6～14.9	<5	1.1	始于 1997
CHRIS（欧洲）	≥153	400～1 050	6.0～33			始于 2001
OMIS-2（中国）	64 1 1 1 1	460～1 100 1 550～1 750 2 080～2 350 3 000～5 000 8 000～12 500	10 200 270 2 000 4 500	3/1.5	70	
Hyperion（美国）	220	400～2 500	约 10			始于 2000

思考题与习题

1. 传感器由哪几部分组成？主动式传感器与被动式传感器有什么区别？
2. 摄影类传感器成像有什么特点？
3. 光机扫描图像的分辨率有什么特点？
4. 固体扫描仪成像特点是什么？
5. 合成孔径雷达的工作原理是什么？
6. 雷达图像的地面分辨率有何特点？
7. 试述激光雷达的测量原理。
8. 成像光谱仪的技术参数有哪些？请列举典型的成像光谱仪。

第4章 遥感平台

4.1 遥感平台及其运行特性

4.1.1 遥感平台种类

用于搭载传感器的工具统称为遥感平台，也称为载体，如飞机、卫星、固定的台架等。遥感平台种类很多，一般是按平台距地面的高度进行分类的。按照平台高度，遥感平台可分为地面平台、航空平台和航天平台，它们的特点和功用如表4.1所示。

表4.1 遥感平台的类型

遥感平台	飞行高度	作　用	备　注
静止卫星	36 000 km	定点对地观测或通信	气象卫星、通信卫星
近圆轨道卫星	300～1 000 km	长期对地观测	各种陆地卫星
小卫星	400 km左右	临时观测或组群观测	重量轻、价格低廉、便于发射
航天飞机	240～350 km	不定期观测	便于完成不同任务
高空飞机	10 000～12 000 m	军事侦察、中小比例尺测绘	高空侦察机
中低空飞机	500～8 000 m	区域调查、测绘	中小型运输机、轻型飞机
飞艇	500～3 000 m	长期空中侦察、定区域监测	
直升机	100～2 000 m	局部调查、测绘	
气球	800 m以下	局部调查	
无人飞机	6 000 m以下	局部或区域侦察、测绘	固定翼飞机、直升机
牵引飞机	100～500 m	局部调查、测绘	牵引滑翔机
索道、吊车	1～50 m	遗址调查、近景摄影测量	
地面测量车	0～30 m	地面实况调查	车载升降台

地面平台是用于安置传感器的三脚架、遥感塔、遥感车等，高度一般在100 m以下。传感器包括地物波谱仪、辐射计、分光光度计等地面光谱测量仪器和叶面积仪、光合—荧光作用测定仪、土壤水分测量仪等植被、土壤参数测量仪器，主要用于近距离测量地物波谱和获取供试验研究用的地表参数信息，为航空和航天遥感定标、校正和信息提取提供基础数据。摄影测量车是目前流行的一种综合性地面平台，它不仅能搭载摄影机、激光扫描仪等传感器，还能携带数据处理设备，实现实时或准实时处理。

航空平台指高度在100 m～100 km的各种飞机、气球、气艇等，可携带各种摄影机、机载合成孔径雷达、机载激光雷达以及定位和姿态测量设备，主要用于区域性的资源调查、军事侦察、环境与灾害监测、测绘等。

航天平台指高度在240 km以上的航天飞机、人造卫星、空间站等。一个航天平台，往往要携带多种传感器，以同时完成不同的对地观测任务。由于航天平台飞行高度高，不受国界限制，因此广泛用于全球环境资源调查、军事动态监测、地形图测制等。

4.1.2　遥感平台的姿态

遥感平台的姿态是指平台坐标系相对于地面坐标系的倾斜程度,用三轴的旋转角度来表示。若定义卫星质心为坐标原点,沿轨道前进的切线方向为 x 轴,垂直轨道面的方向为 y 轴,垂直 xy 平面的为 z 轴,则卫星的三轴倾斜为:绕 x 轴的旋转角称滚动或侧滚,绕 y 轴的旋转角称俯仰,绕 z 轴旋转的姿态角称偏航,如图 4.1 所示。由于搭载传感器的卫星或飞机的姿态总是变化的,使遥感图像产生几何变形,严重影响图像的定位精度,因此必须在获取图像的同时测量、记录遥感平台的姿态数据,以修正其影响。目前,用于平台姿态测量的设备主要有红外姿态测量仪、星相机、陀螺仪等。

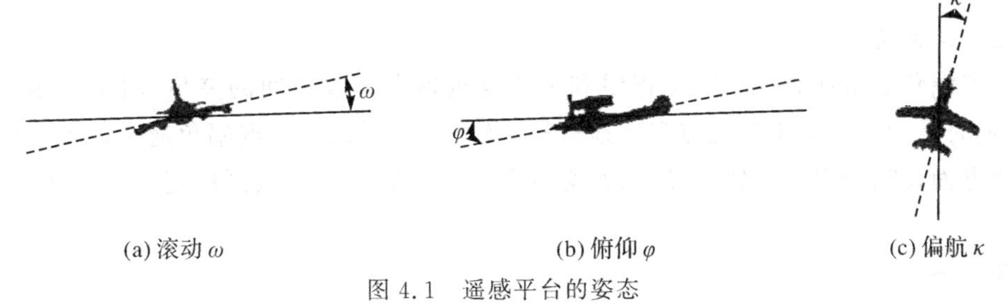

(a) 滚动 ω　　(b) 俯仰 φ　　(c) 偏航 κ

图 4.1　遥感平台的姿态

4.1.3　卫星轨道及其类型

1. 卫星运行基本规律

行星绕太阳运行的基本规律可用开普勒三定律来描述,如图 4.2 所示。开普勒第一定律指出,行星绕太阳运行的轨道是一个椭圆,太阳位于椭圆的一个焦点上。开普勒第二定律说明,行星绕太阳运行时,地、日中心连线(星体向径)单位时间扫过的面积相等,即行星离太阳近时运行的速度快,远时运行速度慢。开普勒第三定律指出,行星绕太阳运行周期的平方与其轨道平均半径的立方成正比,即

$$\frac{T^2}{\bar{R}^3}=C \tag{4.1}$$

式中,T 为轨道周期,$\bar{R}$ 为轨道平均半径,C 是开普勒常数。虽然开普勒定律是在研究行星运动时得出的,但也适合于其他天体的运动,因此卫星绕地球的运动规律遵循开普勒三定律。

2. 卫星轨道的基本参数

卫星轨道参数用于描述卫星轨道的具体形状,确定任一时刻卫星的空间位置,是轨道计算的基础。它包括轨道倾角 i、升交点赤经 Ω、近地点幅角 ω、长半轴 a、扁率 f 和近地点时刻 t_0 六个基本参数,每个参数的实际意义如图 4.3 所示。

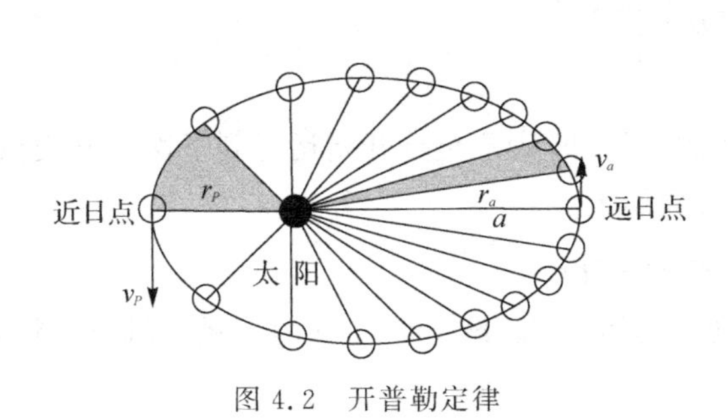

图 4.2　开普勒定律

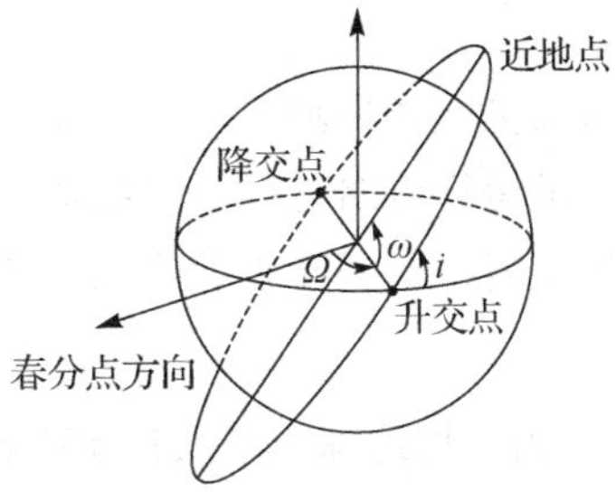

图 4.3　卫星轨道参数

1)轨道倾角

轨道倾角 i 是指轨道面与地球赤道面的夹角,从升交点处的赤道面起算,反时针为正,它确定了卫星所能覆盖地球的最大纬度。当 $0°<i<90°$时,卫星运动方向与地球自转方向一致,称为正方向卫星;当 $90°<i<180°$时,卫星运动与地球自转方向相反,称为反方向卫星;当 $i=90°$时,卫星绕过两极运行,叫做极轨卫星,其覆盖范围最大,达整个地球;当 $i=0°$或 $180°$时,卫星绕赤道上空运行,称为赤道卫星。

2)升交点赤经

卫星由南向北运行时与赤道平面相交处称为升交点。该点与春分点的经度差就是升交点赤经,用 Ω 表示,从春分点起算,由西向东为正。

3)近地点幅角

近地点幅角是指地心与升交点连线和地心与近地点连线之间的夹角,用 ω 表示,从赤道面起算,逆时针为正。由于升交点和近地点相对较稳定,所以近地点幅角通常是不变的,它决定了在轨道面长轴的方向。轨道倾角、升交点赤经和近地点幅角共同决定了卫星轨道面的空间位置。

4)长半轴

轨道长半轴是指近地点和远地点连线长度的一半,它确定了卫星距地面的高度,用 a 表示。

5)扁率

椭圆轨道的两个焦点间距离之半与半长轴的比值,用以表示轨道的圆扁程度,用 f 表示。f 值越大,轨道越扁;f 值越小,轨道越接近圆形。圆形轨道有利于在全球范围内获取影像时比例尺趋近一致。长半轴和扁率共同确定了轨道的形状。

6)近地点时刻

近地点时刻表示卫星通过近地点的时间,用 t_0 表示。这是轨道参数中唯一的时间参数,以此为基准可以确定任一时刻卫星在轨飞行的空间位置。

3.卫星轨道的其他参数

1)卫星运行速度

当轨道为圆形时,其平均速度为

$$V=\sqrt{\frac{GM}{R+H}} \tag{4.2}$$

式中,G 为万有引力常数,M 为地球质量,R 为平均地球半径,H 为卫星平均离地高度。

星下点的平均速度,即地速为

$$V_N=\frac{R}{R+H}\cdot V \tag{4.3}$$

2)卫星运行周期

卫星运行周期是指卫星绕地一圈所需要的时间,即从升交点开始运行到下次过升交点时的时间间隔。根据开普勒第三定律,卫星运行周期为

$$T=\sqrt{C(R+H)^3} \tag{4.4}$$

式中,R 为平均地球半径,H 为卫星平均高度。例如,高度 $H=915$ km 的卫星,其运行周期 T 为 103.267 min。

3)卫星高度

由开普勒第三定律,同样可解求卫星的平均高度,即

$$H=\sqrt[3]{\frac{T^2}{C}}-R \tag{4.5}$$

4)每天绕地圈数

卫星在一天内绕地球运行的圈数。若卫星的轨道周期为 T,则有

$$n=\frac{24\times 60}{T} \tag{4.6}$$

为了实现卫星对地面的全部覆盖,卫星每天绕地球运行的圈数不能是整数。

5)重复周期

重复周期指卫星从某地上空通过,经过若干天的运行后再回到该地上空时所需要的天数。重复周期是卫星运行的重要参数,它决定了卫星对同一地区的重复观测能力。为了使卫星轨道严格重叠,卫星在一个重复周期内所运行的圈数必须是一个整数。因此,应找出一个不可约分数,其分母就是重复周期,分子是在重复周期内卫星运行的总圈数,其比值就是卫星每天的绕地圈数。

6)轨道间隔

在一个重复周期内,所有轨道的地面轨迹在赤道上相隔的最小距离称为轨道间隔,用 D 表示,其等于赤道长度和重复周期内卫星运行总圈数的比值,即

$$D=\frac{2\pi R}{n\cdot d} \tag{4.7}$$

式中,R 为平均地球半径,n 是卫星每天绕地圈数,d 是轨道重复周期。

4.卫星轨道类型

1)地球同步轨道

卫星运行周期与地球自转周期(23 h 56 min 4 s)相同的轨道称为地球同步轨道(geosynchronous satellite orbit),简称同步轨道。若同步轨道的轨道面与地球赤道面重合,且运行方向和地球自转方向相同,则从地面上看像是悬在赤道上空静止不动,这样的卫星称为地球静止轨道卫星或静止卫星,其轨道称为地球静止卫星轨道或静止轨道(geostationary satellite orbit)。由于静止卫星的运行周期与地球自转周期一致,用式(4.5)则可解算出卫星的平均高度为 35 786 km。静止卫星能够长时间观测特定地区,高轨道可将大范围区域同时收入视野,适用于气象和通信领域。

2)太阳同步轨道

太阳同步轨道(sun-synchronous orbit)是指卫星轨道面与日地连线在黄道面内的夹角保持不变的轨道,如图 4.4 所示。卫星轨道面与日地连线的夹角称为光照角,为了使某地区保持相同的光照条件,应使该角保持不变。这种轨道的轨道面会沿赤道自行旋转,且旋转方向与地球公转方向相同,旋转的角速度等于地球公转的角进动,即 0.985 6°/d 或 360°/a。

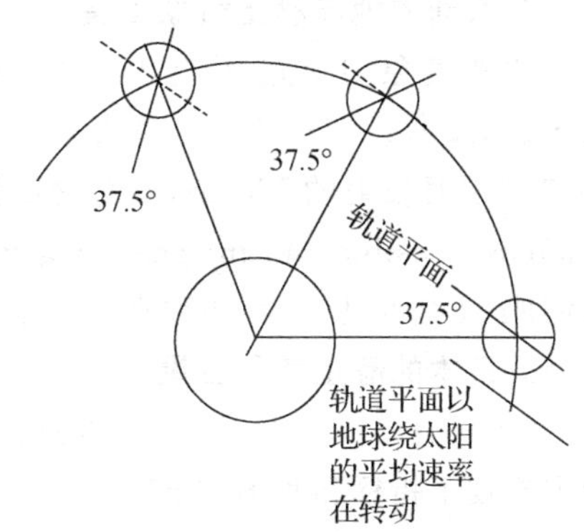

图 4.4　Landsat-7 的太阳同步轨道

太阳同步卫星采用近圆轨道,其轨道高度为500～

1 000 km,倾角都大于 90°且接近 90°,也称近极轨卫星。卫星每天在同一地方时同一方向通过处于同一纬度地区,因此对地观测卫星多采用太阳同步轨道。

4.2 航天遥感平台简介

4.2.1 气象卫星系列

气象卫星是最早发展起来的环境卫星。从 1960 年 4 月 1 日美国国家航空航天局发射第一颗气象卫星 TIROS-1 以来,苏联、欧洲、日本、印度等国家或组织陆续发射了上百颗不同型号的搭载不同传感器的气象卫星。目前,在轨运行的气象卫星系列主要有以下几种。

1.美国的地球静止气象卫星

1966 年发射的应用技术卫星 ATS-1(advanced technological satellite-1)是最早的静止气象卫星。ATS 发射成功后,美国航空航天局开始发展专门用于气象业务的 GOES(geostationary operational environmental satellites)系列静止气象卫星,GOES-1 于 1975 年 10 月发射成功。GOES 采用双星运行体制,GOES-East 和 GOES-West 分别定点在西径 75°和 135°的赤道上空,覆盖范围为西径 20°~东径 165°,约占地球面积的 1/3,每天 24 h 连续对西半球上空进行气象观测,此外还能收集和转发数据,收集平台的气象观测数据。截至 2001 年 7 月已经发射了 12 颗,经历了 3 代,其中后 5 颗 GOES 均为第三代地球静止环境业务卫星,质量增加到 2 105 kg,采用三轴稳定姿态控制,搭载有成像光谱仪和独立的大气垂直探测器,能进行垂直温度和湿度探测。

GOES-R 是对 GOES 系统自 1994 年以来的首次重大技术改进,首颗卫星于 2012 年发射,2014 年开始业务运行。GOES-R 系统同时满足高可靠性和长寿命需求,采用分布式空间体系,在 GOES 双星运行的基础上将其中每颗卫星替换为2 颗卫星(轨道上共 4 颗卫星,2 颗为一组,分别定位于西径 75°和西径 135°)。卫星装载有先进基线成像仪(advanced baseline imager,ABI)、太阳监测仪(solar ultra violet imager,SUVI)、静止轨道闪电成像仪(geostationary lightning mapper,GLM)和空间环境监测仪(space enviromental in-situ suite,SEISS)等。主遥感器采用分布式处理,可以简化卫星设计,提高卫星可靠性,同时为新技术的注入和故障卫星的替换提供了方便。

2.欧洲的地球静止气象卫星

欧洲气象卫星应用组织(EUMETSAT)于 1972 年计划发展业务运行静止气象卫星 Meteosat,并于 1977 年 11 月发射了第 1 颗静止气象卫星 Meteosat-1。目前在轨运行的是 1997 年 9 月发射的 Meteosat-7,它定位于 0°经线,其有效载荷为可见光和红外成像仪 MVIRI (meteosat visible and infraed imager)、数据收集平台(DCS)和气象数据分发系统(MDD)。MVIRI 具有可见光、红外和水汽 3 个通道,但可见光通道的地面分辨率较低,为 2.5 km。

3.日本的静止气象卫星

GMS 卫星由日本 NEC 公司和美国 Hughes 公司合作制造,至今共发射了 5 颗。GMS-4 的主要技术指标和我国的 FY-2 相同,GMS-5 将热红外谱段 10.5~12.5 μm 分裂为两个窗口。新一代三轴稳定气象与空中交通管制合用的 MTSAT 卫星由美国 Loral 公司研制。MTSAT (mnlti-functional transport satellite)定位于东径 140°,寿命 5 年(气象探测)至 10 年(航空管制),观测功能较GMS卫星系列有重大改进,有1台5个通道的扫描成像仪。

4.我国的风云系列卫星

我国1977年11月启动气象卫星研制工程,并正式命名为"风云"气象卫星(FY卫星)。FY-1于1988年9月7日发射,1999年5月10日和2002年5月又相继成功发射了FY-1号02批两颗业务星。FY-1采用太阳同步轨道,高度为900 km,搭载的有效载荷为甚高分辨率扫描辐射计,通道数为5个(02批通道数为10个),空间分辨率为1.2 km。20世纪80年代中期,开始研制第一代地球静止轨道气象卫星FY-2卫星,采用自旋稳定方式,搭载多通道扫描辐射计。2008年5月27日新一代极轨气象卫星FY-3A发射成功,搭载的有效载荷可以实现对地的多功能观测,标志着我国气象卫星事业的发展进入了一个新时期。

FY-4号静止气象卫星是中国的第二代静止气象卫星,将搭载先进的二维成像扫描辐射计、红外大气垂直探测器、CCD凝视仪和辐射收支探测器,可获取可见光、红外及水汽分布图。10通道成像辐射计(MCIR)采取二维扫描,可控制东西、南北方向的扫描位置,空间分辨率在可见光、红外和中波红外通道为1 km,红外、水汽通道为4 km。大气垂直探测器SOUNDER和闪电成像仪LMS的星下点分辨率为8 km。

4.2.2 陆地卫星系列

陆地卫星是以探测地球资源为主要目的的,这种卫星在900 km左右的高度上沿着太阳同步近极地近圆形轨道运行,不间断地实施对地观测,因此被广泛应用于地球资源调查、环境污染监测等领域。

1.Landsat系列卫星

早在20世纪60年代初期,美国国家航空航天局就酝酿利用空间技术勘察地球资源,随即制订了地球资源勘察计划,经过7年的论证和研制等准备工作,于1972年7月23日成功发射了第一颗实验型"地球资源技术卫星ERTS"。ERTS搭载有返束光导摄像管(RBV)和多光谱扫描仪(MSS),主要工作在可见光和近红外光谱范围。不久,美国国家航空航天局将ERTS更名为陆地卫星(Landsat),1975年1月22日发射了第二颗陆地卫星Landsat-2,并与Landsat-1同时工作,每9天完成一次重复观测。1978年发射的Landsat-3增加了热红外波段MSS-5,1982年发射的Landsat-4卫星除了搭载MSS外,还增加了新型光机扫描仪——专题制图仪(TM)。TM有7个通道,比MSS增加了两个短波红外通道,地面分辨率从79 m提高到30 m。Landsat-4和Landsat-5在技术上较以前有了很大的改进,属于第二代陆地卫星,平台采用新设计的多任务模块结构,模块化的仪器舱内装有Ku波段宽带通信分系统,可通过中继卫星传送数据。

Landsat-6和Landsat-7是美国第三代陆地卫星。Landsat-6于1993年10月5日发射,但未进入预定轨道。在Landsat-7发射之前,仍然继续使用1984年发射的Landsat-5(该星原设计寿命只有3年,却延期使用了12年之久,维持了全球变化研究数据的连续性)。Landsat-7采用的是增强专题制图仪(ETM),每天能提供900幅图像,地面分辨率也提高到了15 m。Landsat后续卫星LDCM(landsat data continuity mission)预计2012年发射,其传感器为OLI(operational land imager)。

Landsat系列卫星轨道类型属于近圆太阳同步轨道,可保持固定的光照角度。另外,可使不同地区获取的图像比例尺一致,卫星的运行速度较为匀速,便于扫描仪用固定扫描频率对地面扫描成像，避免造成扫描行之间的不衔接现象。其具体轨道参数详见表4.2。

表4.2 Landsat系列卫星轨道参数

	Landsat-1～3	Landsat-4、5	Landsat-7
轨道类型	太阳同步	太阳同步	太阳同步
轨道高度	915 km	705 km	705 km
轨道倾角	99.125°	98.22°	98.2°
运行周期性	103.267 min	98.9 min	99.0 min
长半轴	7 285.438 km	7 083.465 km	7 083.465 km
重复周期	18 d(251圈)	16 d(233圈)	16 d(233圈)
在赤道上两相邻轨迹间距离	159 km	172 km	172 km
图像幅宽	185 km	185 km	185 km
相邻轨道间赤道处重叠度	26 km(14%)	13 km(7%)	13 km(7%)

2. SPOT系列卫星

法国于1986年2月成功发射SPOT-1卫星，随即便以商业化方式向全世界提供优质图像数据产品。SPOT卫星携带的HRV传感器用CCD阵列作为光电探测器，以推帚式扫描成像方法获取全色和多光谱图像，每幅图像的覆盖范围为60 km×60 km，全色图像地面分辨率为10 m，多光谱图像为20 m。HRV上有一个作旋转运动的瞄准镜，可根据地面指令指向星下点左、右两侧的地面，摄取它们的图像。这样，不仅可以实现立体覆盖，而且能够保证向用户快速提供指定地区的图像。表4.3和表4.4列出了SPOT卫星搭载的传感器及其轨道参数。

表4.3 SPOT系列卫星搭载的传感器类型

卫星	SPOT-1	SPOT-2	SPOT-3	SPOT-4	SPOT-5
发射日期	1986-2	1990-1	1993-9	1998-3	2002-5
终止日期	运行	运行	1996-11	运行	运行
传感器	HRV	HRV	HRV	HRG、VEG	HRG、VEG、HRS

表4.4 SPOT卫星轨道参数

轨道高度	832 km
运行周期	101.4 min
轨道倾角	98.7°
重复周期	26 d(369圈)

3. EOS系列卫星

新一代对地观测系统，包括一系列卫星、自然科学知识系统和一个数据系统，支持一系列极地轨道和低倾角卫星对地球的陆地表面、生物圈、大气和海洋进行长期观测，以监测地球状况及人类活动对地球和大气的影响，预测短期和长期气候变化，提高灾害预测能力。目前，已经完成或正在进行的极轨新一代对地观测系统主要包括美国EOS(earth observation satellite)系统的EOS-AM1(Terra)、EOS-PM1(Aqua)和EOS-CHEM1(Aura)，欧洲空间局的Envisat-1，日本的ADEOS、ESSP等。

在这些卫星中，Terra、Aqua和Aura三颗卫星形成的系列，特别引起遥感界关注。它们分别于1999年12月、2002年5月和2004年7月发射成功，目前均处于正常运转中。由于

Terra卫星于每天地方时上午10:30过境,因此被称为地球观测第一颗上午星(EOS-AM1)。Aqua保留了Terra卫星上已有的CERES和MODIS传感器,并在数据采集时间上与Terra形成上、下午补充。Aura卫星主要用于研究大气成分和地球气候变化之间的作用机理,帮助揭示全球与局部空气质量的关系及作用过程,还将追踪地球臭氧保护层正在恢复的程度。三颗卫星的具体指标见表4.5。

表4.5 Terra、Aqua、Aura卫星技术指标

	Terra	Aqua	Aura
发射时间	1999-12	2002-5	2004-7
轨道及其高度	太阳同步,705 km	太阳同步,705 km	太阳同步,705 km
运行周期/min	98.8	98.8	98.8
过境时间	上午10:30	下午1:30	下午1:30
重复周期/d	16	16	16
质量/kg	5 190	2 934	3 000
传感器数据量/个	5	6	4
传感器	MODIS、MISR、CERES、MOPITT、ASTER	AIRS、AMSU-A、CERES、MODIS、HSB、AMSR-E	HIRDLS、MLS、OMI、TES
设计寿命/a	5	6	6

Terra是美国国家航空航天局、日本宇宙航空研究开发机构(JAXA)和加拿大空间局(CSA)共同合作发射的卫星。卫星上共载有5种对地观测传感器,它们分别是:云与地球辐射能量系统测量仪CERES(clouds and the Earth's radiant energy system)、中分辨率成像光谱仪MODIS(moderate-resolution imaging spectroradiometer)、多角度成像光谱仪MISR(multi-angle imaging spectroradiometer)、先进星载热辐射与反射测量仪ASTER(advanced spaceborne thermal emission and reflection radiometer)和对流层污染测量仪MOPITT(measurements of pollution in the troposphere)。

4.我国地球资源系列卫星

我国第一代传输型地球资源卫星是与巴西联合研制,又称中巴地球资源卫星CBERS(China Brazil Earth resource satellite)。CBERS-01于1999年10月发射成功,在轨运行3年10个月,2003年8月停止工作。CBERS-02于2003年10月发射升空,目前在轨运行的CBERS-02星与CBERS-01星的设计和结构相同,其在轨运行时间已经超过了设计寿命。

CBERS-01、02搭载有3台传感器:20 m分辨率的5谱段CCD相机、80 m和160 m分辨率的4谱段红外扫描仪IRMSS以及256 m分辨率的两谱段宽视场成像仪WFI(wild field imager)。这样,CBERS-01、02卫星系统共有11个谱段,4种不同的分辨率,以及26天、5天的重访周期。2007年9月发射的CBERS-02B卫星,不仅搭载有20 m分辨率的多光谱CCD相机,还首次搭载了一台自主研制的全色单波段高分辨率HR(high resolution)相机,光谱范围为0.5~0.8 μm,分辨率高达2.36 m,在国土资源调查等领域具有很大的应用潜力。CBERS-02B及有效载荷具体的技术指标见表4.6。

4.2.3 高空间分辨率卫星

高空间分辨率卫星是目前各国竞相发展的卫星系列,其主要特点是地面分辨率高,全色波段一般优于 2 m，目前最高可达 0.41 m，主要用于对地的精细观测。具有代表性的高空间分辨率卫星及其性能如表 4.7 所示。

表 4.6 CBERS-02B 卫星有效载荷及其主要技术指标

有效载荷	波段	光谱范围/μm	空间分辨率/m	幅宽/km	侧摆能力	重访时间/d	数传数据率/(Mbit/s)
CCD 相机	B01	0.45～0.52	20	113	±32°	26	106
	B02	0.52～0.59	20				
	B03	0.63～0.69	20				
	B04	0.77～0.89	20				
	B05	0.51～0.73	20				
HR 相机	B06	0.50～0.80	2.36	27	无	104	60
WFI 宽视场成像仪	B07	0.63～0.69	258	890	无	5	1.1
	B08	0.77～0.89					

表 4.7 高分辨率遥感卫星及主要性能

国家	卫星名称	分辨率	拥有者	发射时间
美国	IKONOS	全色:1 m 多光谱:4 m	Space Eye	1999-9
	GeoEye-1	全色:0.41 m 多光谱:1.65 m	Space Eye	2008-9
	QuickBird	全色:0.61 m 多光谱:2.4 m	Digital Globe	2001-10
	WorldView-1	全色:0.5 m	Digital Globe	2007-9
	WorldView-2	全色:0.46 m 多光谱:1.84 m	Digital Globe	2009-10
以色列	EROS-A	全色:1.8 m	ImageSat International	1999
	EROS-B	全色:0.7 m	ImageSat International	2006-4
印度	IRS-P5 (Cartosat-1)	全色:2.5 m	ISRO(Indian Space Research Organization)	2005-5
	IRS-P7 (Cartosat-2)	全色:1 m	ISRO	2007-1

高分辨率是一个特定的、历史的、相对的概念，高分辨遥感卫星是空间技术和军事需求共同推动的产物，全球 1∶10 000 甚至更大比例尺空间基础地理信息采集和地图测绘方面的巨大应用和需求，开拓了高分辨率卫星遥感数据的重要市场。

4.2.4 高光谱类卫星

这类卫星主要是采用高分辨率成像光谱仪，波段数为 36～256 个，甚至更多，光谱分辨率可高达几个纳米，但地面分辨率较低，一般为 30～1 000 m。目前这类卫星主要用于大气、海洋和陆地的光谱探测，表4.8列出了近年来发射的高光谱卫星。

表4.8　高光谱类卫星与传感器

卫星	国家或组织	传感器	光谱分辨率（光谱范围、波段宽度、波段数量）	发射时间
Terra Aqua	美国	MODIS	0.42～14.24 μm 5～10 nm 36	1999-12 2002-5
EO-1	美国	Hyperion	0.4～2.5 μm 最小10 nm 233～309	2000-11
Proba	欧洲空间局	CHRIS	0.4～1.05 μm 1.25～11 nm 62	2002-12
Orbview4 （未能入轨）	美国		HS 0.45～2.50 μm 200 MS 0.09～0.45 μm 4	2001-9

4.2.5 SAR卫星

SAR是一种高分辨率、二维成像雷达，特别适合于大面积地表成像。自1978年6月美国发射了第一颗载有SAR的卫星Seasat以后，加拿大、日本、俄罗斯等都相继分别发射了SAR卫星，用于海洋和陆地探测。一般民用星载SAR卫星地面分辨率为10～30 m，大多为单参数，也有多参数，即多频、多视角和多极化的SAR。近年来，高分辨率雷达卫星发展迅速，如德国的TerraSAR和意大利的COSMOS-SkyMed系列卫星，能实现高精度的地形测图。

1.ERS系列卫星

ERS-1与ERS-2是欧洲空间局分别于1991年和1995年发射的，ERS-2与ERS-1基本一致，但增加了沿轨扫描辐射计ATSR（along track scanning radiometer）的可视通道以及GOME，高度增加到824 km，可获得臭氧层变化的资料。ERS系列卫星主要用于海洋、极地冰层、陆地生态、地区学、森林学、大气物理、气象学等领域的研究。

ERS-1轨道倾角98.52°，高度785 km，辐照宽度80 km（100 km）。载有有源微波仪（AMI）、雷达高度计（RA）、沿轨扫描辐射计与微波探测器（ATSR/M）、激光测距设备（LRR）、精确测距测速设备（PRARE）。AMI上有两部独立的雷达，一个用来成像和监视海浪，另一个用来计量风的状态。AMI能以三种模式工作：一是成像模式，采用C波段（频率5.3GHz，带宽15.55MHz）；二是海浪监测模式，图像大小为5 km×5 km，可显示海浪的方向和长度，本模式工作频段也是C波段（频率5.3 GHz），极化方式为HV，入射角为23°，监测海浪角度范围为0°～180°，分辨率为30 m，数据传输率为370 kbit/s；三是风监测模式，本模式使用三个独立天线来测量海平面的风速和风向，测量风向范围0°～360°，精度为±20°，风速为4～24 m/s，空间分辨率为50 km，辐射宽度为500 km，工作频率为5.3 GHz（C波段），极化方式为HV，数据传输速率为500 kbit/s。雷达高度计（RA-1）工作在K波段，是一种低重复频率雷达，用来对海洋和冰面进行精确测量，工作频率为13.8 GHz，脉宽为20 μm，脉冲重复频率为1 020 Hz，调频带宽为 330 MHz(海洋)和 82.5 MHz(冰面),提供海面高度、浪高、洋面风速、不同冰的参数。ATSR(along-track scanning radiometer and microware sounder)用来测量云层温度、大气中水汽含量、海洋表面温度等。ERS-1 和 ERS-2 可构成相干雷达影像,其双星串联式成像模式可将时间基线缩短为一天,能消除相干雷达中的失相关现象。

2. Envisat 系列卫星

Envisat 卫星是欧洲空间局的对地观测卫星系列之一,于 2002 年 3 月发射升空,属于极轨对地观测卫星。星上载有 10 种探测设备,其中 4 种是 ERS-1、2 所载设备的改进型,所载最大设备是先进的合成孔径雷达,ASAR(advanced synthetic aperture radar)有五种工作模式(表 4.9),可生成海洋、海岸、极地冰冠和陆地的高质量图像来研究海洋的变化。其他设备将提供更高精度的数据,用于研究地球大气层及大气密度。作为 ERS-1、2 合成孔径雷达卫星的延续,Envisat-1 数据主要用于监视环境,即对地球表面和大气层进行连续的观测,供制图、资源勘查、气象及灾害判断应用。

表 4.9 ASAR 传感器的五种工作模式

模式	image	alternating polarisation	wide swath	global monitoring	wave
成像宽度	最大 100 km	最大 100 km	约 400 km	约 40 km	5 km
下行数据率	100 Mbit/s	100 Mbit/s	100 Mbit/s	0.9 Mbit/s	0.9 Mbit/s
极化方式	VV 或 HH	VV 与 HH 或 VV 与 VH 或 HH 与 HV	VV 或 HH	VV 或 HH	VV 或 HH
分辨率	30 m	30 m	150 m	1 000 m	10 m

3. Radarsat 系列卫星

加拿大 Radarsat-1 是世界上第一个商业化的 SAR 运行系统,由加拿大太空署、美国政府、加拿大私有企业于 1995 年 11 月合作发射的太阳同步卫星。Radarsat-1 地面分辨率为 8.5 m,卫星高度为 790~800 km,倾角为 98.5°,重复周期为 24 天,SAR 工作在 C 波段(波长 5.6 cm),采用 HH 极化,入射角在 0°~60°范围内可调,主要探测目标为海冰、海浪和海风以及地质、农业等领域。Radarsat-1 具有 50 km、75 km、100 km、150 km、300 km 和 500 km 多种扫描宽度和从 10~100 m 的不同分辨率,每天可覆盖北纬 73°至北极全部地区,3 天可覆盖加拿大及北欧地区,24 天可覆盖全球一次。

4.2.6 小卫星系列

小卫星指目前设计质量小于 500 kg 的小型近地轨道卫星,空间分辨为 1~3 m(全色)和 4~15 m(多波段)。为了满足制图的需要,小卫星均采用在轨 GPS 定位系统,水平精度为 12 m,高程精度为 8 m,若提供地面控制点,水平精度可达 2 m,高程精度可达 3 m,能满足 1∶25 000甚至 1∶10 000 比例尺的制图精度要求。卫星可在 30°~45°范围内,任意方向多角度成像,可获得有较大基高比的立体图像。

小卫星的主要特点包括以下几个方面:

(1)质量轻、体积小。由于采用了轻型材料和新器件,尤其是应用了超大规模集成电路及有效载荷与卫星平台一体化的设计技术,使卫星的结构产生了根本性的变化,大多数小卫星的体积不超过 1 m^3,质量最轻的仅几十千克,最重的也在 500 kg 以下,非常便于储运和发射。

(2)研制周期短,成本低。由于采用成熟的先进技术,便于小卫星二座编队飞行和批量生产。廉价的运载工具(如搭载或一箭多星等),使小卫星的成本大大下降,通常小卫星每千克成本只有大卫星的1/2～1/10。

(3)发射灵活,启用速度快,抗毁性强。现代小卫星可采用多种形式的运载和发射工具,从准备到发射乃至启用仅需短短的几天时间,而且组成星座的小卫星可以以备份的形式,代替被损坏的某颗小卫星,抗毁性大大增强。

(4)技术性能高。这主要体现在卫星各分系统本身和有效载荷两方面。

由于小卫星质量轻、体积小,研制周期大大缩短,成本大幅下降,因此许多中小国家都以研制小卫星为切入点,带动航天技术的发展,同时也促进了遥感科学与技术的发展。

思考题与习题

1. 什么是遥感平台？按高度不同遥感平台可以分为几类？
2. 卫星按轨道高度不同可以分为几种类型？卫星轨道的主要参数有哪些？
3. 我国的风云气象卫星有哪些特点？
4. 高分辨率卫星有什么特征？
5. ERS-1卫星有什么特点？
6. 简述小卫星在数据实时获取方面的优点。

第5章　遥感图像处理基础

5.1　遥感图像的数字表达

5.1.1　遥感图像

遥感数据是传感器获取地物辐射电磁波的记录，是提取目标属性、空间分布等有用信息的基础。根据不同传感器的作用及功能特点，获取的遥感数据可分为图像数据和非图像数据两大类。遥感图像数据（简称遥感图像）不仅记录了目标的辐射信息，而且还反映了其空间位置；非图像数据输出的只是目标的某些特征信息，如光谱辐射计记录的是地物的反射波谱特性，微波高度计记录的是目标距平台的高度数据。两者最根本的区别在于有无空间特性信息。由于图像数据能同时反映地物的光谱信息和空间信息，所以一般认为遥感图像是遥感的主体数据，其他数据则为遥感的辅助数据。

遥感图像种类很多，分类方法也各不相同，一般可按传感器、波段、颜色、记录介质、表示形式等对遥感图像进行分类。如表5.1所示，按获取图像的传感器类型可将遥感图像分为画幅式图像、缝隙扫描图像、推帚式扫描图像、光机扫描图像、雷达图像等；按是否用镜头成像又可分为光学图像和非光学图像；按记录波段和光谱细分程度可分为紫外图像、全色图像、近红外图像、热红外图像、微波图像、多光谱图像、高光谱图像和超光谱图像等；按颜色可分为彩色图像和黑白图像；按表示形式可分为空间域图像和频率域图像；按记录介质则可分为模拟图像和数字图像。下面仅对模拟图像、数字图像、图像的频谱作一详细介绍。

表5.1　遥感图像的类型

分类方法	图像类型	备　注
按传感器分类	画幅式、缝隙扫描、推帚式、光机扫描、雷达等	也可分为摄影与扫描两类
按是否用镜头成像分类	光学和非光学	微波雷达和激光雷达是非光学成像
按波段分类	紫外、全色、近红外、热红外、微波等	还可以进一步细分
按波段间隔大小分类	多光谱、高光谱、超光谱等	
按图像颜色分类	彩色和黑白	彩色又分为真彩色和假彩色
按表示形式分类	空间域图像、频率域图像	
按记录介质分类	模拟和数字	

1.模拟图像

模拟图像是以感光材料为载体所显现的图像，可以用一个连续函数 $f(x,y)$ 表示，x、y 代表像点的位置，$f(x,y)$ 为影像密度，反映了像点对应地物的反射特性。根据摄影传感器的成像特点，$f(x,y)$ 不仅与地物反射光谱特性有关，还与感光材料类型、摄影时所用滤光片及摄影处理条件等因素有关。

1)感光材料

在胶片片基上涂上感光乳剂(卤化银)就形成了感光材料。摄影时,卤化银在接收光照后,能发生光化学反应,从而使卤和银分离,析出微小的银颗粒,形成肉眼看不见的潜像。析出银颗粒的多少与其接收的光能量成正比。摄影后,再对潜像进行显影和定影处理就形成了一幅固定图像。

感光材料分为正片和负片,正片称为相纸或拷贝片,主要用于印相和拷贝;负片称为感光胶片,用于摄影时记录地物的反射光谱能量。显然,感光胶片的感光性能是影响模拟图像色调的因素之一。

感光胶片按显示的色调分为黑白胶片和彩色胶片两类。黑白胶片依据其感光范围分为全色片、全色红外片和红外片;彩色胶片一般由三层感光乳剂所组成,有天然彩色片和彩色红外片。天然彩色片的三层乳剂分别对蓝、绿和红感光,负片上的颜色与目标颜色互补,正片上的影像颜色与目标颜色相一致。三层乳剂的红外彩色胶片分别对绿、红和红外感光,对蓝色波段无响应,所以在其正片上,影像的颜色与目标的颜色不一致,蓝色物体为黑色影像,绿光变为蓝色,红光成为绿色,红外光线为红色,故红外彩色片也称为假彩色片。

2)模拟图像特点

从模拟图像的记录介质和成像过程可以看出,模拟图像具有以下几个特点:

(1)模拟图像是连续图像,可以连续反映地物的空间分布和反射特性,其上的每个图像点都是纯粹数学意义上的几何点。

(2)由于感光胶片光谱响应的限制,模拟图像能表达的光谱范围十分有限,只局限在0.9 μm以下的紫外、可见光和近红外区。

(3)模拟图像只能用于目视分析和手工量测,对其进行的各种处理,如平滑、锐化、频谱分析、彩色增强等也只能用光学方法来完成。为适合计算机自动处理,必须用数字化设备将模拟图像转换成数字图像。

2.数字图像

1)数字图像概念

数字图像是一个离散的数字矩阵或阵列,矩阵中的每个元素代表一个像元(或像素),其行和列号代表像元的位置,其值的大小则代表对应地物辐射电磁波的强弱。数字图像可用一个离散函数 $f(i,j)$ 来表示,其中 i、j 是正整数,分别表示像元的行、列号,$f(i,j)$ 也是正整数,称为像元的灰度值,如图5.1所示。

数字图像主要记录在磁带、磁盘、光盘等介质上,可以方便地存储和传输。它是以光电转换器件为探测元件,将接收的地物辐射电磁波能量变为模拟的电压或电流信号,再经过模数转换,量化为灰度值。光电探测元件的光谱响应范围很宽,能探测从紫外到远红外的所有波段;输出的动态范围大,有利于量化出更多的灰度级,获取反差适中的图像;信噪比高,使数字图像的视觉质量远远优于模拟图像。

2)数字图像特点

与模拟图像相比,数字图像有以下特点:

(1)数字图像不是一个连续函数,是对地物电磁波辐射特性和地物空间分布的离散化采样。

(2)由于采用光电探测器件,数字图像光谱表达范围很宽,可反映地物从紫外、可见光到远红外所有波段的反射和发射特性。

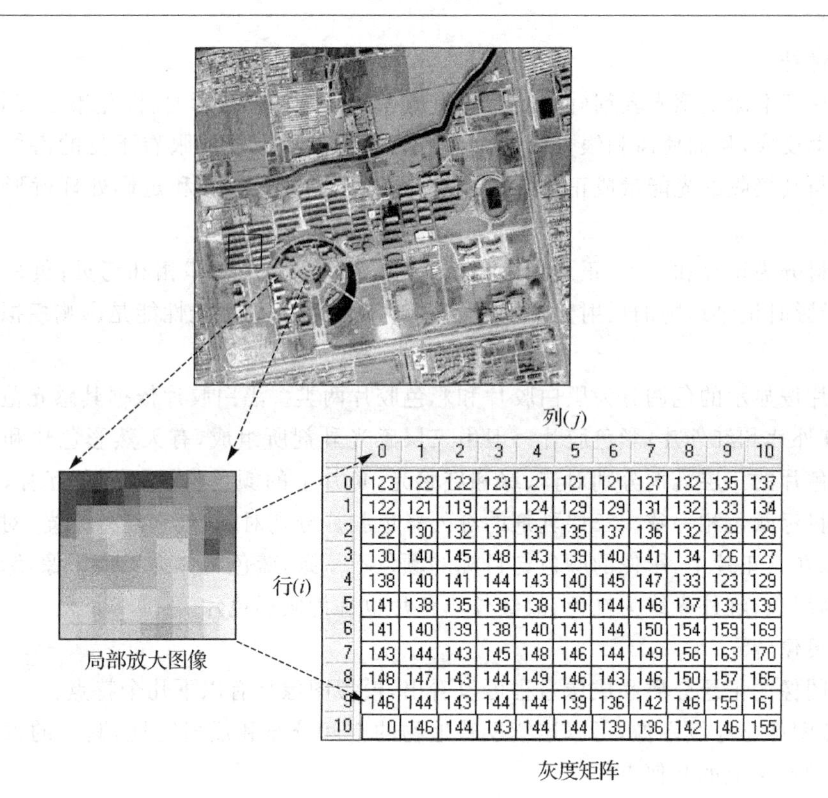

行(i) \ 列(j)	0	1	2	3	4	5	6	7	8	9	10
0	123	122	122	123	121	121	121	127	132	135	137
1	122	121	119	121	124	129	129	131	132	133	134
2	122	130	132	131	131	135	137	136	132	129	129
3	130	140	145	148	143	139	140	141	134	126	127
4	138	140	141	144	143	140	145	147	133	123	129
5	141	138	135	136	138	140	144	146	137	133	139
6	141	140	139	138	140	141	144	150	154	159	169
7	143	144	143	145	148	146	144	149	156	163	170
8	148	147	143	144	149	146	143	146	150	157	165
9	146	144	143	144	144	139	136	142	146	155	161
10	0	146	144	143	144	144	139	136	142	146	155

图 5.1 数字图像

(3)数字图像不但能用于目视分析和手工量测,而且也特别适合计算机分析和处理。

3.图像的频谱

图像的频率是表征图像中灰度变化剧烈程度的指标,是单位长度内图像灰度的变化次数。如大面积地物的内部是一片灰度变化缓慢的区域,对应的频率值很低;而地物属性变化剧烈的边缘区域在图像中灰度变化剧烈,对应的频率值较高。利用图像频域中特有的性质,可以使图像处理过程更加简单有效。

任何一幅图像都是由按顺序排列的像元组成的若干条扫描线构成的,若以扫描线的像元点位置为横坐标,以像元点的灰度值为纵坐标绘制成的扫描线就是一条曲线。任何一条复杂的曲线,都可以通过数学的方法把它分解成若干条不同波长(频率)的简单波形曲线。因此一个图像,也可以分解为由不同频率、不同振幅、不同方向以及不同相位的周期函数构成,进而将其用频域坐标来表示。

将图像由空间域变换为频率域,可采用傅里叶变换来实现;由频率域变换为空间域则用傅里叶逆变换实现。

1)傅里叶变换

一维连续函数的傅里叶变换为

$$F(v) = F\{f(x)\} = \int_{-\infty}^{\infty} f(x)\exp[-j2\pi vx]\mathrm{d}x \tag{5.1}$$

式中,$f(x)$是空间域函数,$F(v)$是频率域函数,$F\{\ \}$表示傅里叶变换,v为频率变量,x为空间变量。

二维连续函数的傅里叶变换为

$$F(v_x,v_y) = F\{f(x,y)\} = \int_{-\infty}^{\infty}\int_{-\infty}^{\infty} f(x,y)\exp[-j2\pi(v_x x + v_y y)]\mathrm{d}x\mathrm{d}y \tag{5.2}$$

对于数字图像，需要用二维离散傅里叶变换，即

$$F(v_x,v_y) = F\{f(x,y)\} = \frac{1}{MN}\sum_{x=0}^{M-1}\sum_{y=0}^{N-1} f(x,y)\exp[-j2\pi(v_x x/M + v_y y/N)] \tag{5.3}$$

式中，$v_x=0,1,2,\cdots,M-1$；$v_y=0,1,2,\cdots,N-1$。

2）傅里叶逆变换

二维连续函数的傅里叶逆变换为

$$f(x,y) = F^{-1}\{F(v_x,v_y)\} = \int_{-\infty}^{\infty}\int_{-\infty}^{\infty} F(v_x,v_y)\exp[j2\pi(v_x x + v_y y)]\mathrm{d}v_x\mathrm{d}v_y \tag{5.4}$$

式中，$F^{-1}\{\ \}$表示傅里叶逆变换。

对于数字图像，需要用二维离散傅里叶逆变换，即

$$f(x,y) = F^{-1}\{F(v_x,v_y)\} = \frac{1}{MN}\sum_{x=0}^{M-1}\sum_{y=0}^{N-1} F(v_x,v_y)\exp[j2\pi(v_x x/M + v_y y/N)] \tag{5.5}$$

图像傅里叶变换的计算量非常大，实际处理时可采用快速傅里叶变换的算法，该算法基于二维傅里叶变换的可分离性而设计。即二维傅里叶变换可由连续两次一维傅里叶变换得到，再将一维傅里叶变换式中的复数乘法和加法运算巧妙分解，此时运算次数正比于 $N\log_2 N$。当图像的行列数较大时，计算量的节省相当可观。

5.1.2 模拟图像数字化

获取数字图像有两个基本途径，一是利用各种数字传感器在遥感时直接获得，二是用数字化设备将模拟图像转化为数字图像。第一种途径在第3章已作了详细介绍，这里仅介绍第二种方法，即模拟图像的数字化。

1. 图像数字化的概念

将模拟图像转化为数字图像的过程称为模拟图像的数字化。如图5.2所示，由于模拟图像在二维空间的分布是连续的，对应灰度是连续的模拟量，因此在数字化时，首先应将连续的图像平面按一定的间隔离散为若干个小方格并取其平均密度，每个小方格即代表一个像元。像这样将图像按平面坐标离散取值的过程称为采样，相邻像元间的距离称为采样间隔。然后通过模数转换，将密度转换为离散的整数值，这个过程称为量化。

2. 采样间隔的确定

在图像数字化时，如何选取合适的采样间隔是一个非常重要的问题。如果选用的采样间隔过小，虽然图像信息没有损失，但采样后的数据量过大，且有冗余信息；如果采样间隔过大，会使图像信息损失严重，采样后图像就不能正确恢复原图像。所以采样间隔不能过大，也不能过小，应在保证原图像信息没有损失的条件下选择最大的采样间隔。理论上，最佳采样间隔可用采样定理来确定。

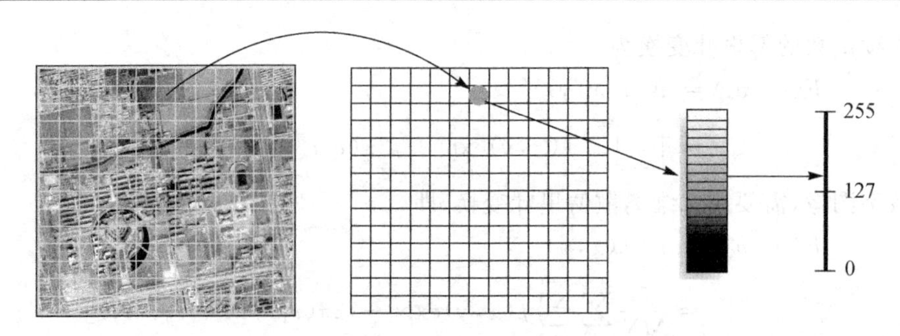

图 5.2 模拟图像数字化的一般过程

假设连续图像函数 $f(x,y)$ 在 x、y 方向的最高空间频率分别为 u_c 和 v_c，那么在采样间隔 Δx 和 Δy 满足

$$\Delta x \leqslant \frac{1}{2u_c} \quad 且 \quad \Delta y \leqslant \frac{1}{2v_c} \tag{5.6}$$

时，采样后的图像没有信息损失，能完全恢复原图像，这就是采样定理。根据采样定理，并考虑到使采样后的数据量最小，在数字化时最为合适的采样间隔应为

$$\Delta x = \frac{1}{2u_c} \quad \Delta y = \frac{1}{2v_c} \tag{5.7}$$

对于实际图像，影像分辨率就是其最高空间频率。影像分辨率在数值上等于影像上每毫米能分辨的最大线对数，并且这个值是可以估算或测定的。如果模拟图像的影像分辨率为 R，则对其数字化时，采样间隔 d 应为

$$d = \frac{1}{2R} \tag{5.8}$$

这里，之所以采样间隔不区分 x、y 方向，而用一个值 d 来代替，是因为影像分辨率没有方向性。

3. 量化等级和方式

为了便于计算机处理，量化等级 G 应为 2 的整数幂，即 $G=2^n$，这里 n 是正整数，且正好等于一个像元所占用内存的比特数。因此，常用比特数多少来表示图像的量化等级。目前常见的数字图像有 6 bit、8 bit、10 bit，表示图像被量化了 64、256、1 024 级，相应的灰度范围为0～63、0～255、0～1 023。图像灰度的量化级越多，图像细节越丰富，视觉效果越柔和，图像质量就越高，但数据量也会急剧上升。所以，在实际工作中应根据影像密度的动态范围，合理选择量化等级。

选择量化等级后，就要确定每个灰度值(或灰度级)所对应的密度范围。通常有两种方式来确定灰度级与密度范围的对应关系，一种是在整个图像密度区间内均匀划分灰度级，即每个灰度值对应的密度间隔相等，这种量化方式称为均匀量化。另一种是按某种函数关系来划分密度范围，使每个灰度级对应的密度间隔不再相等，这种方式称为非均匀量化。非均匀量化的精度较好，但需要预知图像的先验参数，如密度的概率分布函数，实际应用比较困难。

4. 数字化设备

将模拟图像转化为数字图像可以选用不同类型的数字化设备来完成。目前可供选择的数字化设备有专业图像扫描仪、普通扫描仪和数码相机等。专业图像扫描仪有平板式和滚筒式之分，其几何精度和量化质量都非常优越，能对整卷胶片进行连续作业，但价格相当昂贵，仅适合于对图像的几何精度和影像质量要求较高的专业领域使用，目前主要用于航空和航天像片

的扫描。普通扫描仪是最常见的数字化仪器，它价格低廉，操作简单方便，适合于日常生活和办公之用，不宜用于专业性较强的生产作业之中。

专业图像扫描仪主要由标准照明光源、精确定标的光电探测器、模数转换器、精密机械运动装置、控制器、存储器及滤光盘轮等组成，其基本工作原理如图5.3所示。

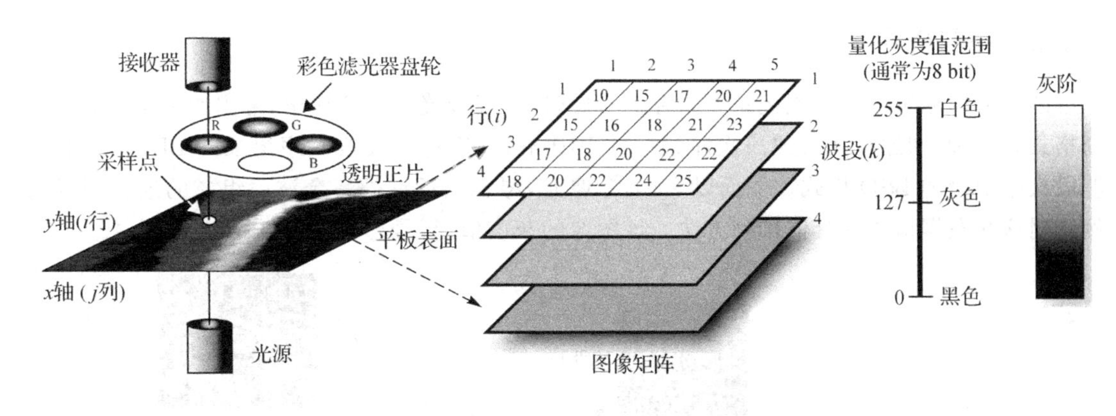

图5.3　数字化设备的基本工作原理

5.2　数字图像的存储

5.2.1　存储介质

1.磁带

磁带是一种顺序存储介质，在读写磁带上特定位置的记录时需要通过该点以前的全部记录数据，寻址方式单一，不适合随机读写，所以通常只将它作为数据存储之用，应用时需将其存储的数据读入磁盘或内存中进行处理。

2.磁盘

磁盘是随机存储介质，因此一个完整的图像行是作为一个记录存储在磁盘的一个区域上，而组成一幅完整图像的记录必须是邻接的。硬盘有硬盘和软盘之分，硬盘的盘片一般是金属制成，存储密度大，随机访问速度快；软盘的盘片为塑料制品，存储容量较小，访问速度相对硬盘较慢。磁盘相对于磁带来说，读取或存储速度较快。可以快速随机地在磁盘上定位一个记录，而不必像磁带，必须顺序绕过该记录以前的数据。

3.光盘

光盘的特性与磁盘相似，但其存储原理与磁盘不同。磁盘在盘片的表面涂有一层磁性材料，存储时，按照数据的不同对磁盘表面的磁性物质进行不同程度的磁化。读取时，根据磁化的程度不同用不同的数据进行表达，这样完成了存储和读取数据的工作。而光盘表面涂上一层反光材料，利用激光束对反光材料进行"蚀刻"，数据不同，蚀刻的程度也不一样，达到记录数据的目的。相反就可以进行数据的读取。

光盘也是随机存储介质，但访问数据的速度较硬盘要慢得多。光盘具有抗磁、抗潮、抗灰尘的特点，是最适合长期保存的存贮介质。

4. 半导体存储介质

半导体存储介质是用超大规模集成的半导体芯片制成的存储设备，如常用的 U 盘。半导体存储介质的特点是体积小、重量轻、耗电低、便于携带，另外读写速度较快，容量也在急剧增大，是一种颇具前途的存储设备。

5.2.2 存储格式

图像数据通常采用串流记录方式存储于磁带、磁盘或光盘等介质中，常用的串符型数据排列格式有三种，即逐像元按波段次序记录的 BIP 格式、逐行按波段次序记录的 BIL 格式和逐波段次序记录的 BSQ 格式。下面以 3×3 个像元，绿、红、近红外三个波段组成的遥感图像为例说明这些数据格式的具体排列方法。该图像的灰度值、行号、列号和波段号见图 5.4。

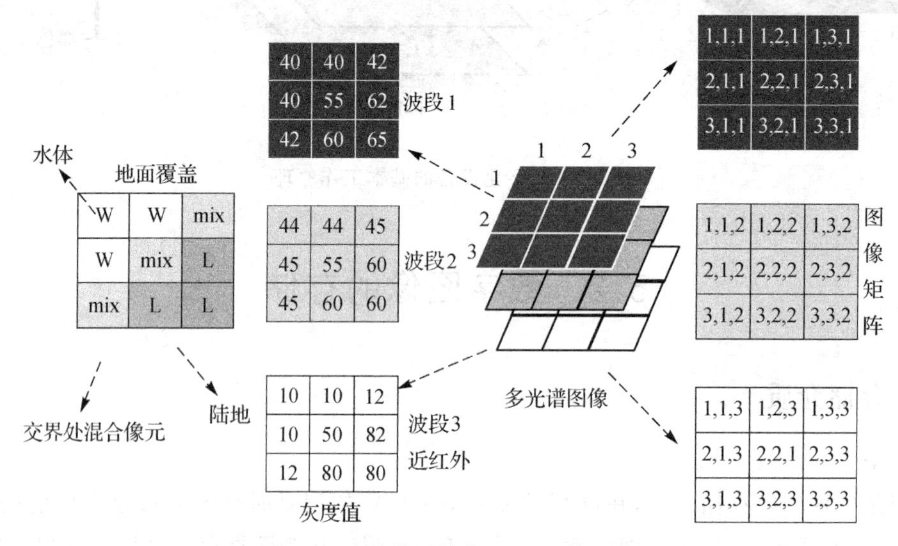

图 5.4 水陆分界处的 3×3 图像矩阵

1. BIP 格式

逐像元按波段次序(band interleaved by pixel,BIP)记录格式是逐像元将 n 个波段的灰度值按波段顺序排列在数据集中。图 5.4 所示的图像矩阵包含 3 个波段的数据，当按 BIP 格式存放时，先存矩阵中第一个像元(1,1)各波段的灰度值，其顺序是(1,1,1)、(1,1,2)、(1,1,3)；然后再按(1,2,1)、(1,2,2)、(1,2,3)的顺序存放第二个像元(1,2)的灰度值，依此类推，直到把所有像元存放完毕，如图 5.5(a)所示。最后，在数据集的结束处放置一个文件结尾(end-of-file,EOF)标记。

2. BIL 格式

逐行按波段次序(band interleaved by line,BIL)记录格式的文件将每行像元的 n 个波段灰度值按顺序放置到数据文件中。对图 5.4 所示图像，首先放置第 1 行第 1 波段所有的像元值，然后放置第 1 行第 2 波段所有的像元值，再放置第 1 行第 3 波段所有的像元值，接下来存放第 2 和第 3 行，如图 5.5(b)所示。

3. BSQ 格式

按波段次序(band sequential,BSQ)记录格式是将每个波段全部像元值放在一个单独的文件中。每个波段文件都有各自开始的头记录和 EOF 标记，如图 5.5(c)所示。陆地卫星

4、5上CCT磁带的记录格式就是BSQ格式。

文件头										文件结尾
	40 (1,1,1)	44 (1,1,2)	10 (1,1,3)	40 (1,2,1)	44 (1,2,2)	10 (1,2,3)	42 (1,3,1)	45 (1,3,2)	12 (1,3,3)	
	40 (2,1,1)	45 (2,1,2)	10 (2,1,3)	55 (2,2,1)	55 (2,2,2)	50 (2,2,3)	62 (2,3,1)	60 (2,3,2)	82 (2,3,3)	
	42 (3,1,1)	45 (3,1,2)	12 (3,1,3)	60 (3,2,1)	60 (3,2,2)	80 (3,2,3)	65 (3,3,1)	60 (3,3,2)	80 (3,3,3)	

(a) BIP格式

文件头										文件结尾
	40 (1,1,1)	40 (1,2,1)	42 (1,3,1)	44 (1,1,2)	44 (1,2,2)	45 (1,3,2)	10 (1,1,3)	10 (1,2,3)	12 (1,3,3)	
	40 (2,1,1)	55 (2,2,1)	62 (2,3,1)	45 (2,1,2)	55 (2,2,2)	60 (2,3,2)	10 (2,1,3)	50 (2,2,3)	82 (2,3,3)	
	42 (3,1,1)	60 (3,2,1)	65 (3,3,1)	45 (3,1,2)	60 (3,2,2)	60 (3,3,2)	12 (3,1,3)	80 (3,2,3)	80 (3,3,3)	

(b) BIL格式

文件头	40 (1,1,1)	40 (1,2,1)	42 (1,3,1)	40 (2,1,1)	55 (2,2,1)	62 (2,3,1)	42 (3,1,1)	60 (3,2,1)	65 (3,3,1)	文件结尾
文件头	44 (1,1,2)	44 (1,2,2)	45 (1,3,2)	45 (2,1,2)	55 (2,2,2)	60 (2,3,2)	45 (3,1,2)	60 (3,2,2)	60 (3,3,2)	文件结尾
文件头	10 (1,1,3)	10 (1,2,3)	12 (1,3,3)	10 (2,1,3)	50 (2,2,3)	82 (2,3,3)	12 (3,1,3)	80 (3,2,3)	80 (3,3,3)	文件结尾

(c) BSQ格式

图5.5 数字遥感图像记录格式

4.其他文件格式

遥感数据除了以上专用的数字图像格式之外，还有其他类型的图像格式。在进行遥感图像处理时，往往可以方便地与通用图像格式进行转换。

1）HDF格式

HDF格式（hierarchical data format）是一种不必转换就可以在不同平台间传递的新型数据格式，由美国国家超级计算应用研究中心（NCSA）制定，已被应用于MODIS、MISR等数据中。

HDF采用分层式数据管理结构，并通过所提供的“总体目录结构”可以直接从嵌套的文件中获得各种信息。因此，打开一个HDF文件，在读取图像数据的同时可以很方便地查取地理位置、轨道参数、图像属性、图像噪声等各种辅助参数。

具体来讲，一个HDF文件包括一个头文件和一个或多个数据对象，一个数据对象是由一个数据描述符和一个数据元素集组成。前者包括数据元素的类型、位置、尺度等信息，后者是实际的数据资料。HDF这种数据组织方式可以实现数据的自我描述,用户可以通过应用界面来处理这些不同的数据集。

2)TIFF格式

TIFF格式(tagged image file format)是目前广泛采用的一种通用交换格式,是由Aldus公司与Microsoft公司合作开发的一个多用途可扩展的用于存储栅格图像的文件格式。TIFF不仅能很好地存储黑白、灰度、彩色图像,而且还支持对图像像素位的许多数据压缩存储。TIFF格式可以存储多幅图像,除了一般图像处理常用的RGB颜色模式之外,还能够接受CMYK、YCbCr等多种不同的颜色模式,支持1~24位的图像。

TIFF用标签化字段保存信息,文件以一个文件头和至少一个图像文件目录(IFD)开始。IFD中有许多12byte的目录索引项,每个索引都是一个标签化字段中的相关信息。它带有一个标签(标签是一个整型数值)、一个表示数据类型的常量、数据的长度项和用来表示字段数据位置与文件起始处之间偏移量的值。

目前,遥感数据的获取正向多平台、多分辨率、多波段和多时相方向发展,直接实现遥感影像的图像坐标与实地地理坐标的相互转换是遥感应用中的关键问题。由于TIFF格式是当今最流行的栅格图像格式,它由许多标签(tag)组成,扩充时具有很大的弹性,因此大家寄希望于通过在TIFF的基础上添加一些私有的标签来记录地理信息。1995年,在Esri、MapInfo和NASA/JPL等的支持下,JPL和SPOT Image Group制定了一个国际标准—GeoTIFF1.0。GeoTIFF支持TIFF格式的所有标准,且新增了6个GeoTag标志信息存放在TIFF图像的文件目录中,用来表述图像的地理信息和投影信息。

3)BMP格式

BMP(Bitmap)格式是Microsoft Windows所定义的图像文件格式,也是标准的位图格式,在Windows操作系统中被广泛应用。BMP只能存储四种图像数据:单色、16色、256色和全彩色。BMP图像数据有压缩和不压缩两种处理方式,其中压缩方式只有Rle4(16色)和Rle8(256色)两种,24位BMP格式的图像文件无法压缩,因而文件尺寸比较大。BMP格式一般由文件头和实际图像信息组成。

现在很多遥感图像处理系统是基于Windows操作系统的,而Windows把BMP作为其图像的标准格式,并且内含了一套支持BMP图像处理的API函数。

4)JPEG格式

JPEG(Joint Photographic Experts Group)是国际标准化组织(ISO)、国际电话电报咨询委员会(CCITT)和国际电工委员会(IEC)为连续色调静态图像所建立的第一个国际数字图像压缩标准,以此压缩标准为基础建立的图像文件交互格式就是JPEG格式。正式名称为“连续色调静态图像的数字压缩和编码”,是一个通用的静态图像压缩编码标准,可以用不同的压缩比对图像进行压缩,且压缩技术先进,可以用最少的磁盘空间得到较好的图像质量。

JPEG是一种有损压缩算法,无损压缩算法能在解压后准确再现压缩前的图像,而有损压缩则牺牲了一部分图像数据来达到较高的压缩率。但是这种损失很小以至于人们很难察觉。

随着多媒体应用领域的激增,传统JPEG压缩技术已无法满足人们对多媒体图像资料的要求,因此,更高压缩率以及更多新功能的新一代静态图像压缩技术JPEG 2000就诞生了。JPEG 2000正式名称为“ISO15444”,同样是由JPEG组织负责制定的。JPEG 2000与传统

JPEG最大的不同在于它放弃了JPEG所采用的以离散余弦变换为主的区块编码方式，而改用以小波变换为主的多解析编码方式。

5.3 遥感图像特征

5.3.1 空间分辨率

空间分辨率指图像上能够区分的地面最小单元的尺寸或大小，或指传感器区分两个目标的最小角度或线性距离的度量。数量上相当于遥感可识别的最小地面距离或最小目标物的大小。遥感图像的空间分辨率反映了其对两个非常靠近的目标物的识别、区分能力，有时也称为分辨力或解像力，一般有三种表示方法。

(1)像元分辨率。指单个像元所对应的地面面积大小，单位为米或千米。如Landsat TM影像的星下点像元对应地面面积为28.5 m×28.5 m，其空间分辨率概略为30 m；QuickBird商业卫星影像的一个像元相当地面面积0.61 m×0.61 m，其空间分辨率为0.61 m。对于光电扫描成像系统，像元在扫描线方向的尺寸大小取决于系统几何光学特征的测定，而飞行方向的尺寸大小取决于探测器连续电信号的采样速率。

(2)线对数。对于摄影系统而言，影像最小单元常通过1 mm间隔内包含的线对数确定，单位为“线/毫米”。所谓线对数指一对同等大小的明暗条纹或规则间隔的明暗条对。

(3)瞬时视场。指遥感器内单个探测元件的受光角度或观测视野，单位为毫弧度(mrad)。瞬时视场越小，最小可分辨单元(可分像素)越小，空间分辨率越高。瞬时视场取决于遥感器光学系统和探测器的大小。瞬时视场内的信息，表示为一个像元。

一般说来，遥感器系统的空间分辨率越高，其识别物体的能力越强。但实际上每一目标在图像上的可分辨程度，不完全取决于空间分辨率的具体值。例如在空间分辨率为80 m的Landsat MSS图像上，沙漠、水域、草原、农作区中宽度仅15～20 m的公路往往清晰可辨，这是因为其独特的形状和较单一的背景所致。因此，空间分辨率的大小，仅表明影像细节的可见程度，但真正的识别效果还与地物的几何、物理特性及背景因素有关。

5.3.2 光谱分辨率

遥感图像往往分波段记录，这种多波段性可用光谱分辨率来描述。光谱分辨率指遥感器所选用的波段数量的多少、各波段的波长位置，以及波长间隔的大小。即选择的通道数、每个通道的中心波长、带宽，这三个因素共同决定光谱分辨率。

在黑白全色摄影中，照相机用一个综合的宽波段(0.4～0.7 μm，波段间隔为0.3 μm)记录下整个可见光波段的反射辐射；Landsat TM有7个波段，能较好地区分同一物体在7个不同波段的光谱响应特性的差异；而成像光谱仪AVIRIS则有244个波段(0.4～2.45 μm，波段间隔仅为10 nm)，可以捕捉到不同物质反射特性的微小差异。

可见，光谱分辨率越高，对物体光谱特性的探测就越精细，识别精度也越高，遥感应用的效果也越好。但是，面对大量多波段信息及它所提供的这些微小的差异，要直接将它们与地物特征联系起来仍比较困难。

5.3.3 辐射分辨率

辐射分辨率指遥感器对光谱信号强弱的敏感程度、区分能力，即探测器的灵敏度——遥感器探测元件在接收光谱信号时能分辨的最小辐射度差，或指对两个不同辐射源的辐射量的分辨能力。一般用灰度的量化级数来表示，即最暗、最亮灰度值(亮度值)间分级的数目。图像的辐射分辨率越高，越能清楚地反映地物的辐射亮度变化细节，因此，图像的可检测能力也越强。

图像的空间分辨率与辐射分辨率和光谱分辨率之间是有一定的关系的。一般而言，瞬时视场越大，最小可分像素越大，空间分辨率越低；同时，光通量即瞬时获得的入射能量也越大，辐射测量越敏感，对微弱能量差异的检测能力也越强，即辐射分辨率越高；而且，瞬时视场越大，入射能量越大，也越有利于光谱分辨率的提高。因此，空间分辨率的增大，将伴之以辐射分辨率和光谱分辨率的降低。可见，高空间分辨率与高辐射分辨率、高光谱分辨率往往呈现出矛盾的一面，对这些指标的确定需要综合考虑。

5.3.4 时间分辨率

时间分辨率是关于遥感影像重复获取间隔时间的一项性能指标。航天遥感探测器按一定的时间周期重复采集数据，这种重复周期又称回归周期、重访周期，是由遥感平台的轨道高度、轨道倾角、运行周期、轨道间隔、偏移系数等参数所决定。对同一地区重复采集数据的最小时间间隔称为时间分辨率。

地表同一地区多时相的遥感图像可以提供目标的动态变化信息，用于资源、环境、灾害的监测、预报，并为更新数据库提供保证，还可以根据地物目标不同时期的不同特征，提高目标识别能力和精度。

5.4 遥感图像的统计分析

遥感对地观测的成像过程是非常复杂的，由于受到多方面随机因素的影响，导致图像的灰度值也是随机变化的，但具有统计特征；又由于遥感图像整体上是反映地物的电磁波辐射能量情况，具有总体的信息特征，因而遥感图像的统计分析是图像处理最基础工作。

5.4.1 数字图像的直方图

1. 直方图的概念

灰度直方图(histogram)是灰度级的函数，它表示图像中每个灰度级像元的个数，反映图像中每种灰度出现的频率。确定图像像元的灰度值范围，以适当的灰度间隔为单位将其划分为若干等级，以横轴表示灰度级，纵轴表示每一灰度级具有的像元个数或该像元数占总像元数的比例值，由此作出的统计图即为灰度直方图，如图 5.6 所示。

2. 直方图的性质

(1)直方图反映了图像中的灰度分布规律。它描述每个灰度级具有的像元个数，但不包含这些像元在图像中的位置信息。

(2)任何一幅图像都有唯一的直方图与之对应，但不同的图像可以有相同的直方图。

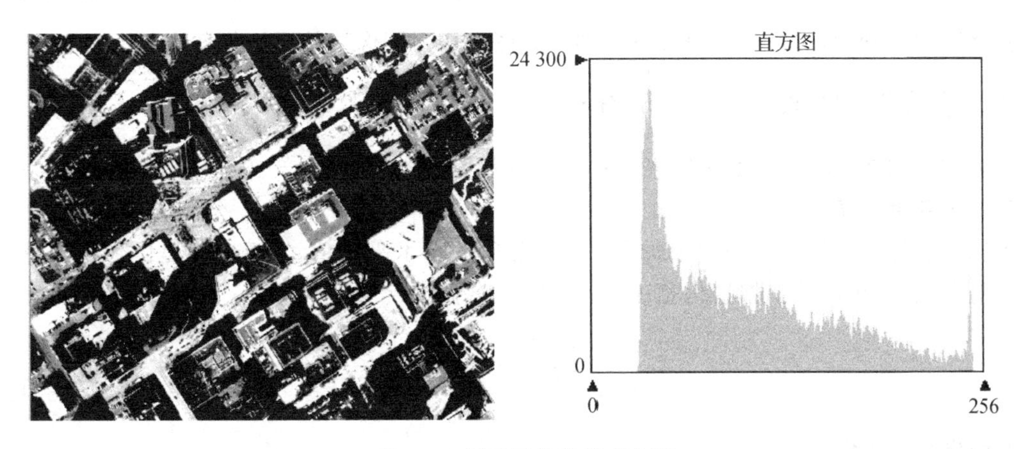

图5.6　遥感图像及其直方图

(3)如果一幅图像有两个或两个以上不相连的区域组成,并且每个区域的直方图已知,则整幅图像的直方图是该两个区域的直方图之和。

3.直方图的应用

1)修正数字化参数

直方图可用来判断一幅图像是否合理地利用了全部被允许的灰度级范围。一般情况下,一幅数字图像应该利用全部或几乎全部可能的灰度级,否则等于增加了量化间隔,且丢失的信息将不能恢复,除非重新数字化。

如果图像具有超出数字化器所能处理的亮度值,则这些灰度值将被简单的设为两头的极端值,即在直方图的一端或两端产生尖峰。数字化时,对直方图进行快速检查可以及时发现数字化中产生的问题,以免浪费时间。

2)选择边界阈值

直方图提供了一种确立图像中简单物体间边界的有效方法。假设图像中只有两个物体,它们以不同灰度将图像分为两个区域,这时直方图将呈驼峰状,显然两峰间的谷底就是两物体的最佳边界灰度。

3)综合光密度

综合光密度(IOD)是反映图像中“质量”的一种度量,对连续图像其定义为

$$\mathrm{IOD} = \int_0^a \int_0^b D(x,y)\mathrm{d}x\mathrm{d}y \tag{5.9}$$

式中,a 和 b 是所规定的图像区域的边界;$D(x,y)$ 为密度级函数。如果在灰度级为0的背景上有深色的物体,则IOD反映了物体的面积和密度的组合。

对数字图像有

$$\mathrm{IOD} = \sum_{i=1}^{NL} \sum_{j=1}^{NN} D(i,j) \tag{5.10}$$

式中,NL、NN 分别代表行、列向的像元数,$D(i,j)$ 是 (i,j) 处像元的灰度值。令 N_k 代表灰度级为 k 时所对应的像元的个数,则等式(5.10)可写为

$$\mathrm{IOD} = \sum_{k=0}^{255} kN_k \tag{5.11}$$

总之,直方图是图像灰度分布的直观描述,能够反映图像的信息量及分布特征。因而,在

遥感数字图像处理中，可以通过修改图像的直方图来增强图像中的目标信息。

5.4.2 遥感数字图像的一元统计分析

设有数字图像 $f(i,j)$，大小为 $M\times N$，下面介绍其基本统计量。

1.图像灰度均值

图像灰度均值是指一幅图像中所有像元灰度值的算术平均值，它反映的是图像中地物的平均反射强度，大小由地物波谱信息决定，具体算法为

$$\bar{f}=\frac{\sum_{i=1}^{M}\sum_{j=1}^{N}f(i,j)}{M\times N} \tag{5.12}$$

2.图像灰度中值

图像灰度中值是指图像所有灰度级中处于中间的值，当灰度级为奇数时，取其中间值作为中值，当灰度级数为偶数时，则取中间两灰度值的平均值。由于遥感图像的灰度级都是等间隔变化的，因而中间值可通过最大灰度值和最小灰度值获得，即

$$f_{\text{mid}}(i,j)=\frac{f_{\max}(i,j)+f_{\min}(i,j)}{2} \tag{5.13}$$

3.图像灰度众数

图像灰度众数是图像中出现频数最多的灰度值，它是一幅图像中分布较广的地物类型反射能量的反映。

4.图像灰度方差

图像灰度方差反映了像元灰度值与图像平均灰度值的总的离散程度，是衡量一幅图像信息量大小的重要度量，是图像统计分析中最重要的统计量，其计算公式为

$$S^2=\frac{\sum_{i=1}^{M}\sum_{j=1}^{N}[f(i,j)-\bar{f}(i,j)]^2}{M\times N} \tag{5.14}$$

5.图像灰度数值域

图像灰度数值域是图像最大灰度值和最小灰度值的差值，即

$$f_{\text{range}}(i,j)=f_{\max}(i,j)-f_{\min}(i,j) \tag{5.15}$$

它反映了图像灰度值的变化程度，从而间接地反映图像信息量。

6.图像灰度反差

图像灰度反差可以通过以下三种形式来定义。

(1)灰度最大值和灰度最小值的比值，即

$$C_1=\frac{f_{\max}(i,j)}{f_{\min}(i,j)} \tag{5.16}$$

(2)灰度最大值和灰度最小值的差值，即

$$C_2=f_{\text{range}}(i,j)=f_{\max}(i,j)-f_{\min}(i,j) \tag{5.17}$$

(3)等于图像灰度值的标准差，即

$$C_3=S \tag{5.18}$$

反差可以反映图像的显示效果和可分辨性。其中 C_3 是以上三种形式的反差定义中最合理的，其他两种定义形式受极端情况的影响较大。

5.4.3 多光谱图像的多元统计分析

遥感图像处理往往是多波段数据的处理，既要考虑单个波段图像的统计特征，也要考虑波段间存在的关联。各波段图像之间的统计特征不仅是图像分析的重要参数，而且也是图像合成方案的主要依据之一。

1. 协方差

设 $f(i,j)$ 和 $g(i,j)$ 是大小为 $M\times N$ 的两幅图像，则它们之间的协方差可表示为

$$S_{gf}^2 = S_{fg}^2 = \frac{1}{MN}\sum_{i=1}^{M}\sum_{j=1}^{N}[f(i,j)-\bar{f}][g(i,j)-\bar{g}] \tag{5.19}$$

式中，$\bar{f}$ 和 $\bar{g}$ 分别为图像 $f(i,j)$ 和 $g(i,j)$ 的均值。将 N 个波段相互间的协方差排列在一起所组成的矩阵称为协方差矩阵 $\boldsymbol{\Sigma}$，即

$$\boldsymbol{\Sigma}=\begin{bmatrix} S_{11}^2 & S_{12}^2 & \cdots & S_{1N}^2 \\ S_{21}^2 & S_{22}^2 & \cdots & S_{2N}^2 \\ \vdots & \vdots & & \vdots \\ S_{N1}^2 & S_{N2}^2 & \cdots & S_{NN}^2 \end{bmatrix} \tag{5.20}$$

2. 相关系数

相关系数是描述波段图像间的相关程度的统计量，反映了两个（或两个以上）波段图像所包含信息的重叠程度，即

$$r_{fg}=\frac{S_{fg}^2}{S_{ff}S_{gg}} \tag{5.21}$$

式中，S_{ff} 和 S_{gg} 分别为图像 $f(i,j)$ 和 $g(i,j)$ 的标准差。将 N 个波段相互间的相关系数排列在一起组成的矩阵成为相关矩阵 $\boldsymbol{R}$，即

$$\boldsymbol{R}=\begin{bmatrix} 1 & r_{12} & \cdots & r_{1N} \\ r_{21} & 1 & \cdots & r_{2N} \\ \vdots & \vdots & & \vdots \\ r_{N1} & r_{N2} & \cdots & 1 \end{bmatrix} \tag{5.22}$$

5.5 彩色原理

在遥感图像处理过程中，影像上的彩色是一类非常重要的信息。从本质上看，影像上彩色的变化是由不同地物电磁波辐射特性的差异而引起的，因此彩色就成为判断地物特性的一种重要标志。那么，遥感图像上的彩色是怎样产生的，人眼是怎样感觉到这些色彩的，遥感图像获取和各种处理中又是基于什么原理来处理彩色的？为了解释这些问题，本节介绍基本的彩色原理。

5.5.1 色的基本知识

1. 物体的颜色

颜色是以色光为主体的客观存在，对于人则是一种视像感觉。色光即可见光，是指人眼能感受到的电磁波，其波长范围大约为 380 nm～760 nm。来自物体的光刺激人的眼睛，经过视

神经传递到大脑，形成对物体的色彩信息，即人的颜色感觉。

根据物体发射电磁波的特性，可以将其分为发光体和非发光体两类。发光体的颜色由其所发出的可见光的波长决定，非发光体的颜色则取决于其对外部可见光所固有的吸收、反射和透射性能。光源发出的光照射到非发光体上，由于物体的表面特性和内部组成不同，其对各种波长光的吸收、反射以及透射的多少也不同，被物体反射出来的色光混合起来就构成了该物体所呈现的颜色。一般根据物体的吸收和反射情况，将物体分为消色物体和彩色物体两类。

1)消色物体

消色物体对入射的白光呈无选择吸收和反射，即反射光在成分上与入射光完全一样，只是强度有所改变。当吸收少、反射多时呈白色，吸收多、反射少时呈黑色，中间状态时为各种灰色。它们可以从白到黑组成一个系列，称为灰阶，一般分为十级。

2)彩色物体

彩色物体对入射白光呈选择性吸收和反射，即反射光与入射光相比，不仅在强度上减弱，而且光谱成分也改变了，变成了与入射光各波段辐射强度比例不同的色光，结果使物体呈现出色彩。例如，在太阳光下，绿色植被主要反射了可见光中的绿色光，吸收了其余部分光，所以呈现出绿色；沙漠大量反射黄色光，呈现黄色；海水反射蓝色光，呈现蓝色。

由此可见，物体的颜色是由于其对入射光选择性吸收和反射而引起的，因此光源的颜色也是影响物体颜色的原因之一。例如，青草在白光下呈绿色，但在钠光灯下不呈现绿色，因为钠光成分中没有绿色光可以被反射。所以我们可以说，物体对入射光具有确定的吸收和反射特性，但却没有固定的颜色，在不同的光源条件下，同一物体可呈现出不同的颜色。

2.滤光片

滤光片是改变摄影光谱成分的介质，用于在连续光谱中透过一定宽度的光谱带或用于在线状光谱中提取某些辐射，可以有选择地把景物反射的能量根据所需的波长进行记录。滤光片都是透明(玻璃或塑料)材料，通常置于摄影机透镜前，它通过吸收或反射作用可以选择或减少入射的特定摄影光谱的能量。

滤光片的重要特性是它的光谱透过率 T_λ(T_λ 是波长的函数)。以波长 λ 为横坐标，T_λ 为纵坐标，可得到滤光片的光谱曲线。

图 5.7 表示一种滤光片的光谱曲线，其最大光谱在绿光处，但可见光谱区的其他光谱并没有被全部滤去，这种滤光片被称为宽通带的滤光片。图 5.8 所示的滤光片具有一个狭窄的通带，这类滤光片通常被称为单色滤光片。最大透过值的波长 λ 和透过最大值二分之一的带宽 $\Delta\lambda$ 是这类滤光片的两大特征。

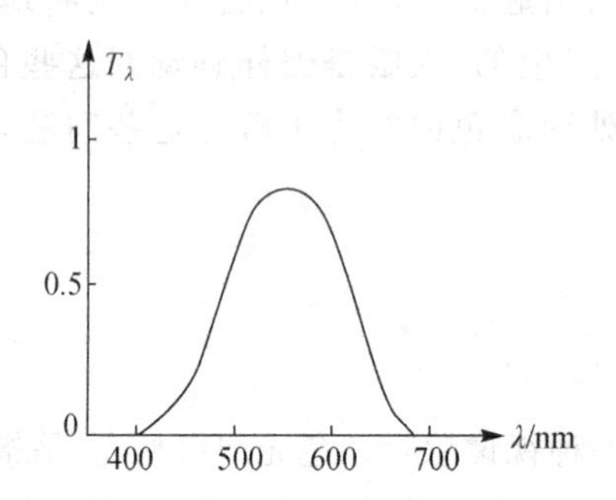

图 5.7 具有宽通带的黄绿色滤光片

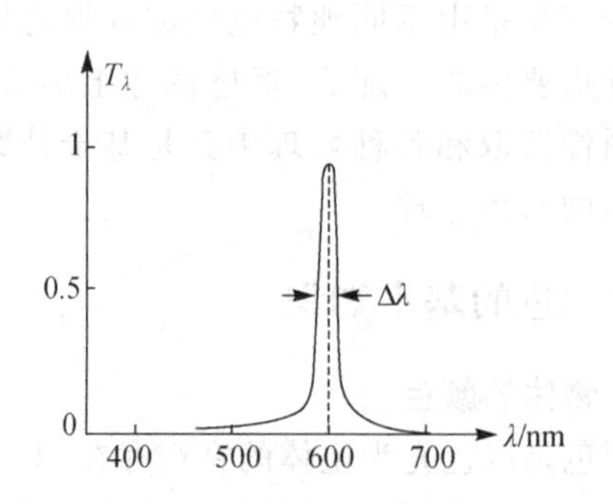

图 5.8 具有窄通带的黄色滤光片

滤光片的种类很多，例如有的能截除某个波长以上的辐射，称为低通滤光片；有的能除去某个波长以下的辐射，称为高通滤波片；透过率不随波长变化的滤光片被称为中性滤光片。对于光源发出的光谱，也可以使用一种校正滤光片来进行改变，这类滤光片被称为补偿滤光片。例如，通过补偿滤光片校正光源，使之接近于太阳光谱，此类滤光片也可与接收器一起使用以改变接收器的光谱灵敏度。

5.5.2　三原色原理

自然界的任何颜色都可以由三种颜色按不同比例混合而成，而每种颜色也都可以分解为三种基本颜色（三原色）。三原色之间相互独立，任何一种颜色都不能由其余两种颜色来组成。混合色的饱和度由三种颜色的比例来决定，亮度为三种颜色的亮度之和。这就是三原色原理。

颜色的光学合成是建立在三原色理论基础上的，一般选择红色、绿色、蓝色为三原色。国际发光照明委员会（CIE）规定：红基色光（R）波长为 0.7 μm，绿基色光（G）波长为 0.546 1 μm，蓝基色光（B）波长为 0.435 8 μm。

5.5.3　色的形成

用三原色合成产生其他颜色的方法有加色法和减色法。

1.加色法

加色法适用于色光的叠加混合，即采用红、绿、蓝三种色光为基色，按一定比例混合叠加产生其他色彩。

（1）原色光混合。两种原色光等量混合叠加，产生另一种原色光的补色光，即：红＋绿→黄，红＋蓝→品红，蓝＋绿→青。黄、品红、青称为补色（光）。

（2）互补色光混合。当两种色光相加成为消色（白色或黑色）时，称这两种色光为互补色。黄与蓝、品红与绿、青与红为互补色。红、绿、蓝三种基色光等量相加为白光，即：红＋绿＋蓝→白。

（3）间色光混合。非互补色（光）不等量相加混合，产生不同的中间色（光），如：红（多）＋绿（少）→橙，红（少）＋绿（多）→黄绿等。

2.减色法

减色法合成颜色的原理是：每种颜色的物质从白光中吸收一种色光，几种物质混合可以从白光中减去几种色光，剩余的色光被反射出来，形成混合后的颜色。

按减色法定义，色光混合可以用如下公式表示：

白－红＝绿＋蓝＝青

白－绿＝红＋蓝＝品红

白－蓝＝红＋绿＝黄

白－红－绿＝蓝

白－绿－蓝＝红

白－红－蓝＝绿

白－红－绿－蓝＝黑

光谱中每一种颜色都可以找出与之对应的补色。红、绿、蓝三原色的补色——青色、品红、黄色被称为减色法中的三原色。

5.5.4 色的量度

1.彩色的特性

要确切地描述一种彩色,需要从色调、明度和饱和度三个特性方面来进行。

(1)色调(色别)。指彩色的类别,是彩色彼此相互区分的特性。可见光谱中不同波长的辐射,在视觉上表现为各种色调,如红、橙、黄、绿、青、蓝、紫。光源的色调取决于辐射的光谱组成对人眼所产生的感觉;物体的色调则取决于光源的光谱组成及其强度,物体表面所反射或透射的各波长辐射的比例及其主波长对人眼所产生的感觉。

(2)明度(亮度)。指颜色的明暗程度,它决定于发光体的辐射强度和物体表面对光反射率的高低。反射率越高,它的明度就越高。对不同的色别,由于其反射率不同,人眼对其敏感情况不同,因此表现为不同的明度。如黄褐色物体表面在光谱的各波长上都比红色物体反射更多的辐射,因而对人眼产生更高的亮度,所以比红色物体有更高的明度。

(3)饱和度(纯度、色度)。指彩色的纯洁性,它表示一种彩色的浓淡程度。一般来讲,色彩越鲜艳,饱和度越大;反之,饱和度低。可见光谱中各种光谱色是最饱和的彩色。饱和度的变化是随光谱色中混入白光的比例多少而定的,光谱色中掺入的白光越多,就越不饱和。本质上,物体色的饱和度决定于该物体表面反射光谱辐射的选择性程度。物体对光谱某一较窄波段的反射率很高,而对其他波长的反射率很低或没有反射,表明它有很高的光谱选择性,这一颜色的饱和度就高。

现代表示与度量颜色的方法有两大系统,即蒙赛尔颜色系统和 CIE 标准色度学系统。

2.人眼对色彩的分辨能力

科学试验表明,人类可以区分非常细微的色彩差异,估计最高可以达到 1 000 万种。颜色视觉正常的人在正常光照条件下能感受到可见光谱的各种颜色,从长波到短波的顺序是红(700 nm)、橙(620 nm)、黄(580 nm)、绿(510 nm)、蓝(470 nm)、紫(420 nm),在两个相邻颜色中间还有许多中间色。其实,人们看到的颜色和波长的关系并不总是完全固定的,而是会随着光强的变化而变化。基本规律是:光谱上除了三点,黄(572 nm)、绿(503 nm)、蓝(478 nm)是不变颜色之外,其他颜色在光强度增加时,都略向红色或蓝色变化。此外人眼对颜色的辨别能力在不同波谱段也不相同。

在视场中,相邻区域不同颜色的互相影响叫做颜色对比,每一颜色都在其周围诱导出其补色。如果在一块颜色背景上放置另一颜色,则两颜色互相影响,使一颜色的色调向另一颜色的补色方向变化。

人眼在颜色刺激的作用下所造成的颜色视觉变化,叫做颜色适应。对某一颜色光适应以后再观察另一颜色时,后者会发生变化,而带有适应光的补色成分。一般对某一颜色光适应之后,再观察其他颜色,则其他颜色的明度和饱和度都会降低。

5.6 遥感图像处理软件系统

早期的遥感图像处理软件与计算机硬件系统紧密相连,不具有通用性,往往一套图像处理软件只适用于特定的计算机。现在大部分遥感图像处理软件都是基于通用操作系统的,与硬件独立。

目前，遥感图像处理软件主要在 Windows 和 Unix 系列操作系统上运行。近年来随着Internet的发展，Linux 操作系统逐渐引人注目(这是一种类 Unix 的操作系统)，它具有良好的稳定性和安全性，并且是免费的和开放的。Unix 操作系统主要运行在工作站上，过去许多遥感图像处理软件都基于工作站，以 Unix 作为操作系统。随着微机性能的提高，同一种遥感软件，其工作站版与微机版在功能上的差异逐渐缩小。对于用户来说，两者的操作界面类似，功能相近，区别不大。

各种遥感图像处理软件的功能虽然存在较大的差异，但都包含了一些基本的和常用的功能。大型的软件系统，如 ERDAS、ENVI、PCI、ER Mapper 等都配置了友好的点击式图形用户界面，不仅能完成通常的各种遥感数据处理，还能与 GIS 及数字摄影测量系统进行集成，功能非常强大。

5.6.1 遥感影像处理软件的基本功能

所有遥感图像处理软件，所共有的主要基本功能如下。

1.图像文件管理

各种格式的遥感图像或其他数据的输入、输出、存储以及图像文件管理等功能。

2.图像显示

黑白、彩色、彩色合成遥感图像的计算机显示及图像放大、缩小、漫游等。

3.图像校正处理

(1)辐射校正包括太阳高度角变化校正、大气校正、传感器成像误差校正等。

(2)几何校正包括粗纠正和针对各种传感器的精纠正，图像匹配，图像镶嵌等。

4.图像查询与统计分析

(1)全色或多光谱图像像元值、空间分辨率、元数据等查询。

(2)全色或多光谱图像各波段直方图统计与显示。

(3)一元或多元统计分析：如图像平均值、方差，不同波段图像间的协方差、相关性分析。

5.图像增强

(1)对比度增强。如分段线性拉伸、对数变换、指数变换、直方图均衡、直方图规定化和正态化等。

(2)图像滤波。空间域滤波(锐化、平滑等频率域滤波)、带通滤波、高通滤波、低通滤波等。

(3)黑白或彩色密度分割。

6.图像代数运算与变换处理

(1)图像代数运算。波段比值、影像差值、归一化植被指数(normalized differential vegetation index，NDVI)、其他指数等。

(2)图像变换。穗帽变换、主成分变换(principal component analysis，PCA)、HIS 变换、傅里叶变换。

7.图像融合

包括遥感图像的 PCA 融合、HIS 融合、加权融合等。

8.图像信息提取

(1)分类前的特征选择，训练样本提取等。

(2)非监督分类(如迭代自组织数据分析技术(iterative self-organizing data，ISODATA)、

K-均值聚类法等)和监督分类(最大似然法、最小距离法等)方法。

(3)其他分类。基于辅助信息的图像分类、面向对象的影像分割与分类、专家系统分类、神经网络分类、模糊分类等。

(4)分类后处理。精度评定、类别合并、类别统计、面积统计、边缘跟踪等。

(5)变化信息检测。

9. 遥感专题图制作

如黑白、彩色正射影像图,基于影像的线划图制作,真实感三维景观图,其他类型的遥感专题图(土地利用分类图、植被分布图、洪水淹没状况图、水土保持状况图)等。

10. GIS 集成分析

(1)栅格图像与矢量、属性数据的叠加分析。

(2)图像与数字地面模型(digital terrain model, DTM)数据的叠加、三维显示与漫游。

11. 集成的其他模块

(1)立体摄影测量模块。

(2)高光谱数据分析模块。

(3)雷达数据分析模块。

5.6.2 常用的遥感影像处理软件介绍

1. ERDAS IMAGINE 简介

ERDAS IMAGINE 是美国 ERDAS 公司开发的遥感图像处理系统。

ERDAS IMAGINE 是以模块化的方式提供给用户的,用户根据自己的应用要求合理地选择不同功能模块及其不同组合,对系统进行剪裁,最大限度地满足应用需求。该系统面向不同需求的用户,其扩展功能采用开放的体系结构,以 IMAGINE Essentials、IMAGINE Advantage、IMAGINE Professional 的形式为用户提供低、中、高三档产品架构,并有丰富的功能扩展模块供用户选择,使产品模块的组合具有极大的灵活性。

1)IMAGINE Essentials

IMAGINE Essentials 包括有制图和可视化核心功能,能完成二维、三维显示,数据输入、排序与管理、地图配准、专题制图,以及简单的分析。可以集成使用多种数据类型并有以下的扩充模块:

——Vector 模块。可以建立、显示、编辑和查询 ArcInfo 的数据结构 Coverage,完成拓扑关系的建立和修改,实现矢量图形和栅格图像的双向转换。

——VirtualGIS 模块。可以完成实时 3D 飞行模拟,建立虚拟世界,进行空间视域分析,矢量与栅格的三维叠加,空间 GIS 分析等。

——Developer's Tookit 模块。ERDAS IMAGINE 的 C 语言开发工具包,包含了几百个函数。

2)IMAGINE Advantage

IMAGINE Advantage 是在 IMAGINE Essentials 基础上,增加了丰富的栅格图像 GIS 分析和单张航空像片正射校正的功能。可用于栅格分析、正射校正、地形编辑及图像拼接。可扩充的模块包括:

——Radar 模块。完成雷达图像的基本处理,包括亮度调整、斑点噪声消除、纹理分析、边缘提取等功能。

——OrthoMAX模块。依据立体像对进行正射校正、自动提取数字高程模型(digital elevation model, DEM)、立体地形显示及浮动光标和正射校正。

——OrthoRadar 模块。可对 RadarSat、ERS 雷达图像进行地理编码、正射校正等处理。

——StereoSAR DEM 模块。从雷达图像数据中提取 DEM。

——INSAR DEM 模块。采用干涉方法从雷达图像数据中提取 DEM。

——ATCOR 模块。用于大气因子校正和雾曦清除。

3)IMAGINE Professional

IMAGINE Professional 面向从事复杂分析、需要最新和最全面处理工具、经验丰富的专业用户,是功能完整丰富的地理图像系统。除了 Essentials 和 Advantage 中包含的功能以外,IMAGINE Professional 还提供轻松易用的空间建模工具(使用简单的图形化界面),高级的参数、非参数分类器,分类优化和精度评定,以及雷达分析工具。它是最完整的制图和显示、信息提取、正射校正、复杂空间建模和尖端的图像处理系统。

可扩充模块有:

——Subpixel Classifier 模块。子像元分类器和用先进的算法对多光谱图像进行信息提取。

——Expert Classifier。基于知识库的专家分类器,可提高分类的精度。

——Objective Classifier。基于面向对象分类,用于高空间分辨率影像的高精度分类。

4)IMAGINE 动态链接库

ERDAS公司在 IMAGINE 中支持动态链接库(dynamic link library,DLL)的体系结构。它支持目标共享技术和面向目标的设计开发,提供一种无需对系统进行重新编译和连接而向系统加入新功能的手段,并允许在特定的项目中裁剪这些扩充的功能。

在 ERDAS IMAGINE 中直接提供了下列 DLL 库:

——图像格式 DLL。提供对多种图像格式文件无需转换的直接访问,从而提高易用性和节省磁盘空间。支持的图像格式包括:IMAGINE、GRID、LAN/GIS、TIFF (GeoTIFF)、GIF、JFIF(JPEG)、FIT 和原始二进制格式。

——地形模型 DLL。提供新类型的校正和定标(calibration),从而支持基于传感器平台的校正模型和用户剪裁的模型。这部分模型包括:Affine、Polynomial、Rubber Sheeting、TM、SPOT、Single Frame Camera 等。

——字体 DLL 库。提供字体的裁剪和直接访问,从而支持专业制图应用、非拉丁语系国家字符集和商业公司开发的成千种字体。

2. ENVI 简介

ENVI(The Environment for Visualizing Images)是美国 ITT VIS 公司的旗帜产品,是用交互式数据语言 IDL 开发的一套功能强大的遥感影像处理软件,提供了从影像预处理、信息提取到与地理信息系统整合过程中需要的各种工具。ENVI 具有齐全的遥感影像处理功能,包括数据输入输出、常规影像处理、几何校正、大气校正及定标、全色数据分析、多光谱和高光谱数据分析、雷达数据分析、地形地貌分析、矢量分析、神经网络分析、区域分析、GPS 连接、正射影像图生成、三维景观生成与制图等。

1)ENVI 的技术优势

(1)使用交互式的功能将基于波段与基于文件的技术相结合,便于用户进行图像处理,通过主图像窗口、缩放窗口、滚动窗口等，用户可以使用ENVI的各种交互式分析功能。

(2)具有强大的可视化界面，用户可以通过友好的图形用户界面，使用交互式点击选择的方法对ENVI提供的所有基础图像处理工具进行访问。

(3)在图像处理领域的一些常见问题如非标准型数据输入、大幅图像浏览和分析、功能扩展等方面具有良好的性能。

(4)使用IDL语言开发，具有良好的开放性和可扩展性。

2)ENVI的主要优点

(1)领先的波谱分析算法和工具包。具有先进的多光谱、高光谱数据分析及信息提取以及混合像元分类、波谱角分类、神经网络分类等强大的波谱分析功能，还可利用IDL自主研发算法。

(2)丰富的数据格式，可方便读取来自不同传感器的影像数据格式，拥有二进制文件读取器，还可添加自定义的数据读取功能。

(3)界面简单，操作方便，功能可灵活组合。

(4)强大的底层IDL二次开发平台。

(5)全面的操作平台支持。

3. PCI简介

PCI Geomatica软件是加拿大PCI公司开发的用于摄影测量分析、遥感影像处理、几何制图、GIS分析、雷达数据分析，以及资源管理和环境监测的多功能软件系统。Geomatica作为图像处理软件系统的先驱，以其丰富的软件模块支持所有的数据格式，适用于各种硬件平台，灵活的编程能力和便利的数据可操作性代表了图像处理系统的发展趋势和技术先导。PCI专业遥感图像处理系统分为三个软件包和五个专业扩展模块，其中三个软件包是向上包含的。

第一软件包IMAGEWORKS主要由三个部分组成：

(1)IMAGEWORK Multispectral classification。用于显示图像、位图和矢量数据，包含了反差调整、图像增强、拉伸、图像滤波等基本的图像处理功能；多种监督与非监督分类方式；矢量编辑、伪彩色编辑、DEM编辑、图形注释、矢量-栅格转换、图像算术运算及建模；投影设置，高光谱数据可视化显示，散点图生成，数据库查询统计，感兴趣区(ROI)操作功能；用户自定义任意形态的ROI，并可以在ROI内或ROI外运算所有的图像处理功能。

(2)专门的几何校正工具GCPWorks。可作图像—图像、图像—地图、图像—矢量、图像—CHIP数据库的几何配准和图像镶嵌。校正方法有多项式和小样条法。图像镶嵌时支持不规则接边，自动进行颜色匹配。

(3)GeoGateway。PCI能够直接读取60多种图像、栅格及矢量数据格式，并对其中30多种数据可直接写入。PCI采用了所谓的类数据库技术(GENERICDATABASE)，使得用户可以不经转换直接读写，操作多种格式数据，也不必关心数据格式细节。

第二软件包EASI/PACE Image Processing Kit* w/Visual Modeller在包含第一软件包功能的基础上又增加了可视化建模、XPACE核心程序、影像处理、几何校正、多层栅格模型、矢量工具、ACE专业制图、地形分析、航空像片立体像对DEM提取、磁带输入输出的功能。

第三软件包EASI/PACE ImagePro除包含上一软件包全部功能外，还具有多光谱分析、雷达分析、AVHRR(advanced very high resolution radiometer)轨道领航者、大气校正、高光谱分析、神经元网络分类器、地面控制点图像库、三维可视化飞行模拟功能。

第四软件包为PCI遥感图像专业处理软件的五个专业扩展模块，该软件包包含五个专业扩展模块，分别为大气校正、图像数据融合、极化雷达、PCI作者及软件工具箱目标库，这些模块可以单独与第二或第三软件包配合使用。

总之，PCI拥有比较全的功能模块，如常规处理模块、几何校正、大气校正、多光谱分析、高光谱分析、摄影测量、雷达成像系统、雷达分析、极化雷达分析、InSAR分析、地形地貌分析、矢量应用、神经网络生成、区域分析、GIS连接、正射影像图生成及DEM提取(航空像片、光学卫星、雷达卫星)、三维图像生成等。

4. ER Mapper 简介

ER Mapper是由澳大利亚Earth Resource Mapping公司(以下简称ERM)开发的大型遥感图像处理系统，除了具有传统图像处理功能外，它在开发起点和设计思想等方面完全区别于早期的传统图像处理系统，其基本功能和主要特点体现在以下几方面。

1)独特的软件设计思想，算法概念贯穿整个图像处理过程

ER Mapper是第一个提出“算法”概念的图像处理软件，算法概念贯穿整个图像处理过程，使得该软件具有高效的处理能力，可节省大量存储空间，更适用于大型工程的图像处理作业。

ER Mapper不是简单地把各个处理功能堆积起来，而是将一系列的处理过程，如数据输入、波段选择、滤波、直方图变换、公式合成等，有效地组织起来形成一个处理流程。用户可以按自己设想的处理方案，将若干个处理功能组成一个处理流程，以算法方式存储起来，并将该处理流程作为一种功能，供自己或他人引用。

2)遥感、GIS、数据库全面集成

ER Mapper实现了遥感、GIS、数据库全面集成，可直接读取、编辑、增加、存储GIS数据，还可以利用遥感影像数据对GIS数据进行更新。可支持的GIS系统有ArcInfo、ArcView、AutoCAD MAP、Autodesk World、Autodesk MapGuide TM等。此外，ER Mapper可以动态连接大型数据库，如可直接读取Oracle的数据并加入到图像中。

3)数据高比例压缩算法的应用

数据高比例压缩算法的应用，最大幅度地节约用户硬件投资。ER Mapper采用小波压缩技术，压缩比可达10∶1至50∶1，大大地降低了图像的存储空间，而仍保持图像的高质量，ER Mapper 6.0以上版本可以直接显示和处理压缩图像。

4)全模块设计，满足用户各方面需求

ER Mapper是全模块设计，除了具有空间滤波、影像增强、几何纠正、影像配准、镶嵌、影像分类等传统图像处理功能外，还具有以下功能：航空像片的正射校正、等高线生成、镶嵌与数据融合能力、镶嵌图像的颜色平衡、地理配准、数据的栅格化、雷达图像处理、三维可视化及贯穿飞行，并支持各种流行数据格式及各种输出设备。

5)完美友好的用户界面，易于使用的操作向导

ER Mapper用户界面十分友好、简洁，富于逻辑性，针对不同的行业在Toolbars菜单提供了一系列与之相关的工具条，每个工具条上有相关的操作向导，简单易用。许多图像处理过程还实现了自动化操作，如数据融合、几何校正、土地动态监测等。

6)方便的用户开发环境

对于用户来说，传统的图像处理系统难以开发，而ER Mapper具有方便的开发环境，允许用户在三个层次上对其进行开发。

——最高层,公式合成。用户可以在相应的菜单上输入一个公式或一个小程序以实施各波谱段的代数运算和逻辑运算,运算完成后还可以对影像进行一系列的处理,公式的具体内容以文件形式存入系统。这一层上的开发不需要编程知识,这样不仅节省时间,而且还避免了以往系统中的大量编辑和再编译过程。

——第二层,批处理。用户可根据实际需要用 Scripting Language 为某一特定的处理流程写批处理向导——ER Mapper Wizard,实现所谓的傻瓜式操作。这一层次的开发实际上只需要简单的编程知识,但需对现有图像处理功能及 Scripting Language 有所认识。

——第三层,程序。用户可借助 ER Mapper 的用户代码框架程序,用C语言或FORTRAN语言编写一个公式或滤波算子程序,并被编译和融于 ER Mapper 系统中,成为其中的一部分。对于高级用户而言,ER Mapper 的C语言程序库和开放标准可为用户编写独立的图像处理软件提供支撑。

5.其他国外遥感软件简介

除了上面介绍的遥感图像处理软件之外,近年来还发展起来一些应用于特定目的的专业遥感处理软件。

1)专业雷达数据处理软件

常见的商用雷达数据处理软件有瑞士 GAMMA 遥感公司开发的 GAMMA 软件,加拿大 MDA 公司的 EarthView InSAR 软件。它们均是专门用于 InSAR 数据处理的全功能平台,包括原始信号处理系统、干涉处理(DEM 提取)、差分干涉处理系统(形变信息提取)、高级InSAR 处理系统(永久散射体干涉 PS InSAR)以及基于 InSAR 的土地利用分析系统等模块。

2)eCognition 影像自动分类软件

eCognition 是德国 Definiens Imaging 公司开发的遥感影像分析软件,它是人类大脑认知原理与计算机超级处理能力有机结合的产物,即计算机自动分类的速度+人工判读解译的精度,因此更智能、更精确,能高效地将对地观测遥感影像数据转化为空间地理信息。

eCognition 突破了传统影像分类方法的局限性,提出了革命性的分类技术——面向对象分类。eCognition 分类针对的是对象而不是传统意义上的像素,充分利用了对象信息(色调、形状、纹理、层次)和类间信息(与邻近对象、子对象、父对象的相关特征)。

eCognition 基于 Windows 操作系统,界面友好简单,与其他遥感、地理信息软件互操作性强,并广泛应用于自然资源和环境调查、农业、林业、土地利用、国防、管线管理、电信城市规划、制图、自然灾害监测、海岸带和海洋制图、地矿等方面。

6.国产 Titan Image 遥感软件简介

Titan Image 是在充分吸收国内外常用遥感软件优点的基础上,由北京东方泰坦科技股份有限公司研发的、拥有完全自主知识产权的新一代国产遥感图像处理软件平台。Titan Image 目前已达到了和国际知名遥感图像处理软件同等技术水平,具有架构先进、全中文交互式操作界面、功能强大、性能稳定、二次开发方便简单等特点。该软件由集成环境、影像工具箱、几何配准、影像镶嵌、影像对象分类、雷达数据处理、高光谱数据处理、三维可视化、流程化定制九大功能模块组成。

Titan Image 能够面向测绘、国土、规划、农业、林业、水利、环保、气象、海洋、石油、交通、地震、国防、教育等行业,提供涵盖影像处理、信息提取、信息分析、制图输出等一系列功能的遥感信息工程完整解决方案。经过几年来用户的广泛使用及市场检验,Titan Image 已获得广大用户的一致认可，并且已被很多行业用户选定为本行业的底层支撑软件平台。

思考题与习题

1. 什么是数字影像？它与模拟影像有什么区别？
2. 数字影像有哪些存储格式？
3. 什么是图像的直方图？它有什么用途？
4. 什么是三原色？颜色是怎么形成的？
5. 什么是颜色的色调、明度和饱和度？
6. 简介常用遥感图像处理软件的功能和应用。

第6章　遥感图像校正与增强

遥感图像校正与增强处理是遥感信息提取的重要环节。图像校正是根据遥感图像的畸变规律和成像过程的辐射误差分布，恢复遥感影像的几何位置，再现地物的电磁波辐射特性。图像增强是为了更利于遥感信息的提取，用适宜的算法或技术，去除噪声，突出影像的特定特征。图像校正包括几何校正和辐射校正，图像增强包括灰度增强、彩色增强、光谱增强以及多源遥感信息融合等。

6.1　遥感图像辐射校正

遥感图像的灰度值不但与地物本身的反射或发射波谱特性有关，还受到传感器的光谱响应特性、大气环境、光照条件、地形起伏等因素的影响，由此产生的灰度偏差称为遥感图像的辐射误差。在进行遥感信息提取之前，必须对这些误差进行改正，恢复地物的本征辐射特性，这个过程称为遥感图像辐射校正(radiometric calibration)。

6.1.1　成像系统辐射校正

成像系统产生的辐射误差主要是由传感器本身原因造成的，这是由于传感器多个检测器之间存在差异，以及仪器系统工作产生的误差，导致获取图像的色调不均匀，产生条纹和噪声。通常这些误差应该在数据生产过程中，由卫星发射单位根据传感器参数进行校正，而不需要用户自行校正。用户只需要考虑大气影响引起的辐射误差校正。

1.影像的辐射校正

光通过物镜后在成像面上的照度分布是不均匀的，且由图像中心到边缘逐渐减小，从而出现边缘比中心光照小的现象，称为边缘减光。如图6.1所示，设d、d_θ分别是垂直入射和倾斜入射时镜头的有效孔径，由图可知$d_\theta = d\cos\theta$。成像面上的点与中心点的光照度关系可表达为

$$E_p = E_o \cos^4\theta \tag{6.1}$$

式中，E_p、E_o分别是成像面任一点p和中心o处的光照度。由式(6.1)可知，成像面接受的光照将随着θ的增大以$\cos^4\theta$的比率迅速衰减。

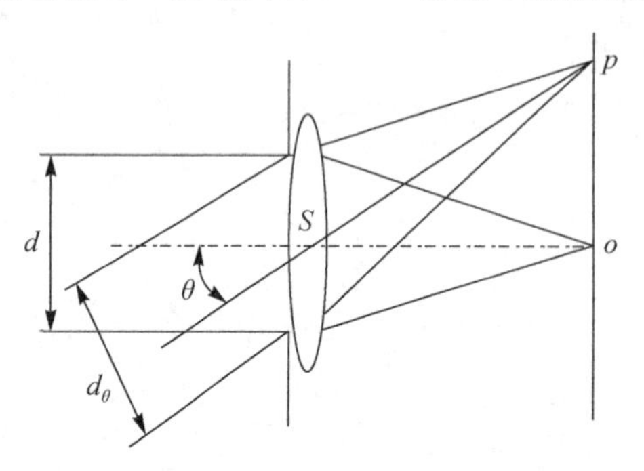

图6.1　成像面照度不均匀引起的辐射误差

校正或控制成像面照度不均匀引起的辐射误差，一般采用以下几种方法：

(1)设计物镜时，使物镜的入射光瞳随光束倾角的增大而增大，即让$d_\theta = d$，此时，$E_p = E_o\cos^2\theta$。

(2)使用密度从中心向边缘减小的灰色片，此灰色片的透过率按$\cos^4\theta$的比率增大。

(3)根据相机鉴定书提供的不均匀性参数计算辐射量校正值。

(4)在实验室内对均匀的标准白板进行摄影,实际测出像面上每一点的辐射量校正参数,从而较准确地校正成像面照度不均匀引起的辐射误差。

对于视场角较大的扫描型传感器,在扫描方向上同样存在辐射量不均匀的现象,这主要由光线路程长短不等造成。当扫描角较大时,光程较长,大气衰减较为严重;而星下点位置的地物辐射的光程最短,大气衰减所造成的影响也最小。这种误差一般不在大气校正中进行改正。

2.探测器光敏特性引起的辐射误差校正

光电探测器的种类很多,由于其结构、材料、工作原理和工作条件各不相同,引起的辐射误差因本征实体而异,所以不同的光电探测器个体(不管是同类型或不同类型)都有各自的辐射误差校正内容和校正参数。一般情况下,光电探测器本身的辐射校正主要包括热噪声、暗电流和光谱响应引起的辐射误差。

1)热噪声引起的辐射误差校正

热噪声是由于光电探测器的工作温度高于标称温度或温度变化引起的辐射误差。虽然这种误差不能完全被消除,但可以通过控制和稳定光电探测器的环境温度,减小热噪声对探测器输出的影响。

2)暗电流引起的辐射误差校正

暗电流是在没有外来电磁辐射时探测器的输出量,是与瞬时视场内目标本征辐射量无关的附加分量,一般情况下可视为探测器个体的固定值,但其噪声特性会随时间或环境条件而改变。实际应用中,在卫星发射前实验室测定和发射后星上实时定标都需测量暗电流,经处理后得到每个通道的暗电流均值,即

$$\bar{x}_j = \frac{1}{n}\sum_{i=1}^{n} x_{ij} \tag{6.2}$$

式中,$\bar{x}_j$ 是第 j 通道暗电流均值,n 是测量次数,x_{ij} 是暗电流测量值。然后按下式统计暗电流离散度,即

$$\sigma_j = \sqrt{\frac{1}{n-1}\left(\sum_{i=1}^{n} x_{ij}^2 - n\bar{x}_j^2\right)} \tag{6.3}$$

检验光电探测器暗电流输出的稳定性。最后,对每个通道的输出信号进行暗电流校正,即可消除暗电流误差,即

$$\hat{x}_j = x_j - \bar{x}_j \tag{6.4}$$

式中,$\hat{x}_j$ 是第 j 通道暗电流校正后的值,x_j 是探测器第 j 通道的输出信号。

3)光谱响应引起的辐射误差校正

光谱响应是光电探测器的重要特性之一。不同类型的传感器具有不同的探测波段和波段范围,因此光谱响应引起的辐射误差随探测器个体的不同而异,校正方法也各不相同。下面,以线阵CCD探测器为例,说明光谱响应辐射误差的校正过程。

(1)在标准光源照射下,按波段计算出每个探测元输出量的平均值,其光谱响应为

$$G_i = \bar{x}_i \Big/ \left(\sum_{j=1}^{N} \bar{x}_j / N\right) \tag{6.5}$$

式中,N 为探测元数(不是图像的像元数);$\bar{x}_i$、$\bar{x}_j$ 为第 i 和 j 个探测元输出量的平均值。

(2)再用该响应值去除每个探测元的输出量,则可完成对光谱响应辐射误差的校正,即

$$x_i(\text{cor}) = \frac{x_i(\text{uncor})}{G_i} \tag{6.6}$$

6.1.2 太阳高度角引起的辐射误差校正

将太阳倾斜照射时获取的图像值校正为垂直照射时图像值的过程，称为太阳高度角引起的辐射误差校正。太阳高度角可根据成像时刻、季节和地理位置来计算，即

$$\sin\theta = \sin\varphi\sin\delta \pm \cos\varphi\cos\delta\cos t \tag{6.7}$$

式中，θ、δ 为太阳高度角、太阳赤纬，φ 为地理纬度，t 为时角。当不考虑地物二向反射特性时，太阳高度角的校正可通过调整图像内的平均灰度来实现。设斜射时图像灰度值为 $g(x,y)$，直射时为 $f(x,y)$，则二者关系为

$$f(x,y) = \frac{g(x,y)}{\sin\theta} \tag{6.8}$$

太阳斜射在图像上会产生阴影而遮挡较小的地物，从而影响识别和分类的结果。消除阴影最简单的方法，是利用多光谱的两个不同波段相除得到比值图像来完成。

6.1.3 地形坡度引起的辐射误差校正

地形坡度会影响地表接收到的太阳辐照度，使图像产生灰度误差。设光线垂直入射时，水平地面受到的辐照度为 E_0，则坡度为 α 的坡面上的辐照度可表示为

$$E = E_0\cos\alpha \tag{6.9}$$

设坡度为 α 的倾斜面的影像灰度为 $g(x,y)$，校正后图像的灰度 $f(x,y)$ 则为

$$f(x,y) = \frac{g(x,y)}{\cos\alpha} \tag{6.10}$$

式(6.10)只是一种粗略的理想化模型。实际上由于地形辐射校正非常复杂，至今人们还没有真正了解地形对辐射的影响机理。虽然有 Minnaert、Cosine、SCS+C 等模型以及顾及空间关系的校正模型，但除 Cosine 和 SCS 模型外，其他的校正模型仅考虑了太阳直接辐射的影响，而没有从物理机理上考虑天空散射辐射、邻近地表的反射辐射和地物二向性反射效应所造成的影响。

6.1.4 大气辐射校正

遥感传感器探测到的地物辐射信息是附加了大气作用后的值，其与地物辐射亮度真值的差值称为大气效应引起的遥感信息辐射误差。由于大气对电磁波的散射和吸收作用，传感器接收到的亮度值不但有地物本身的辐射、大气亮度辐射(程辐射)，还包括了相邻地物产生的交叉辐射，再加上大气吸收造成的辐射偏差和地表反射模型的不定性，使得形成大气辐射误差的因素十分复杂，因此对大气辐射误差的校正异常困难。迄今为止，大气校正还没有得到令人完全满意的结果，仍是遥感工作者急需解决的关键问题。对大气辐射校正方面的研究，先后产生了许多校正方法，取得了较好的实用效果。这些方法大致可分为基于图像特征的校正方法、基于地面实测数据的校正方法、基于大气辐射传输模型方法和复合模型校正方法。

1. 基于图像特征的校正方法

理想的大气辐射校正方法是仅使用遥感影像信息，而不需要野外场地测量等辅助数据，并且能够适用于历史数据和人员不易到达的研究区域。该方法经济快捷、简单易行，且精度可以满足一般遥感研究和应用的需要，因此应用比较广泛。

1)黑暗像元法

黑暗像元法(dark-object methods)的原理是:假定待校正遥感图像上存在黑暗像元区域、地表朗伯面反射、大气性质均一,忽略大气多次散射辐照作用和邻近像元漫反射作用,反射率很小的黑暗像元由于受大气的影响灰度值相对增加,且仅仅是大气程辐射造成的,则利用黑暗像元值计算出程辐射代入简化的大气校正模型得出相应的参数,通过计算就得到了地物的真实反射率。从上述假定条件、简化的大气校正模型来看,该方法没有考虑大气的多次散射辐照作用、像元间的多次散射及地形差异的影响,而且黑暗像元的确定也带有一定的主观性,从而影响了黑暗像元法的校正精度。

2)平场域法

平场域法(Flat Field)要求像幅内存在具有非吸收特征且对各个波段反射较为均等的一定面积的平坦区域,如水泥广场、盐田、平沙地、雪地等,求出该平坦区域中像元的平均光谱值,然后将图像中每一像元的光谱值均除以该值,得到重新建立的光谱。这种模型的不足之处在于选取光谱平场域时,会带来人为误差,而且需要对研究区内地物光谱有一定的先验了解。当选取具有不同反射率等级的地物单元时,会得出不同的结果,如研究区位于山区或其他地形起伏较大的复杂地区时,就难以选择适宜的参考区域。

2.基于地面实测数据的校正方法

目前,主要采用经验线性法,这是一种比较简便的定标算法。利用该方法国内外已多次成功完成了遥感定标实验。其过程是:首先假设地面目标的反射率与传感器探测的信号之间具有某种线性关系,建立两者之间的线性回归方程式;然后用遥感影像上特定地物的灰度值及成像时相应地面目标的反射光谱的测量值,用线性回归方法求解线性回归方程,建立遥感图像灰度值与相应地物反射率的数学模型,从而完成整幅遥感影像的辐射校正。该方法数学和物理意义明确、计算简单,但必须以大量野外光谱测量为前提,因此成本较高,对野外工作依赖性强,并对地面定标点的要求较为严格。

3.基于大气辐射传输模型的校正方法

通过建立电磁波在大气中的辐射传输模型,对遥感图像进行大气校正的方法称为辐射传输模型法。由于对大气、地物辐射特性等边界条件的假设不同及应用范围的差异,产生了许多大气校正模型。

1)6S 模型

6S(second simulation of the satellite signal in the solar spectrum)模型是在5S模型基础上发展起来的,它采用了最新的近似和逐次散射算法来计算散射和吸收,改进了模型的参数输入,使其更接近实际,较为全面地考虑了主要大气成分,如水、臭氧、氧、二氧化碳、甲烷、一氧化二氮等气体的吸收以及大气分子和气溶胶的散射。在描述地物特性上,不仅可以模拟地表非均一性,还可以模拟双向反射特性,因此具有较高的校正精度。

2)LOWTRAN 模型

LOWTRAN(low resolution transmission)模型是由美国空军地球物理实验室用FORTRAN语言编写的计算大气透过率及辐射的软件系统。目前广泛应用的是LOWTRAN-7版本,它以20 cm^{-1}光谱分辨率的单参数模式,计算大气透过率、大气背景辐射、单次散射的阳光和月光辐射亮度、太阳直接辐射度、多次散射及新的带模式、臭氧和氧气在紫外波段的吸收参数,并考虑了连续吸收、分子、气溶胶、云、雨的散射和吸收,地球曲率、折射对路径及总吸收物质含量计算的影响。

3)MODTRAN 模型

MODTRAN(moderate resolution transmission)模型主要是对 LOWTRAN-7 模型的光谱分辨率进行了改进,从 20 cm^{-1} 提高到 2 cm^{-1},并更新了影响分子吸收的气压及温度关系的算法,同时维持了 LOWTRAN-7 的基本程序和使用结构。

4)ATCOR 模型

ATCOR(a spatially-adaptive fast atmospheric correction)模型,尤其是改进后的 ATCOR-2 模型已经广泛应用于许多通用遥感图像处理软件(如 PCI、ERDAS),而 1999 年和 2000 年推出的 ATCOR-3 及 ATCOR-4 模型将适用范围拓展到了山区。虽然受到局部地区气候的制约,以及新的模型需要进一步的完善,但 ATCOR-2、3、4 系列模型仍然是 ATCOR 的主产品。ATCOR-2 是应用于高空间分辨率传感器的快速大气校正模型,它假定研究区域是相对平坦的地区,且大气状况通过查证表就可以描述。

4.复合模型

复合模型校正法是将两种或多种校正模型结合起来应用,从而得到更好的大气校正精度。如将 ATREM(the atmosphere removal program)模型与经验线性法相结合,通过计算每个像元的归一化因子并应用到 ATREM 校正后的影像,以此校正 ATREM 的模型误差;将地面实测光谱与 MODTRAN 相结合产生与经验性类似的模型;在黑暗像元方法的基础上,合理分析假设暗体反射率值,并结合 LOWTRAN-7、6S 和 MODTRAN-3 大气辐射传输模型进行大气校正。这样在一定程度上降低了对大气状态和地面光谱的测量要求,对单一方法的不足起到了弥补作用。

6.2 遥感图像几何校正

由于受到传感器成像特性、遥感平台姿态变化、大气折射、地球曲率、地形起伏、地球自转等因素的影响,导致原始遥感图像存在几何变形,而消除这些几何变形的过程称为遥感图像的几何校正。几何校正分严格校正和近似校正两种方法,前者依据传感器的成像模型进行校正,后者则根据近似通用模型进行校正。严格校正法理论严密、精度高,但公式复杂、计算量大,而且不同类型图像的处理模型不同;而近似校正理论上不太严密、精度略低,但形式简单、计算量较小,且与传感器的成像方式无关。

6.2.1 遥感图像的几何变形

1.传感器成像特性引起的几何畸变

不同传感器具有不同的构像原理和成像过程,因此获取的遥感图像会产生不同程度的几何变形,且这种变形是由于原始遥感图像比例尺不一致造成的。假设平坦地面有一正方形格网,在不考虑其他因素的条件下,其在画幅式图像、推帚式图像和平距雷达图像上仍为正方形格网。但在全景像片和光机扫描图像上不再是正方形格网,即全景摄影机和光机扫描仪存在着固有的影像变形。下面分别对全景变形和光机扫描变形作一简要介绍。

1)全景畸变

全景摄影机的成像面是一个半圆柱面,假设平台飞行高度为 H,圆柱的半径为 f,则在狭

缝的扫描角为θ时，全景像片在飞行方向和扫描方向的比例尺分别为

$$\left.\begin{aligned}\frac{1}{m_x}&=\frac{f}{H}\cos\theta\\ \frac{1}{m_y}&=\frac{f}{H}\cos^2\theta\end{aligned}\right\}\tag{6.11}$$

由此可见，全景像片上飞行方向和扫描方向的比例尺会随着扫描角的增大而减小，且扫描方向的递减速度更快。因此，地面的正方形格网在全景像片上将变为图6.2所示的形状。

2)光机扫描畸变

光机扫描畸变又称为斜距投影畸变。光机扫描图像的比例尺为

$$\left.\begin{aligned}\frac{1}{m_x}&=\frac{d}{\Delta\theta\cdot H}\\ \frac{1}{m_y}&=\frac{d}{\Delta\theta\cdot H}\cos^2\theta\end{aligned}\right\}\tag{6.12}$$

式中，d为像元尺寸，$\Delta\theta$是瞬时视场角，H是平台高度，θ为扫描角。在光机扫描图像上，飞行方向的比例尺处处一致，扫描方向的比例尺则随扫描角的增大迅速减小，一个正方形格网成为图6.3所示的形状。

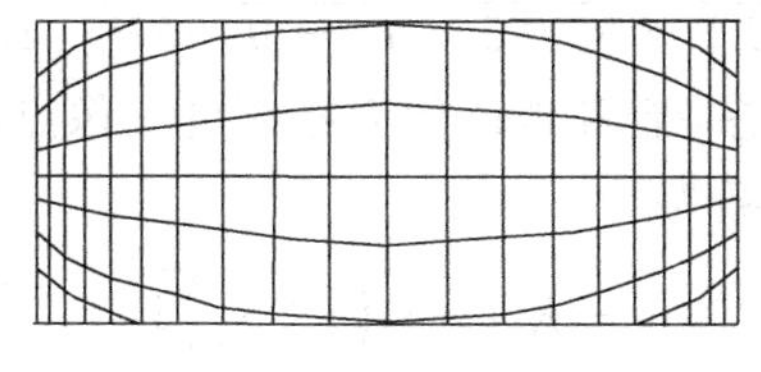

图6.2　全景图像的变形

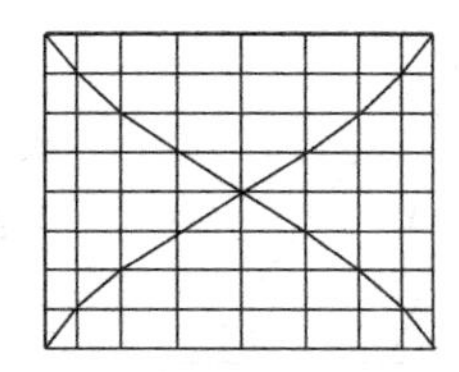

图6.3　光机扫描图像的变形

2.传感器姿态变化引起的几何变形

传感器的理想姿态是主光轴垂直指向地面，即传感器坐标系与地面坐标系相互平行。实际在飞行过程中，由于受气流、平台姿态调整误差及平台重心偏移等因素的影响，传感器往往会随机或系统性地出现俯仰、侧滚和旋偏等现象。假如以摄影瞬间的主光轴为z轴，飞行方向为x轴，y轴垂直于xz面，则俯仰、侧滚和旋偏的大小分别是绕地面坐标系的Y、X、Z轴依次旋转φ、ω、κ角度(称为姿态角)的结果。

对于画幅式图像，存在唯一的一组φ、ω、κ来确定摄影瞬间传感器的姿态，姿态角引起图像变形情况如图6.4所示。对于动态扫描成像传感器，成像瞬间只能得到一个像元或一行像点，同一幅图像上的不同像元或像行都有各自对应的φ、ω、κ，因而图6.4所示只是影像变形在像元或像行所处位置的局部变形，整幅图像的变形则是各个瞬间变形的综合结果。

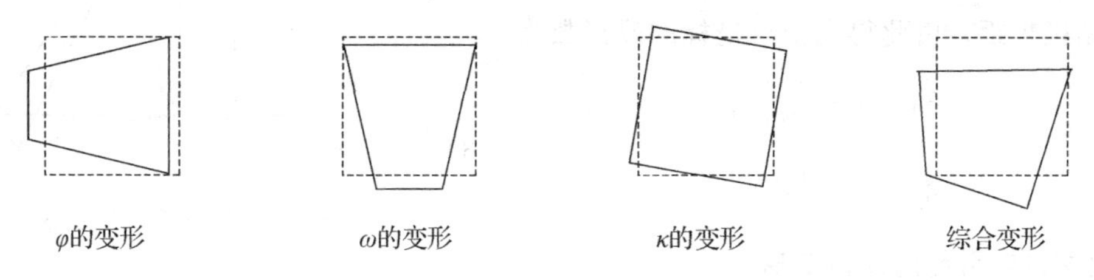

图6.4　传感器姿态变化引起的变形

3.大气折射引起的几何变形

大气在垂直方向的分布并不是均匀的，其密度随着高度的增加而减小，因此大气折射率从地表到高空逐渐变小。当地面以某一斜角向上辐射电磁波时，电磁波在不同高度大气中的传播路径不是一条直线而变成了曲线，从而引起像点偏移，称为大气折射引起的几何变形。

如图 6.5 所示，当没有大气折射时，地面点 A 将以直线成像于点 a；当有大气折射时，点 A 则以曲线成像于点 a'；$a'a$ 就是由大气折射引起的像点移位，一般用 Δr 表示。设 a 和 a'的向径分别为 r_a 和 r，则

$$\Delta r = r_a - r \tag{6.13}$$

大气折射引起的像点移位的完整表达式为

$$\Delta r = \frac{n_H(n-n_H)}{n(n+n_H)} \cdot \left(r+\frac{r^3}{f^2}\right) = K \cdot \left(r+\frac{r^3}{f^2}\right) \tag{6.14}$$

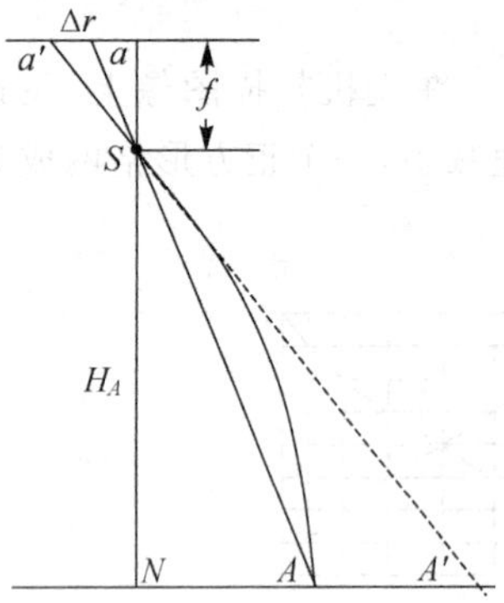

式中，n、n_H 分别是地面和高度为 H 处的大气折射率，r 为像点向径，f 为相机的焦距，$K=[n_H(n-n_H)]/[n(n+n_H)]$称为大气折射条件常数。在实际应用中，$K$ 值可用以下的经验公式计算，即

$$K = \frac{2410H}{H^2-6H+250} - \frac{2410h}{h^2-6h+250} \cdot \frac{h}{H} \tag{6.15}$$

式中，H、h 分别是平台和地面的海拔高度。像点由大气折射引起的坐标改正数为

$$\left.\begin{aligned} \delta x &= -K \cdot x \cdot \left(1+\frac{r^2}{f^2}\right) \\ \delta y &= -K \cdot y \cdot \left(1+\frac{r^2}{f^2}\right) \end{aligned}\right\} \tag{6.16}$$

图 6.5 大气折射引起的几何变形

4.地球曲率引起的几何变形

由于图像坐标系是平面坐标系，而地球表面是近圆的曲面，因此原始遥感图像上的像点坐标并不能代表其真实位置，会产生像点移位，这种坐标误差称为地球曲率引起的几何变形。

如图 6.6 所示，若将地表展为平面，地面点 A 的正确位置应在点 A_0，但遥感时点 A 将成像于点 a 处，相对于其正确位置点 a_0 产生了 Δr 的平移，这个平移量可用下式表示，即

$$\Delta r = -\frac{Hr^3}{2Rf^2} \tag{6.17}$$

式中，H 为平台高度，r 为像点向径，R 是地球曲率半径，f 是相机焦距。由此得到像点坐标的改正数为

$$\left.\begin{aligned} \delta x &= x \cdot \frac{Hr^2}{2Rf^2} \\ \delta y &= y \cdot \frac{Hr^2}{2Rf^2} \end{aligned}\right\} \tag{6.18}$$

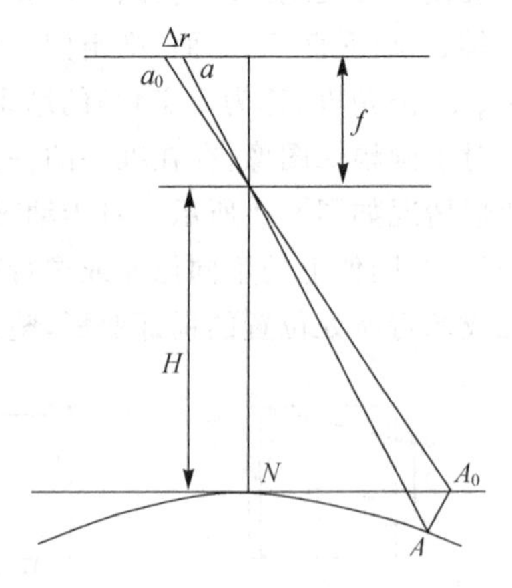

图 6.6 地球曲率引起的像点移位

5.地球自转引起的几何变形

地球自转不会对画幅式图像产生影响，但对动态扫描型图像则会产生明显的几何变形。以

陆地卫星的多光谱扫描仪为例，当卫星由北向南运动时，地球也在由西向东自转，由于一幅图像上的每个扫描行是在不同时间获取的，因此每个扫描行所对应的地面位置将逐行向西平移，从而造成影像的几何扭曲。图6.7表示了当扫描i行后，地球静止时图像($abcd$)与地球自转时图像(abc_0d_0)对地面的覆盖情况。由图可知，当扫描i行后，由于地球自转的影响，图像底边中点的地面投影n移到了n_0，产生了ΔR的移位，从而使影像坐标移动Δx和Δy，轨道方向也产生了θ的偏角。假设地球静止时轨道方向与正北的夹角为α，图像比例尺为$1/m$，扫描i行后图像在飞行方向长度为x，则有

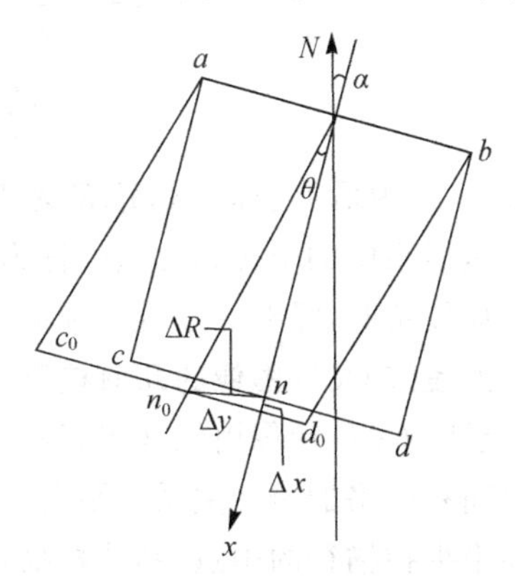

图6.7　地球自转引起的影像变形

$$\left.\begin{aligned}\Delta x&=\Delta R\cdot\sin\alpha\cdot\frac{1}{m}\\\Delta y&=\Delta R\cdot\cos\alpha\cdot\frac{1}{m}\\\theta&=\frac{\Delta y}{x}\end{aligned}\right\}\tag{6.19}$$

若扫描i行所需时间为t，则

$$t=\frac{x\cdot m}{R_e\cdot\omega_s}\tag{6.20}$$

式中，R_e为地球的平均曲率半径，ω_s为卫星轨道运行的角速度。于是得

$$\Delta R=(R_e\cos\Phi)\omega_e t=xm\frac{\omega_e}{\omega_s}\cos\Phi\tag{6.21}$$

式中，ω_e为地球自转角速度，Φ是成像区的地理纬度。

设卫星的轨道倾角为ε，由球面三角知识可知

$$\sin\alpha=\frac{\sin\varepsilon}{\cos\Phi}\tag{6.22}$$

进而得到

$$\cos\alpha=\frac{\sqrt{\cos^2\Phi-\sin^2\varepsilon}}{\cos\Phi}\tag{6.23}$$

将式(6.20)、式(6.21)、式(6.22)和式(6.23)代入式(6.19)，可得到地球自转引起的图像变形的改正公式为

$$\left.\begin{aligned}\Delta x&=x\cdot\frac{\omega_e}{\omega_s}\cdot\sin\varepsilon\\\Delta y&=x\cdot\frac{\omega_e}{\omega_s}\cdot\sqrt{\cos^2\Phi-\sin^2\varepsilon}\\\theta&=\frac{\omega_e}{\omega_s}\cdot\sqrt{\cos^2\Phi-\sin^2\varepsilon}\end{aligned}\right\}\tag{6.24}$$

6.2.2　遥感图像的精确几何校正

1.画幅式图像的几何校正

画幅式图像具有严格的中心投影性质，其像点和对应地面点的坐标关系可用中心投影共

线条件方程表示为

$$\left.\begin{aligned} x&=-f\frac{a_1(X-X_S)+b_1(Y-Y_S)+c_1(Z-Z_S)}{a_3(X-X_S)+b_3(Y-Y_S)+c_3(Z-Z_S)}\\ y&=-f\frac{a_2(X-X_S)+b_2(Y-Y_S)+c_2(Z-Z_S)}{a_3(X-X_S)+b_3(Y-Y_S)+c_3(Z-Z_S)}\end{aligned}\right\} \tag{6.25}$$

式中，x、y 为像点坐标，X、Y、Z 为相应的地面点坐标；f 为物镜主距；X_S、Y_S、Z_S 为投影中心在地面坐标系中的坐标；a_i、b_i、c_i 称为方向余弦（姿态角 φ、ω、κ 的函数）。显然，对每幅画幅式图像几何校正时，需要 3 个以上地面控制点。

2. 线阵 CCD 图像的几何校正

线阵 CCD 影像由线阵传感器沿飞行方向推扫形成连续的条状图像，每一扫描行与相应地面之间有严格的透视关系。平台运动时不同扫描行的姿态变化不大，假设每幅影像的坐标原点在中央扫描行的中点，其他扫描行的外方位元素（X_S、Y_S、Z_S、φ、ω、κ）随 x 变化，即

$$\left.\begin{aligned} X_S&=X_{S0}+(x-x_0)\cdot\dot{X}_S\\ Y_S&=Y_{S0}+(x-x_0)\cdot\dot{Y}_S\\ Z_S&=Z_{S0}+(x-x_0)\cdot\dot{Z}_S\\ \alpha&=\alpha_0+(x-x_0)\cdot\dot{\alpha}\\ \omega&=\omega_0+(x-x_0)\cdot\dot{\omega}\\ \kappa&=\kappa_0+(x-x_0)\cdot\dot{\kappa}\end{aligned}\right\} \tag{6.26}$$

式中，X_{S0}、Y_{S0}、Z_{S0}、α_0、ω_0、κ_0 是图像中心行 x_0 处的外方位元素，$\dot{X}_S$、$\dot{Y}_S$、$\dot{Z}_S$、$\dot{\alpha}$、$\dot{\omega}$、$\dot{\kappa}$ 是外方位元素的一阶变化率，共 12 个外方位元素。因此，线阵 CCD 图像的几何校正至少需要 6 个地面控制点。

为了更精确地对线阵 CCD 图像进行几何校正，式(6.26)中的外方位元素变化率应增加到二次项，即

$$\left.\begin{aligned} X_S&=X_{S0}+(x-x_0)\cdot\dot{X}_S+(x-x_0)^2\cdot\ddot{X}_S\\ Y_S&=Y_{S0}+(x-x_0)\cdot\dot{Y}_S+(x-x_0)^2\cdot\ddot{Y}_S\\ Z_S&=Z_{S0}+(x-x_0)\cdot\dot{Z}_S+(x-x_0)^2\cdot\ddot{Z}_S\\ \alpha&=\alpha_0+(x-x_0)\cdot\dot{\alpha}+(x-x_0)^2\cdot\ddot{\alpha}\\ \omega&=\omega_0+(x-x_0)\cdot\dot{\omega}+(x-x_0)^2\cdot\ddot{\omega}\\ \kappa&=\kappa_0+(x-x_0)\cdot\dot{\kappa}+(x-x_0)^2\cdot\ddot{\kappa}\end{aligned}\right\} \tag{6.27}$$

这样，几何校正就需要更多的控制点，计算量也随之增大。在实际应用中，式(6.26)可以满足一般用户对几何精度的需求。

3. 侧视雷达图像的几何校正

侧视雷达图像的精确几何校正，一般采用科内奇尼(Konecny)和舒尔(Schuhr)在 1988 年国际摄影测量与遥感会议上提出的雷达成像模型，它适用于平距雷达图像的几何校正。公式为

$$\left.\begin{aligned} x'_{gr}&=0=-f_x\frac{a_{1j}(X_i-\Delta X-X_{sj})+a_{2j}(Y_i-\Delta Y-Y_{sj})+a_{3j}(Z_0-Z_{sj})}{c_{1j}(X_i-\Delta X-X_{sj})+c_{2j}(Y_i-\Delta Y-Y_{sj})+c_{3j}(Z_0-Z_{sj})}\\ y'_{gr}&=-f_y\frac{b_{1j}(X_i-\Delta X-X_{sj})+b_{2j}(Y_i-\Delta Y-Y_{sj})+b_{3j}(Z_0-Z_{sj})}{c_{1j}(X_i-\Delta X-X_{sj})+c_{2j}(Y_i-\Delta Y-Y_{sj})+c_{3j}(Z_0-Z_{sj})}\end{aligned}\right\} \tag{6.28}$$

式中，$\Delta X=P\cdot(X_i-X_{sj})$，$\Delta Y=P\cdot(Y_i-Y_{sj})$，$P=$

$\frac{\sqrt{(X_i-X_{sj})^2+(Y_i-Y_{sj})^2}-\sqrt{(X_i-X_{sj})^2+(Y_i-Y_{sj})^2+(Z_i-Z_{sj})^2-H^2}}{\sqrt{(X_i-X_{sj})^2+(Y_i-Y_{sj})^2}}$，$H$ 为天线相对航高；x'_{gr}、y'_{gr} 为按平距投影的像点坐标；X_i、Y_i、Z_i 为地面点坐标；X_{sj}、Y_{sj}、Z_{sj} 为天线几何中心在 j 时刻的位置；f_x、f_y 为等效焦距；Z_0 为数据归化面相对于 $N-XY$ 面的高度；a_{ij}、b_{ij}、c_{ij}($i=1,2,3$)是第 j 行传感器的方向余弦。

根据式(6.28)求解雷达图像的外方位元素，然后对每一点进行几何校正和灰度重采样，就可以得到校正后的 SAR 图像。

6.2.3　遥感图像的近似几何校正模型

1. 直接线性变换模型

由中心投影的共线条件方程，可推导出直接线性变换(DLT)模型的表达式，即

$$\left.\begin{aligned} u+\frac{XL_1+YL_2+ZL_3+L_4}{XL_9+YL_{10}+ZL_{11}+1}=0 \\ v+\frac{XL_5+YL_6+ZL_7+L_8}{XL_9+YL_{10}+ZL_{11}+1}=0 \end{aligned}\right\} \tag{6.29}$$

式中，u、v 为像点坐标，X、Y、Z 为相应地面点的大地坐标，$L_1 \sim L_{11}$ 为直接线性变换参数。

2. 多项式模型

常用的多项式有一般多项式、勒让德正交多项式、切比雪夫正交多项式、分块插值多项式等。为了避免方程式答解出现奇异性，一般选用正交化多项式，对不同的精度需求，可采用不同阶数的多项式。多项式模型的正解和反解公式具有相同的形式，前者用于描述地面点到影像点的变换关系，后者用于表示影像点到地面点的变换关系，形式为

$$\left.\begin{aligned} u=a_{00}+a_{10}X+a_{01}Y+a_{20}X^2+a_{11}XY+a_{02}Y^2+\cdots \\ v=b_{00}+b_{10}X+b_{01}Y+b_{20}X^2+b_{11}XY+b_{02}Y^2+\cdots \end{aligned}\right\} \tag{6.30}$$

$$\left.\begin{aligned} X=a_{00}+a_{10}u+a_{01}v+a_{20}u^2+a_{11}uv+a_{02}v^2+\cdots \\ Y=b_{00}+b_{10}u+b_{01}v+b_{20}u^2+b_{11}uv+b_{02}v^2+\cdots \end{aligned}\right\} \tag{6.31}$$

式中，u、v 为像点坐标，X、Y 为相应地面点的大地坐标，a_{ij}、b_{ij} 为多项式系数。

3. 有理函数模型

有理函数模型是利用有理函数逼近二维像平面和三维物空间的对应关系，其正解形式为

$$\left.\begin{aligned} u=\frac{p_1(X,Y,Z)}{p_3(X,Y,Z)} \\ v=\frac{p_2(X,Y,Z)}{p_4(X,Y,Z)} \end{aligned}\right\} \tag{6.32}$$

$$\left.\begin{aligned} p_1(X,Y,Z) &= \sum_{i=0}^{m1}\sum_{j=0}^{m2}\sum_{k=0}^{m3} a_{ijk}X^iY^jZ^k \\ p_2(X,Y,Z) &= \sum_{i=0}^{m1}\sum_{j=0}^{m2}\sum_{k=0}^{m3} b_{ijk}X^iY^jZ^k \\ p_3(X,Y,Z) &= \sum_{i=0}^{m1}\sum_{j=0}^{m2}\sum_{k=0}^{m3} c_{ijk}X^iY^jZ^k \\ p_4(X,Y,Z) &= \sum_{i=0}^{m1}\sum_{j=0}^{m2}\sum_{k=0}^{m3} d_{ijk}X^iY^jZ^k \end{aligned}\right\} \tag{6.33}$$

式中，a_{ijk}、b_{ijk}、c_{ijk}、d_{ijk} 为有理函数系数，u、v 为像点的像平面坐标，X、Y、Z 为相应地面点的大地坐标。有理函数的反解形式为

$$\left.\begin{aligned} X &= \frac{p_1(u,v,Z)}{p_3(u,v,Z)} \\ Y &= \frac{p_2(u,v,Z)}{p_4(u,v,Z)} \end{aligned}\right\} \tag{6.34}$$

$$\left.\begin{aligned} p_1(u,v,Z) &= \sum_{i=0}^{m1}\sum_{j=0}^{m2}\sum_{k=0}^{m3} a_{ijk}u^i v^j Z^k \\ p_2(u,v,Z) &= \sum_{i=0}^{m1}\sum_{j=0}^{m2}\sum_{k=0}^{m3} b_{ijk}u^i v^j Z^k \\ p_3(u,v,Z) &= \sum_{i=0}^{m1}\sum_{j=0}^{m2}\sum_{k=0}^{m3} c_{ijk}u^i v^j Z^k \\ p_4(u,v,Z) &= \sum_{i=0}^{m1}\sum_{j=0}^{m2}\sum_{k=0}^{m3} d_{ijk}u^i v^j Z^k \end{aligned}\right\} \tag{6.35}$$

用有理函数模型进行几何校正时，控制点数目应不少于有理函数系数总和的一半，且次数越高要求控制点越多。

6.2.4　遥感图像几何校正的基本方法和过程

遥感图像几何校正有间接法和直接法。假设校正前、校正后的图像坐标为(x，y)和(X，Y)，间接法是以(X，Y)为基准，反求(x，y)，并将该处的灰度值赋予(X，Y)。直接法则是以(x，y)为基准，求出相应的(X，Y)，然后将灰度值直接赋予(X，Y)。几何校正如图 6.8 所示。

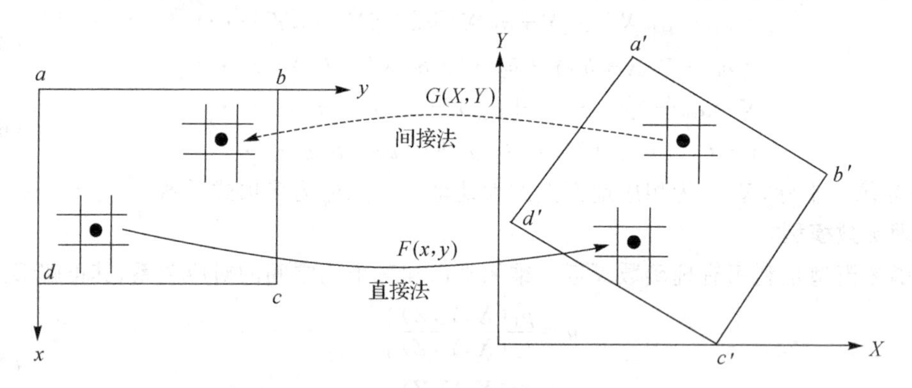

图 6.8　直接法和间接法几何校正

直接法和间接法除了所使用的数学模型(直接法用反解模型，间接法用正解模型)不同外，在灰度重采样方面也存在区别。直接法所求出的(X，Y)一般不是标准格网点，赋予灰度后校正图像上呈不规则的灰度点云，且容易出现小区域内的灰度空白，因此须将其内插为规则格网方能完成校正，但将不规则点云内插成规则格网的算法非常复杂、耗时也相对较长。间接法首先将 X、Y 面规划成规则格网，使每个(X，Y)都在格网点上，虽然所求出的(x，y)不一定在格网点上，但由于 x、y 面是规则格网，所以此时的灰度内插比较简单。由此可见，直接法存在有明显的缺陷，一般情况宜采用间接法进行几何校正。

无论采用何种校正方法，其校正过程是基本相同的，下面以间接法为例，说明遥感图像几

何校正的基本过程。

1. 选择合适的校正模型

对遥感图像进行几何校正时，既可以选择严格校正模型，也可选择近似算法，这取决于用户对校正精度的需求。在不清楚图像几何特性的情况下，选用有理函数模型一般能得到较为理想的校正结果。

2. 控制点数据的获取与输入

不同的校正模型对控制点的个数和分布要求不同，而不同的校正目的对控制点的精度要求也有差异。获得控制数据后，将其输入到校正系统中，并量测每个控制点相应像点的坐标。

3. 求解模型参数

用控制点坐标和相应的像点坐标，对选用的校正模型逐点建立误差方程式，按最小二乘原理进行平差运算，求出校正模型的各个参数。

4. 计算原始图像上的像点坐标

对校正图像上每一点(X,Y)，$X=X_0+i\cdot\Delta X$，$Y=Y_0+j\cdot\Delta Y$，计算其在原始图像上相应像点坐标(x,y)。

5. 灰度重采样

灰度重采样就是计算校正后图像的灰度值。一般情况下求得的像点坐标不是整数值，也不一定正好位于原始图像的格网点上。因此，该点的灰度值必须利用其周围格网点的灰度值通过内插方法求出。

6.3　遥感图像增强

遥感图像增强(remote sensing image enhancement)是为了突出相关的专题信息，提高图像的视觉效果，使分析者更容易地识别图像内容，更可靠地提取更有用的定量化信息。遥感图像增强通常在图像校正和重建后进行，特别是必须要消除原始图像中的各种噪声，否则分析者面对的只是各种增强的噪声。

图像增强的主要目的有：改变图像的灰度等级，提高图像对比度；消除边缘和噪声，平滑图像；突出边缘或线状地物，锐化图像；合成彩色图像；压缩图像数据量，突出主要信息等。图像增强的主要内容如图6.9所示。

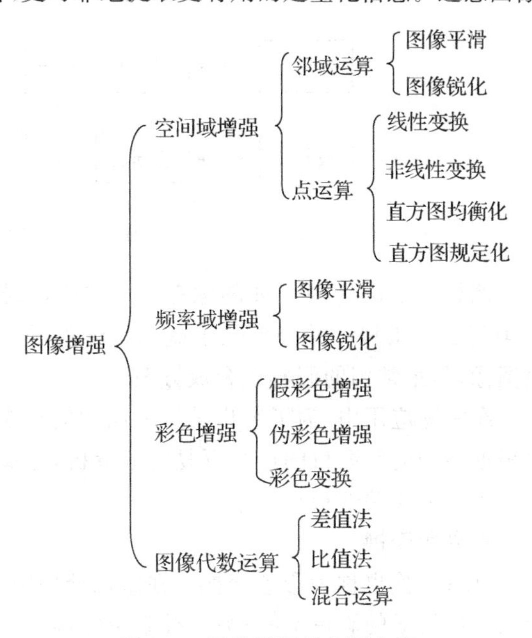

图6.9　图像增强的主要内容

6.3.1　彩色增强

人眼对灰度级的分辨能力较差，正常人的眼睛只能分辨十多级的灰度，而对彩色的分辨能力远远大于对灰度的分辨能力。因此将灰度图像变为彩色图像以及进行各种彩色变换，可以明显改善图像的解译性能。

1.假彩色增强

假彩色增强是把一幅黑白图像的不同灰度级按一定的函数关系变换成彩色，从而得到一幅彩色图像。密度分割法是假彩色增强中最简单的方法，它将一幅黑白遥感图像按灰度的大小，划分为不同的层，并对每层赋予不同的颜色，使之变为一幅彩色图像。如图 6.10 所示，把黑白图像的灰度分成 N 层 $L_i(i=1,2,\cdots,N)$ 并赋值。例如，将灰度值 0～10 分为第一层，赋值 1；11～15 为第二层，赋值 2；16～30 为第三层，赋值 3……再给每一赋值区分别赋予不同的颜色 C_1,C_2,C_3……于是生成一幅彩色图像。由于计算机显示器的色彩显示能力很强，理论上完全可以将黑白图像的 256 个灰度级以 256 种色彩表示。

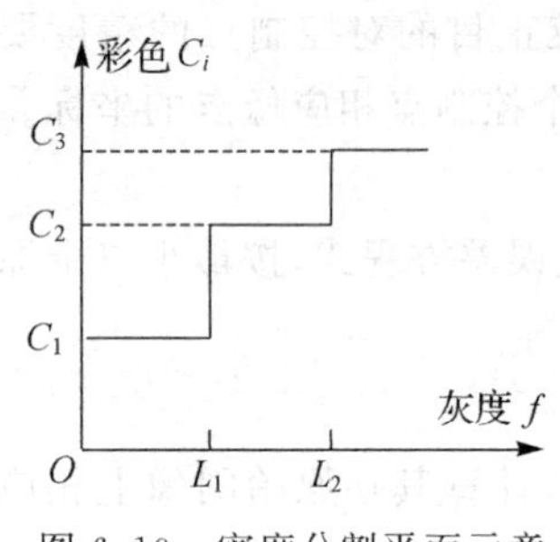

图 6.10 密度分割平面示意

密度分割中的彩色是人为赋予的，与地物的真实色彩毫无关系，因此称为假彩色。黑白图像经过密度分割后，图像分辨能力得到明显提高。如果分层方案与地物的光谱特性对应较好，可以较准确地区分出地物类别。因此，只要掌握了地物的光谱特性，就能得到较好的地物类别图像。

2.彩色合成

彩色合成是最常用的增强方法。与假彩色增强不同，彩色合成处理的对象是同一景物的多光谱图像。彩色显示系统就是根据三原色加色法合成原理，由三个电子枪分别在屏幕上形成红、绿、蓝三个原色像而合成彩色图像。因此，对于多光谱图像选择其中三个波段，分别赋予红、绿、蓝三种原色，即可在屏幕上合成彩色图像，如图 6.11 所示。若选择的波段与赋予的颜色相同，则得到真彩色图像，其方法称为真彩色合成；否则，得到假彩色图像，称为假彩色合成。

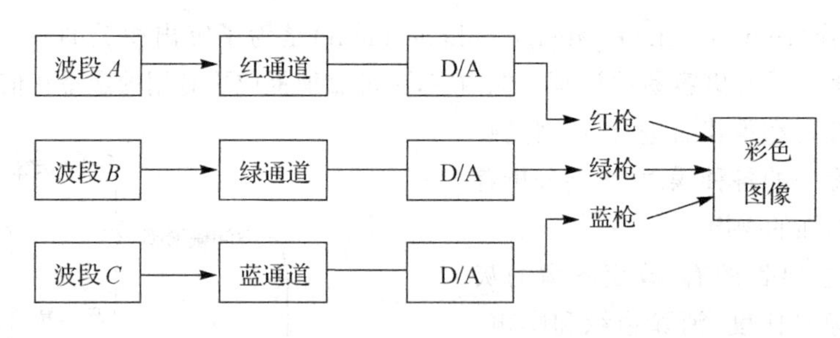

图 6.11 假彩色合成原理

例如，Landsat 的 TM 图像有 7 个波段，选择其中的波段 2(绿波段)，波段 3(红波段)，波段 4(近红外波段)，并分别赋予蓝、绿、红色后即可合成假彩色图像。这种图像称为标准假彩色图像，是最常用的假彩色合成方案。

在实际应用中，为了突出某一方面的信息或显示丰富的地物信息，获得较好的目视效果，可根据不同的研究目的进行反复实验分析，寻找最佳合成方案，使得合成后的图像信息量最大而波段间的相关性最小。

3.彩色变换

HIS 变换也称为彩色变换。在影像处理中通常应用的有两种彩色坐标系：一是由红、绿、蓝三原色构成的彩色空间；另一种是由色调、亮度、饱和度 3 个变量构成的彩色空间。颜色既可用 RGB 空间内的 R、G、B 来描述，也可用 HIS 空间的 H、I、S 来描述。前者从物理学角度出发描述颜色,后者从人眼的主观感觉出发描述颜色。HIS 变换就是 RGB 空间与 HIS 空间之间的变换。由于 RGB 空间用红、绿、蓝三原色的混合比例定义不同的色彩,使得不同的色彩难以用准确的数值表示,从而难以进行定量分析;而且当彩色合成影像通道之间的相关性很高时,会使合成影像的饱和度偏低、色调变化小、视觉效果差。此外,人眼不能直接感觉红、绿、蓝三色的比例,只能通过感知颜色的亮度、色调和饱和度来区分物体。因此,在影像处理中可以利用 HIS 变换,然后再变换到 RGB 空间进行显示,使影像彩色增强获得最佳效果。

6.3.2　直方图增强

大多数原始遥感图像由于灰度分布集中在较窄的范围内,使得对比度低、图像细节不够清晰。为使图像的灰度范围拉开或使灰度分布均匀,从而增大反差、使图像细节清晰,应对图像进行直方图增强处理。直方图增强是指通过变换函数,使原图像的直方图变换为所期望的直方图,并根据新直方图变更原图像的灰度值。

1. 直方图均衡化

直方图均衡化(histogram equalization)是将随机分布的图像直方图修改成均匀分布的直方图,又叫做拉平扩展,其实质是对图像进行非线性拉伸,重新分配图像像元值,使一定灰度范围内的像元数量大致相等。从数学角度看,就是把一个概率密度函数通过某种变换变成均匀分布的函数,图 6.12(a)为原始图像直方图,图 6.12(b)为均衡后直方图。由于数字图像是离散的,一般是通过累加方式实现的,累积直方图曲线即为直方图均衡化的基本变换函数。

直方图均衡化把原图像的直方图变换为灰度值频率固定的直方图,使变换后的亮度级分布均匀,图像中等亮度区的对比度得到扩展,相应原图像中两端亮度区的对比度相对压缩。

2. 直方图正态化

直方图正态化(histogram normalization)是将任意分布的原图像直方图变换成正态分布的直方图,如图 6.12(c)所示,又叫做高斯扩展。直方图正态化也采用累加的方法实现。

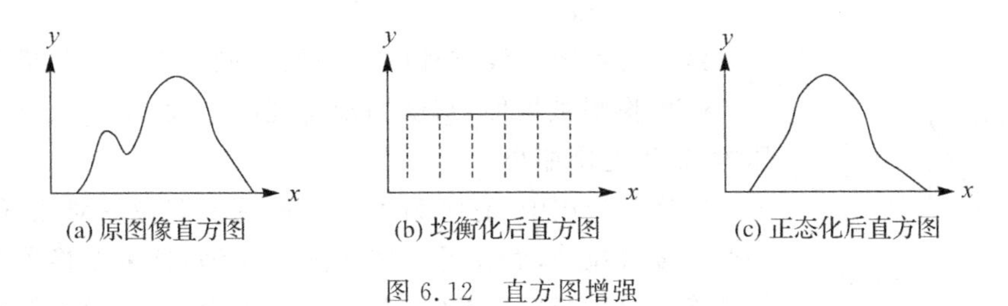

(a) 原图像直方图　(b) 均衡化后直方图　(c) 正态化后直方图

图 6.12　直方图增强

应当注意的是,若将与正态分布相差较大的原图像的频率勉强变换为正态分布,则因原图像的某一灰度的频率很高,变换成正态分布使其对应的灰度值的频率降低,造成该部分的压缩而丢失重要的信息。

3. 直方图匹配

直方图匹配(histogram matching)又称为直方图规定化,是指把原图像的直方图变换为某种指定形态的直方图或某一参考图像的直方图,然后按照已知直方图调整原图像各像元的灰度值,最后得到一幅直方图匹配的图像。直方图匹配对在不同时间获取的同一地区或邻接地区的图像,或者由于太阳高度角或大气影响引起差异的图像很有用,特别是图像镶嵌或变化检测。

6.3.3 对比度增强

对比度增强是计算机图像处理中最基本、最常用的增强处理技术。它通过改变灰度分布态势，扩展灰度分布区间，达到增强反差的目的，即通过直接改变图像像元灰度值来改变图像像元对比度，从而改善图像质量的处理方法。因为灰度值是辐射强度的反映，所以对比度增强也称辐射增强，常用的方法有灰度阈值、灰度分割、线性拉伸、非线性拉伸等。

1.灰度阈值

灰度阈值法是将图像中的所有灰度值根据设定的阈值，分成高于阈值和低于阈值两类。用这种方法产生的黑白掩膜图像可以分开对比度差异较大的地物，如陆地和水体，从而对陆地或水体分别作进一步的处理。

2.灰度分割

灰度分割是将图像的亮度值划分成一系列用户指定的间隔（或段），并将每一个间隔范围内的不同亮度值显示为相同的值。如果将一幅图像的亮度值分成8段，则输出（或显示）图像上就有8个灰度级。灰度分割广泛地被用于显示热红外图像中不同的温度范围。

3.线性拉伸

在改善图像对比度过程中，如果运算过程是一个线性变换函数，这种变换就叫做线性变换。线性变换也称为线性拉伸，是将像元值的变动范围按线性关系扩展到指定范围，图像变换前后灰度函数关系符合以下关系，即

$$y=ax+b \tag{6.36}$$

式中，x 表示原始图像的灰度值变量，y 表示扩展后的灰度值变量，a 为斜率，b 为常数。

如图6.13所示，原始图像 x 的对比度较差，灰度范围为$[x_{min}, x_{max}]$，经线性变换后图像灰度值 y 的对比度提高了，灰度范围扩大为$[y_{min}, y_{max}]$，变换公式为

$$y=\frac{y_{max}-y_{min}}{x_{max}-x_{min}}(x-x_{min})+y_{min} \tag{6.37}$$

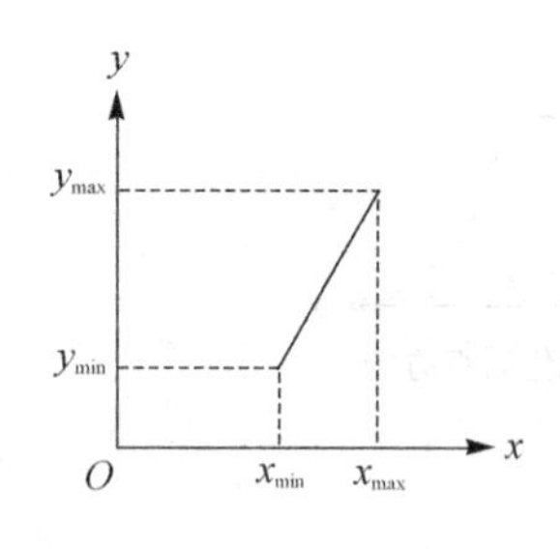

图6.13 线性变

线性变换随直线方程的不同而不同。当直线与横轴夹角大于45°时，图像被拉伸，灰度的动态范围扩大；小于45°时，图像被压缩，灰度范围缩小。

在实际应用中，有时为了更好地调节图像的对比度，需要在一些灰度段拉伸，而在另一些灰度段压缩，这种变换称为分段线性变换。分段线性变换时，变换函数不同，在变换坐标中成为折线，折线间断点的位置根据需要来确定。

4.非线性拉伸

当变换函数是非线性时，即为非线性拉伸。用于非线性拉伸的函数有很多，如对数变换、指数变换、平方根变换、三角函数变换等。常用的有指数变换和对数变换。

指数变换函数曲线如图6.14所示，其意义是在灰度值较高的部分扩大灰度间隔，属于拉伸，而在灰度值较低的部分缩小灰度级间隔，属于压缩，其数学表达式为

$$y=be^{ax}+c \tag{6.38}$$

式中，x 为变换前图像每个像元的灰度值，y 为变换后图像的灰度值，a、b、c 为可调参数，可以改变指数函数曲线的形态，从而实现不同的拉伸比例。

对数变换函数曲线如图6.15所示，与指数变换相反，灰度值较低的部分被拉伸，而将灰度值较高的部分压缩，其数学表达式为

$$y=b\lg(ax+l)+c \tag{6.39}$$

式中，x为变换前图像每个像元的灰度值，y为变换后图像的灰度值，a、b、c为可调参数，l为常数。

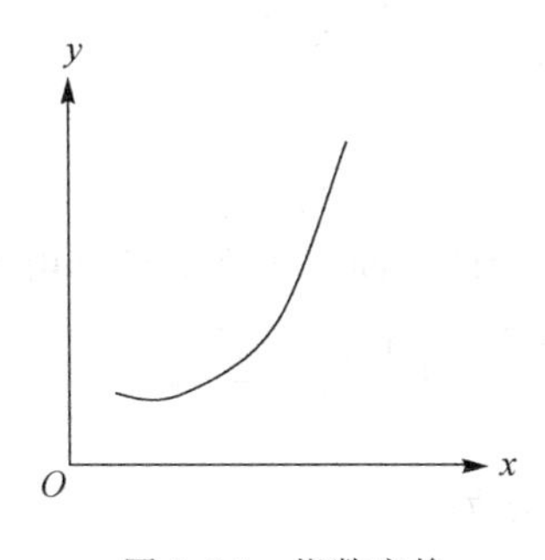

图6.14　指数变换

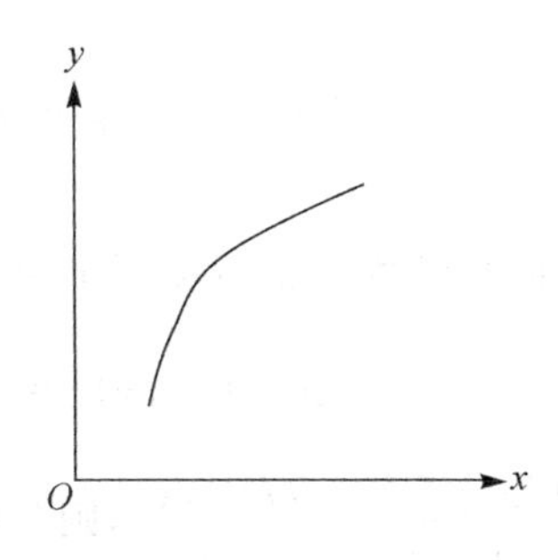

图6.15　对数变换

6.3.4　滤波增强

遥感图像可以通过两种不同的滤波方法来增强信息。一种是空间滤波，即通过卷积模板来实现，可以增强图像的低频、高频细节和边缘；另一种是频域滤波，即用傅里叶变换提取图像频谱，然后在频域内进行频谱选择或频谱组合，用反傅里叶变换生成一幅新的增强图像。

1.空间滤波增强

空间滤波实质上是数学的卷积运算。根据需要选用特定的滤波模板作为活动窗口，逐像元移动模板进行乘、加运算，得到新像元值，遍历所有像元后即可得到新的增强图像。设模板为$H(m,n)$，大小为$N\times N$（N一般为奇数），原始图像的灰度值为$f(i,j)$，则滤波后图像为

$$g(i,j)=\sum_{m=-\frac{N}{2}}^{m=\frac{N}{2}}\sum_{n=-\frac{N}{2}}^{n=\frac{N}{2}}H(m,n)f(i+m,j+n) \tag{6.40}$$

1)平滑滤波

平滑滤波的目的是消除图像中各种干扰噪声。由于平滑滤波是通过抑制图像的高频成分来实现的，因此平滑后往往使图像反差降低，细节有所丢失，且会出现边界模糊现象。常用的平滑滤波有均值滤波和中值滤波。

均值滤波是将每个像元在以其为中心的邻域内取平均值来代替该像元值，以达到去掉尖锐噪声和平滑图像的目的。具体计算时常采用3×3模板作卷积运算，具体形式为

$$H(m,n)=\begin{bmatrix}1/9 & 1/9 & 1/9\\ 1/9 & 1/9 & 1/9\\ 1/9 & 1/9 & 1/9\end{bmatrix}\quad 或\quad H(m,n)=\begin{bmatrix}1/8 & 1/8 & 1/8\\ 1/8 & 0 & 1/8\\ 1/8 & 1/8 & 1/8\end{bmatrix} \tag{6.41}$$

中值滤波是将邻域中的像素按灰度级排列，取其中间值为输出像素，以达到去尖锐噪声和平滑图像的目的。计算时仍采用活动窗口的扫描方法，将窗口内像元按灰度值的大小排序，取中间值作为像元的新值。这种方法的最大优势是能保持边界的清晰度。

2)锐化

锐化主要是增强图像中的高频成分，突出图像的边缘信息，提高图像细节的反差，因此也

称为边缘增强。锐化后的图像不再具有原图像的特征而成为边缘图像。常见的锐化算子有Roberts梯度算子、Sobel梯度算子和Laplace算子等。

(1)梯度锐化法。梯度反映了相邻像元的灰度变化率,因此图像中的边缘处有较大的梯度值。图像函数 $f(x,y)$ 的梯度定义为一个矢量,即

$$\nabla f(x,y)=\mathrm{grad}f(x,y)=\begin{bmatrix}f'_x\\f'_y\end{bmatrix}=\begin{bmatrix}\dfrac{\partial f(x,y)}{\partial x}\\\dfrac{\partial f(x,y)}{\partial y}\end{bmatrix}\tag{6.42}$$

梯度矢量的方向是函数 $f(x,y)$ 在该点灰度变化率最大的方向。梯度的模可由下式计算,即

$$|\mathrm{grad}f(x,y)|=\sqrt{\left(\frac{\partial f(x,y)}{\partial x}\right)^2+\left(\frac{\partial f(x,y)}{\partial y}\right)^2}\tag{6.43}$$

设 $t_1=\dfrac{\partial f(x,y)}{\partial x}$,$t_2=\dfrac{\partial f(x,y)}{\partial y}$,则式(6.43)可简化为

$$|\mathrm{grad}f(x,y)|=\sqrt{t_1^2+t_2^2}\tag{6.44}$$

对于离散化的数字图像来说,式(6.44)中的连续形式可用差分来近似表示,即

$$\left.\begin{aligned}t_1&=f(i,j)-f(i+1,j)\\t_2&=f(i,j)-f(i,j+1)\end{aligned}\right\}\tag{6.45}$$

(2)Roberts算子。Roberts算子是一种交叉差分计算法,它计算梯度的表达式为

$$|\mathrm{grad}f(x,y)|=|f(i,j)-f(i+1,j+1)|+|f(i+1,j)-f(i,j+1)|\tag{6.46}$$

用模板表示为

$$t_1=\begin{bmatrix}1&0\\0&-1\end{bmatrix},\quad t_2=\begin{bmatrix}0&-1\\1&0\end{bmatrix}$$

Roberts梯度相当于在图像上开一个2×2的窗口,用模板 t_1 计算后取绝对值,再加上模板 t_2 计算后取绝对值,将计算值作为左上角像(x,y)的梯度值。这种算法的意义在于用交叉的方法检测出像元与其在上下之间或左右之间或斜方向之间的差异。

(3)Prewitt和Sobel算子。Prewitt算法较多地考虑了邻域点的关系,将模板扩大到3×3后为

$$t_1=\begin{bmatrix}-1&-1&-1\\0&0&0\\1&1&1\end{bmatrix},\quad t_2=\begin{bmatrix}-1&0&1\\-1&0&0\\-1&0&1\end{bmatrix}$$

Sobel梯度在Prewitt算法基础上采用加权方法进行差分,因而对边缘的检测更加精确,模板为

$$t_1=\begin{bmatrix}-1&-2&-1\\0&0&0\\1&2&1\end{bmatrix},\quad t_2=\begin{bmatrix}-1&0&1\\-2&0&2\\-1&0&1\end{bmatrix}$$

(4)Laplace算子。Laplace算子属于二阶导数算子,即

$$\nabla^2 f(x,y)=\frac{\partial^2 f(x,y)}{\partial x^2}+\frac{\partial^2 f(x,y)}{\partial y^2}\tag{6.47}$$

对于离散的数字图像,二阶导数可以用二阶差分近似计算,推导出Laplace算子表达式为

$$\nabla^2 f(x,y)=f(i+1,j)-f(i-1,j)+f(i,j+1)+f(i,j-1)-4f(i,j)\tag{6.48}$$

上式的模板可表示为

$$H(m,n)=\begin{bmatrix}0 & -1 & 0\\ -1 & 4 & -1\\ 0 & -1 & 0\end{bmatrix}$$

Laplace 梯度不检测均匀的灰度变化，而检测变化的变化率，计算出的图像更加突出灰度值突变的位置。除了上述算法外，通常用于卷积滤波的 Laplace 方法，还有其他一些模板，如

$$\begin{bmatrix}1 & 1 & 1\\ 1 & -8 & 1\\ 1 & 1 & 1\end{bmatrix}\text{或}\begin{bmatrix}0 & -1 & 0\\ -1 & 4 & -1\\ 0 & -1 & 0\end{bmatrix}$$

(5)定向检测。上述方法在提取边缘时没有指定特定的方向，当有目的地检测某一方向的边、线或纹理特征时，可选择特定的模板卷积运算作定向检查。

——检测垂直边界，其模板为

$$H(m,n)=\begin{bmatrix}-1 & 0 & 1\\ -1 & 0 & 1\\ -1 & 0 & 1\end{bmatrix}\text{或}\begin{bmatrix}-1 & 2 & 1\\ -1 & 2 & 1\\ -1 & 2 & 1\end{bmatrix}$$

——检测水平边界，其模板为

$$H(m,n)=\begin{bmatrix}-1 & -1 & -1\\ 0 & 0 & 0\\ 1 & 1 & 1\end{bmatrix}\text{或}\begin{bmatrix}-1 & -1 & -1\\ 2 & 2 & 2\\ 1 & 1 & 1\end{bmatrix}$$

——检测对角线边界，其模板为

$$H(m,n)=\begin{bmatrix}0 & 1 & 1\\ -1 & 0 & 0\\ -1 & -1 & 0\end{bmatrix},\begin{bmatrix}1 & 1 & 0\\ 1 & 0 & -1\\ 0 & -1 & -1\end{bmatrix},\begin{bmatrix}-1 & -1 & 2\\ -1 & 2 & -1\\ 2 & -1 & -1\end{bmatrix}\text{或}\begin{bmatrix}2 & -1 & -1\\ -1 & 2 & -1\\ -1 & -1 & 2\end{bmatrix}$$

2.频域滤波增强

图像的频率是一种空间频率，指单位长度内像元灰度值由低到高，再由高到低的变化次数。变化次数越多，频率就越高，反之则越低。由此可见，图像噪声具有灰度突变特性，理论上其空间频率最高；图像上的边界、细节、结构复杂区域属高频成分，而灰度变化较慢区域如广场、农田等为低频成分。图像的频率分布可用频率域内的取值来表示，频率域是一个二维坐标系，坐标轴代表频率的大小，坐标系内任一点的值代表整幅图像具有该频率的权重。图像从空间域到频率域可用傅里叶变换来完成，从频率域到空间域可用反傅里叶变换来实现。

频率滤波就是在频率域内，通过改变图像的频谱分布来改善图像质量的一种图像处理方法。在频率域内去除高频成分，可有效地消除图像噪声，起到图像平滑作用；去除低频成分，可突出图像的边界信息，从而达到图像锐化的目的。

1)频率域平滑

频率域平滑主要采用低通滤波器，保留图像的低频成分，去除高频噪声区域。常用的低通滤波器有：理想低通滤波器、Butterworth 低通滤波器、指数和梯形低通滤波器。梯形低通滤波器有两个阈值，性能介于理想低通滤波器和指数低通滤波器之间，处理后的图像有一定的模糊。

理想低通滤波器的剖面如图 6.16(a)所示，其传递函数为

$$H(u,v)=\begin{cases}1 & D(u,v)\leqslant D_0\\0 & D(u,v)>D_0\end{cases} \tag{6.49}$$

式中，$D(u,v)=\sqrt{u^2+v^2}$；D_0 为最高截止频率，可根据需要具体确定，$D_0\geqslant 0$。当 $D\leqslant D_0$ 时，频率域不变，即低频分量全部无损通过；当 $D>D_0$ 时，频率为 0，高频成像成分全部去除。由于高频部分包含大量边缘信息，因此，用此滤波器处理后可能会导致图像边缘模糊。

Butterworth 低通滤波器剖面如图 6.16(b)所示，其传递函数为

$$H(u,v)=\frac{1}{1+\left[\frac{D(u,v)}{D_0}\right]^{2n}} \quad (n=1,2,3\cdots) \tag{6.50}$$

式中，n 为正整数。它的特点是连续性衰减，可在抑制图像噪声的同时，使图像边缘的模糊程度大大降低。

指数低通滤波器剖面如图 6.16(c)所示，其传递函数为

$$H(u,v)=\mathrm{e}^{-\left[\frac{D(u,v)}{D_0}\right]^{n}} \quad (n=1,2,3\cdots) \tag{6.51}$$

该滤波器也能较好地抑制图像噪声和保护边界，但滤波后图像的边缘模糊程度比 Butterworth 滤波器略大。

梯形低通滤波器剖面如图 6.16(d)所示，其传递函数为

$$H(u,v)=\begin{cases}1 & D(u,v)<D_0\\ \dfrac{D(u,v)-D_1}{D_0-D_1} & D_0\leqslant D(u,v)\leqslant D_1\\ 0 & D(u,v)>D_1\end{cases} \tag{6.52}$$

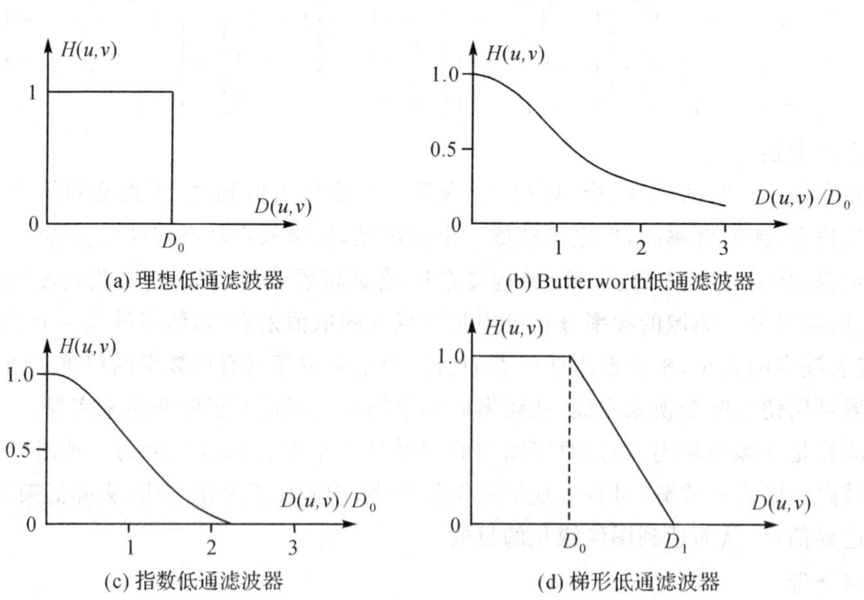

图 6.16 低通滤波器剖面示意图

2)频率域锐化

为了突出图像的边缘和轮廓，在频率域内可采用高通滤波器，保留高频成分，抑制低频区域。常用的高通滤波器有：理想高通滤波器、Butterworth 高通滤波器、指数高通滤波器和梯形高通滤波器。

理想高通滤波器剖面如图 6.17(a)所示，其传递函数为

$$H(u,v)=\begin{cases}0 & D(u,v)\leqslant D_0\\ 1 & D(u,v)>D_0\end{cases} \tag{6.53}$$

式中，$D_0\geqslant 0$。用该滤波器时，小于或等于 D_0 的低频分量全部去除，而大于 D_0 的高频分量全部通过，但处理后图像边缘有抖动现象。

Butterworth 高通滤波器剖面如图 6.17(b)所示，n 阶 Butterworth 高通滤波器的传递函数为

$$H(u,v)=\frac{1}{1+\left[\frac{D_0}{D(u,v)}\right]^{2n}} \quad (n=1,2,3\cdots) \tag{6.54}$$

Butterworth 高通滤波器锐化效果较好，边缘抖动现象不明显，但计算较复杂。

指数高通滤波器剖面如图 6.17(c)所示，其传递函数为

$$H(u,v)=\mathrm{e}^{-\left[\frac{D_0}{D(u,v)}\right]^{n}} \quad (n=1,2,3\cdots) \tag{6.55}$$

指数高通滤波器比 Butterworth 高通滤波器锐化效果稍差，边缘抖动现象不明显。

梯形高通滤波器剖面如图 6.17(d)所示。设 $D_1>D_0\geqslant 0$，D_1、D_0 均为规定值，则梯形高通滤波器的传递函数为

$$H(u,v)=\begin{cases}0 & D(u,v)<D_0\\ \dfrac{D(u,v)-D_1}{D_0-D_1} & D_0\leqslant D(u,v)\leqslant D_1\\ 1 & D(u,v)>D_1\end{cases} \tag{6.56}$$

梯形高通滤波器会产生轻微边缘抖动现象，但因计算简单而被广泛使用。

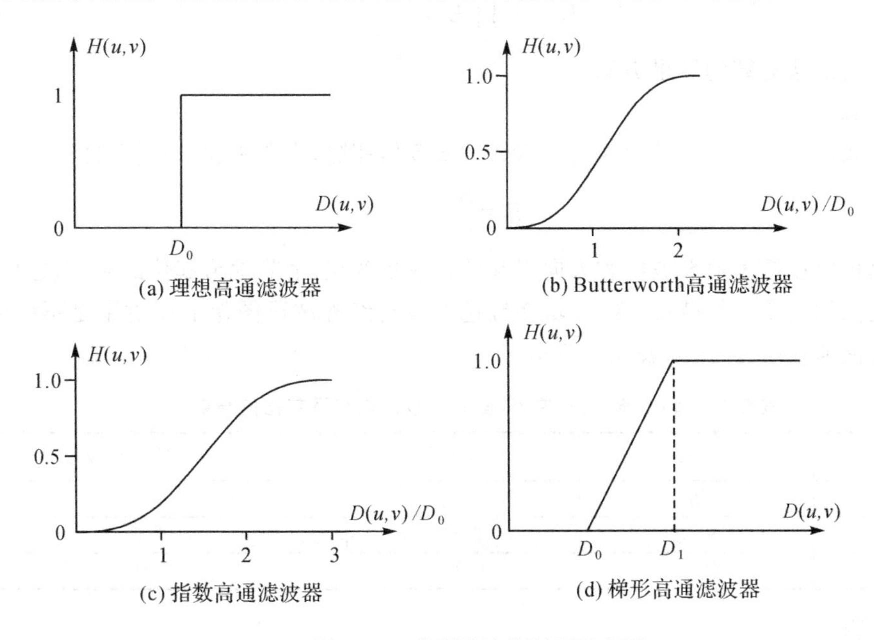

图 6.17　高通滤波器剖面示意图

6.3.5　多光谱图像的波段运算

对多光谱图像不同波段或经过空间配准的两幅或多幅遥感图像进行四则运算，不仅可以

拓展图像的光谱范围，去除由于光照条件、地形起伏等引起的色调变化，还可以提取出很多有用的信息。因此，图像四则运算是十分重要的遥感图像处理手段。

1.减法运算

减法运算是对两幅同样大小图像的对应像元灰度值相减之后，得到一幅新的图像，即

$$B = B_1 - B_2 \tag{6.57}$$

式中，B_1、B_2 为两幅不同波段或不同时相的图像，B 是得到的新图像。对于同时相、不同波段的图像，减法运算可以提取同一地物不同波段的光谱反射差异，为分类前的波段选择提供最直接的依据。对于不同时相、同一波段的图像，相减可以提取地面目标的变化信息。对同一场景的两幅图像，先将其中一幅的行、列各移动一位后再进行减法运算，可起到边缘增强的作用。

2.加法运算

加法运算是对两幅或多幅同样大小图像的对应像元灰度值相加后取平均值，得到一幅新的图像，即

$$B = \frac{1}{m}\sum_{i=1}^{m} B_i \tag{6.58}$$

加法运算可以加宽波段，如绿色波段和红色波段图像相加可以得到近似全色图像；而绿色波段、红色波段和红外波段图像相加可以得到全色红外图像。

3.乘法运算

乘法运算是对两幅或多幅同样大小图像的对应像元灰度值相乘后再开方，得到一幅新的图像，即

$$B = [\prod_{i=1}^{m} B_i]^{1/m} \tag{6.59}$$

乘法运算结果与加法运算的结果类似。

4.除法运算

除法运算指两个不同波段的图像对应像元的灰度值相除，也称为比值运算，即

$$B = \frac{B_1}{B_2} \tag{6.60}$$

除法运算可以压抑因地形坡度和方向引起的辐射量变化，消除地形起伏的影响，也可以增强某些地物之间的反差。如植被、水、土壤在红色波段与红外波段图像上反射率是不同的，通过除法运算便能够加以区分，如表 6.1 所示。

表 6.1 植被、水、土壤在红、红外波段的灰度及其比值结果

类别	红波段	红外波段	红外波段/红波段
植被	暗	很亮	更亮
水	稍亮	很暗	更暗
土壤	较亮	较亮	不变

5.混合运算

1)比值植被指数

比值植被指数是图像中红外波段与红波段的比值，用如下公式表示，即

$$RVI = NIR/R \tag{6.61}$$

式中，NIR 为遥感多光谱图像中的近红外波段的反射值，R 代表红波段的反射值。

2)差值植被指数

差值植被指数是图像中红外波段与红波段的差值,用如下公式表示,即

$$DVI = NIR - R \tag{6.62}$$

3)归一化植被指数

归一化植被指数是近红外波段与可见光红波段数值之差与这两个波段之和的比值,用公式表示为

$$NDVI = \frac{NIR - R}{NIR + R} \tag{6.63}$$

6.4　遥感图像融合

遥感图像融合(fusion)是将多源遥感数据在统一地理坐标系中,采用一定的算法生成一组新的信息或合成图像的过程。不同的遥感数据具有不同的空间、波谱和时相分辨率,如果将它们各自的优势综合起来,可以弥补单一图像上的信息不足,这样不仅扩大了各自的信息应用范围,而且大大提高了遥感影像分析的精度。

多种遥感数据融合技术的关键是:

(1)充分认识研究对象的地学规律。

(2)充分考虑由不同遥感数据之间波谱信息的相关性而引起的有用信息的增加和噪声误差的增加,对多源遥感数据作出合理的选择。

(3)解决遥感影像的几何畸变问题,使各种遥感影像在空间位置上能够精确配准。

(4)选择适当的融合算法,最大限度地利用多种遥感数据中的有用信息。

遥感数据融合的算法很多,其理论、方法和目的各不相同,本节主要介绍几种常用的图像融合方法。

6.4.1　遥感图像配准

遥感图像的空间配准是遥感数据融合的前提。空间配准就是两幅图像同名像素在空间位置上最佳匹配、套合的过程,也是消除多源数据之间坐标误差的过程。一般称需要配准的图像为源图像(original image),而作为基准的图像称为参考图像(referenced image)。对两幅图像的空间配准是以参考图像为基准,对源图像进行校正,其过程分为以下几个步骤。

1.特征选择

在待配准的两幅图像上,选择边界、线状物交叉、区域轮廓线等明显的特征点,或者利用数字图像处理算法,按照特征提取算子来自动提取特征。

2.特征匹配

采用一定配准算法,实现两幅图像上同名特征点的匹配,将匹配后的特征点作为控制点。"控制点"的选择应注意以下几个方面:一是分布尽量均匀,二是在相应图像上有明显的识别标志,三是要有一定的数量保证。

3.空间变换

根据控制点的图像坐标建立图像间的映射关系,该过程和几何校正类似。

4.重采样

当图像分辨率不一致时,例如对高分辨率的黑白图像与低分辨率的多波段图像作融合处

理时，首先利用“控制点”将两种图像纠正到同一投影系统，然后把低分辨率多波段图像按高分辨率图像像元大小进行重采样，最后获得相同几何像元大小的两种图像。

6.4.2 基于 HIS 变换的图像融合

在计算机内定量处理色彩时通常采用 RGB 表色系统，但在视觉上定性描述色彩时，采用 HIS 显色系统更直观。为了实现两套色彩表示系统之间的转换，必须建立 RGB 和 HIS 空间之间的关系模型，其相互转化的处理过程称为 HIS 变换。利用 HIS 变换，可以进行多源遥感图像之间的信息融合。

1. HIS 正变换

HIS 正变换为由 RGB 空间到 HIS 空间的变换。

令 $M=\max(\mathrm{R,G,B})$，$m=\min(\mathrm{R,G,B})$，$r=\frac{M-R}{M-m}$，$g=\frac{M-G}{M-m}$，$b=\frac{M-B}{M-m}$，则 r、g、b 中至少有一个为 0 或 1。

(1) $I=\frac{(M+m)}{2.0}$。

(2) 当 $M=m$ 时，$S=0.0$。

当 $M\neq m$，$I\leqslant 0.5$ 时，$S=\frac{M-m}{M+m}$；

当 $M\neq m$，$I>0.5$ 时，$S=\frac{M-m}{2.0-M-m}$。

(3) 当 $S=0.0$ 时，$H=0.0$。

当 $S\neq 0.0$，$R=M$ 时，$H=60\cdot(2+b-g)$。

当 $S\neq 0.0$，$G=M$ 时，$H=60\cdot(4+r-b)$。

当 $S\neq 0.0$，$B=M$ 时，$H=60\cdot(6+g-r)$。

2. HIS 逆变换(由 HIS 到 RGB)

HIS 逆变换为由 HIS 空间到 RGB 空间的变换。

当 $I\leqslant 0.5$ 时，令 $M=I\cdot(1.0+S)$。

当 $I>0.5$ 时，令 $M=I+S-I\cdot S$。

令 $m=2.0\cdot I-M$，则

(1) $R=f(m,M,H)$。

(2) $G=f(m,M,H-120)$。

(3) $G=f(m,M,H-240)$。

上面三式的右端可以改写成函数 $f(m,M,H)$ 的形式。当 H 为负数时，可加上 360 使之为正。f 的具体形式为：

当 $0\leqslant H<60$ 时，$f=m+\frac{(M-m)\cdot H}{60}$。

当 $60\leqslant H<180$ 时，$f=M$。

当 $180\leqslant H<240$ 时，$f=m+\frac{(M-m)(240-H)}{60}$。

当 $240\leqslant H<360$ 时，$f=m$。

3. HIS 变换在遥感影像信息融合中的应用

利用 HIS 变换，可以实现不同空间分辨率的遥感图像之间几何信息的叠加。例如，对于 SPOT 全色图像（空间分辨率 10 m、6 000 像元×6 000 像元）和多光谱图像（空间分辨率 20 m、3 000 像元×3 000 像元），先对多光谱图像进行重采样，使其大小和全色图像相一致；然后对多光谱 3 个波段的图像实施 HIS 正变换，并用 10 m 分辨率的全色波段图像替换经 HIS 正变换以后得到的亮度分量 I，最后进行 HIS 逆变换可得到 10 m 分辨率的融合图像。融合过程如图 6.18 所示。

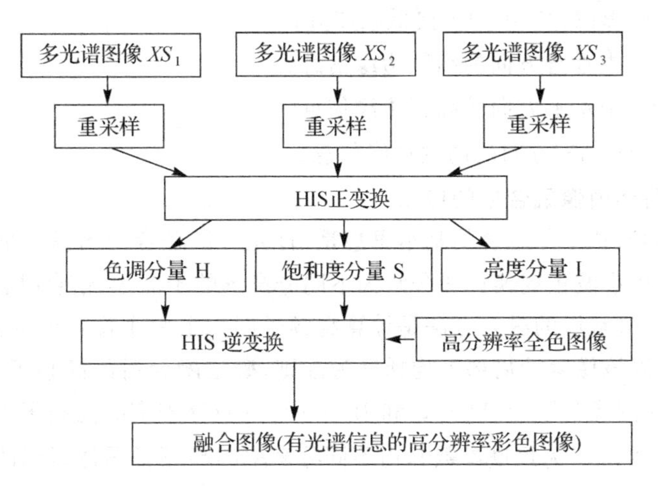

图 6.18　全色波段和多光谱图像的信息融合

在多种遥感数据融合处理中，最重要的是掌握信息融合的机理。例如上述处理中，利用 HIS 正变换把多光谱图像变成了具有明确物理意义的三个量，即亮度、饱和度和色调。而亮度分量图像上的像素值反映了地物在 0.50～0.59 μm、0.61～0.68 μm、0.79～0.89 μm 三个波段上辐射强度的总和，全色波段图像上的像素值反映了地物在 0.51～0.73 μm 波段上的辐射强度，物理意义基本相同，因此这种替换是合理的。

6.4.3　基于小波变换的遥感图像融合

1. 正交二进小波变换

假设有一个二维图像 $f(x,y)\in V_{j+1}^2$，$\{c_{m,n}^{j+1}, m,n\in\mathbf{Z}\}$ 是 $f(x,y)$ 在分辨率 $j+1$ 上的近似表示，则二维信号 $\{c_{m,n}^{j+1}, m,n\in\mathbf{Z}\}$ 的有限正交小波分解公式为

$$\left.\begin{aligned}
c_{m,n}^{j} &= \frac{1}{2}\sum_{k,l\in\mathbf{Z}} c_{k,l}^{j+1} h_{k-2m} h_{l-2n} \\
d_{m,n}^{j1} &= \frac{1}{2}\sum_{k,l\in\mathbf{Z}} c_{k,l}^{j+1} h_{k-2m} g_{l-2n} \\
d_{m,n}^{j2} &= \frac{1}{2}\sum_{k,l\in\mathbf{Z}} c_{k,l}^{j+1} g_{k-2m} h_{l-2n} \\
d_{m,n}^{j3} &= \frac{1}{2}\sum_{k,l\in\mathbf{Z}} c_{k,l}^{j+1} g_{k-2m} g_{l-2n}
\end{aligned}\right\} \tag{6.64}$$

相应的重建公式为

$$c_{m,n}^{j+1}=\frac{1}{2}\sum_{k,l\in \mathbf{Z}}c_{k,l}^{j}\tilde{h}_{2k-m}\tilde{h}_{2l-n}+\frac{1}{2}\sum_{k,l\in \mathbf{Z}}d_{k,l}^{j1}\tilde{h}_{2k-m}\tilde{g}_{2l-n}+\frac{1}{2}\sum_{k,l\in \mathbf{Z}}d_{k,l}^{j2}\tilde{g}_{2k-m}\tilde{h}_{2l-n}+\frac{1}{2}\sum_{k,l\in \mathbf{Z}}d_{k,l}^{j3}\tilde{g}_{2k-m}\tilde{g}_{2l-n} \quad (6.65)$$

式(6.64)和式(6.65)即为正交二进小波变换的正变换和反变换公式。一幅数字图像c^{j+1},按式(6.64)分解后可形成四幅子图像c^j、d^{j1}、d^{j2}、d^{j3},这四幅子图像可以按式(6.65)合成原图像c^{j+1}。图像c^{j+1}分解后各分量的含义如下：

(1)c^j 集中了原始影像c^{j+1}中的主要低频成分；

(2)d^{j1}对应着c^{j+1}中垂直方向的高频边缘信息；

(3)d^{j2}对应着c^{j+1}中水平方向的高频边缘信息；

(4)d^{j3}对应着c^{j+1}中45°方向的高频边缘信息。

2. 小波变换在遥感图像融合中的应用

基于小波变换的遥感图像融合的基本思想是：首先将待融合的图像重采样成像元多少一致的图像,再将它们用小波正变换算法分解为不同分辨率的子图像,信息融合一般在分解后的高频子图像上进行。最常用的融合方法是计算高频子图像上每个像素的局部平均梯度(或局部方差、局部能量),以该像素的局部平均梯度为准则,确定融合后的高频子图像上像素的值。例如设待融合的两幅图像分别为$A(x,y)$和$B(x,y)$,不同分辨率的高频子图像分别为$A_j^k(x,y)$和$B_j^k(x,y)$($k=1,2,3$,j为尺度参数),由不同分辨率的高频子图像得到的梯度图像分别为$GA_j^k(x,y)$和$GB_j^k(x,y)$,则不同分辨率上的高频融合子图像$F_j^k(x,y)$为

当$GA_j^k(x,y)>GB_j^k(x,y)$时,$F_j^k(x,y)=GA_j^k(x,y)$;

当$GA_j^k(x,y)<GB_j^k(x,y)$时,$F_j^k(x,y)=GB_j^k(x,y)$;

以高频融合子图像$F_j^k(x,y)$作为小波分解后的高频信息,利用小波逆变换就可以得到包含$A(x,y)$和$B(x,y)$两幅图像信息的融合图像。

6.4.4 其他融合方法

1. PCA 变换融合法

PCA 变换(principal component analysis transform)也称为主成分分析，是一种最小均方误差意义上的最优正交变换。多光谱图像由于各波段间存在较强的相关性,信息冗余量很大,通过主成分分析可以把图像中的大部分信息用少数波段表示出来,从而降低光谱维数。主成分分析的基本算法是 K-L(Kathunen-Loeve)变换。

设原图像向量和变换后的图像向量分别为f和F,即

$$\boldsymbol{f}^{\mathrm{T}}=[f_1,f_2,\cdots,f_p] \text{和} \boldsymbol{F}^{\mathrm{T}}=[F_1,F_2,\cdots,F_p] \quad (6.66)$$

式中,p为波段数,则离散 K-L 正、反变换式为

$$\left.\begin{aligned}\boldsymbol{F}&=\boldsymbol{A}^{\mathrm{T}}[\boldsymbol{f}-\boldsymbol{E}(\boldsymbol{f})]\\ \boldsymbol{f}&=\boldsymbol{A}\boldsymbol{F}+\boldsymbol{E}(\boldsymbol{f})\end{aligned}\right\} \quad (6.67)$$

式中,$\boldsymbol{E}(\boldsymbol{f})$为$\boldsymbol{f}$的期望值向量,$\boldsymbol{A}$为由原图像向量$\boldsymbol{f}$的协方差矩阵$\boldsymbol{C}_f$的特征向量构成的变换矩阵。由此可见,K-L 变换的关键是建立变换矩阵$\boldsymbol{A}$,其建立过程如下：

(1)建立原图像的协方差矩阵$\boldsymbol{C}_f$。设

$$C_f=\begin{bmatrix}\sigma_{11}^2 & \sigma_{12}^2 & \cdots & \sigma_{1p}^2\\ \sigma_{21}^2 & \sigma_{22}^2 & \cdots & \sigma_{2p}^2\\ \vdots & \vdots & & \vdots\\ \sigma_{p1}^2 & \sigma_{p2}^2 & \cdots & \sigma_{pp}^2\end{bmatrix} \tag{6.68}$$

则有

$$\left.\begin{aligned}\sigma_{kk}^2&=\frac{1}{MN}\sum_{i=1}^{N}\sum_{j=1}^{M}[f_k(i,j)-E(f_k)]^2\\ \sigma_{kl}^2&=\frac{1}{MN}\sum_{i=1}^{N}\sum_{j=1}^{M}[f_k(i,j)-E(f_k)][f_1(i,j)-E(f_1)]\end{aligned}\right\} \tag{6.69}$$

式中，$E(f_k)=\dfrac{1}{MN}\sum_{i=1}^{N}\sum_{j=1}^{M}f_k(i,j)$，$N$、$M$ 为参与协方差矩阵计算的子图像数据的行数和列数。

(2)求 C_f 的特征值，并按大小顺序进行排列。假设已求出的 p 个特征值为 $\lambda_i(i=1,2,\cdots,p)$，将它们按照从大到小的顺序进行排列后，有 $\lambda_1>\lambda_2>\cdots>\lambda_p$。

(3)求各特征值的特征向量，并组成变换矩阵 $\mathbf{A}$。分别求 $\lambda_i(i=1,2,\cdots,p)$ 对应的特征向量 $\mathbf{A}_i$，并按序组成变换矩阵，即

$$\mathbf{A}=[\mathbf{A}_1,\mathbf{A}_2,\cdots,\mathbf{A}_p] \tag{6.70}$$

对 p 个波段的低分辨率图像进行 K-L 变换后，单波段的高分辨率图像经过了灰度拉伸，使其灰度的均值与方差和 K-L 变换第一分量图像一致；然后以拉伸过的高分辨率图像代替第一分量图像，经过 K-L 逆变换还原到原始空间。经过融合的图像包括了原始图像的高空间分辨率与高光谱分辨率特征，保留了原图像的高频信息。融合图像上目标的细部特征更加清晰，光谱信息更加丰富。PCA 变换融合较 HIS 变换融合能够更多地保留原多光谱影像的光谱特征，同时也克服了 HIS 变换融合只能同时对 3 个波段的影像进行融合的局限性，可以对 2 个以上的多光谱图像进行融合。

2. 加权融合法

加权融合法的基本原理就是将高空间分辨率的影像信息赋予一定的权值，然后直接叠加到低空间分辨率的多光谱影像上去，得到空间分辨率增强的多光谱影像。该方法的计算公式为

$$I_f=A(P_HI_H+P_LI_L)+B \tag{6.71}$$

式中，I_f 为融合影像，A、B 为常数，I_H、I_L 分别是高空间分辨率的影像和低空间分辨率的多光谱影像，P_H、P_L 则为对应的权值。显然，融合效果主要与 P_H、P_L 的大小有关。如果权值选择适当，可以获得较好的效果。

3. 比值融合法

对于多光谱影像而言，比值处理可将反映地物细节的反射分量扩大，不仅有利于地物的识别，还能在一定程度上消除太阳照度、地形起伏、阴影和云影等的影响。比值融合法的基本公式为

$$XP_i=PAN\cdot\frac{XS_i}{XS'} \tag{6.72}$$

式中，XP_i 是融合后图像，PAN 是全色图像，XS_i 是第 i 波段图像，XS' 则由下式得到，即

$$XS'=\sum_{j=1}^{n}\omega_jXS_j \tag{6.73}$$

式中，ω_j 是权系数。用该方法得到的高分辨率多光谱图像可以提高分类的精度。

4. Brovey 变换融合

Brovey 变换融合是较为简单的融合方法，目的是为图像显示时，归化 RGB 值。其计算公式为

$$\left.\begin{aligned} R&=PAN\times B_3/(B_1+B_2+B_3)\\ G&=PAN\times B_2/(B_1+B_2+B_3)\\ B&=PAN\times B_1/(B_1+B_2+B_3)\end{aligned}\right\}\qquad(6.74)$$

式中，PAN 表示高分辨率全色影像，B_1、B_2、B_3 表示多光谱影像的三个波段。

该方法的优点在于增强影像的同时能较好地融合原多光谱影像的光谱信息，但是存在一定的光谱扭曲，同时没有解决波谱范围不一致的全色和多光谱影像融合的问题。

思考题与习题

1. 遥感图像辐射校正的目的是什么？
2. 辐射校正包括哪些内容？
3. 造成遥感图像几何畸变的因素有哪些？
4. 遥感图像增强处理的意义是什么？有哪些主要的方法。
5. 什么是图像融合？简述全色图像与多光谱波段进行 HIS 融合的步骤。

第7章　遥感图像目视解译

图像解译是通过人眼对遥感图像的观察和研究，识别或推断相应地面目标属性的工作，也称为图像判读或像片判译。目前，自动识别还不能完全满足遥感信息提取的实际需求，因此，目视解译仍是从遥感图像中提取地面要素的最基本和最可靠的方法。

7.1　解译标志

图像是对地面物体电磁波辐射的记录，所以地面目标的各种属性必然在图像上有所反映。我们将地物在图像上反映出的形状、大小、色调、阴影、纹理、位置布局和活动痕迹等影像特征通称为图像解译标志或判读特征。

7.1.1　形状

形状是指地物的外部轮廓在图像上所反映的影像形状，它是目视解译的主要特征之一。地物的外部轮廓不同，对应的影像形状也不相同。如公路、铁路、河渠等在图像上为带状影像，运动场则为明显的椭圆形影像(图7.1)。

图7.1　道路、运动场等

一般来说，遥感图像的影像形状和地物的顶部形状保持着一定的相似关系。但由于遥感对象和遥感条件的多样性，会导致影像出现较大的差别，使形状标志发生变形。影响形状标志的主要因素有平台姿态、传感器特性和投影误差。

1.平台姿态对形状的影响

遥感平台出现侧滚或俯仰时得到的图像为倾斜图像，会导致地物发生仿射变形(图7.2)，且变形的程度随着倾斜角的增大而增大，它破坏了影像形状和地物形状的相似性。航空、航天遥感图像一般是在近似垂直姿态下获得的，图像倾斜比较小，它引起的变形对目视判读的影响较小。有时为了特种目的如获取立体图像，常采用大倾斜角遥感即传感器向前、后、左、右倾斜；为了提高分辨率，雷达则采用侧视方式对地面成像。对于这些图像，在解译时应根据成像特点考虑图像倾斜对形状特征的影响。

2.投影误差对形状的影响

投影误差是由地形起伏或地物高差引起的影像移位，其大小与地物的高差、在图像上的位置，以及成像方式有关，主要表现在三个方面：

（1）同一类物体在图像上不同位置时，其影像形状是不同的。图 7.3 反映了处于不同位置的烟囱的形状情况：位于图像中央只有顶部影像；当偏离中心时，影像形状由顶部和侧面影像联合构成。

图 7.2 仿射变形

图 7.3 同类物体在不同位置的影像变形

（2）位于斜坡上的物体，由于其上边和下边的高度不同，影像产生了变形，如斜面上的正方形其影像则为梯形。

（3）山坡在图像上的影像会被压缩或拉长。在侧视雷达图像上，面向像底点的坡面被压缩，背向的则被拉长。在其他图像上变形规律正好相反，如图 7.4 所示。

图 7.4 山坡的影像变形

高于地面物体的影像产生的移位会压盖或遮挡其他地物，且破坏了影像与地物的相似性；但也有其有利的一面，如影像移位构成了立体观察，能反映出地物的侧面形状，并可根据移位大小确定出地物的高度。

3.传感器特性对形状的影响

不同类型的遥感图像有不同的投影方式，同时也具有不同的影像变形规律，具体的变形情况可参考本书相应章节。

7.1.2 大小

大小标志是物体反映在图像上的影像尺寸，据此不仅可判定物体的实际大小，而且也是识别目标属性的有效辅助手段。因此，准确测定出图像比例尺是确定地物大小的依据。

地形起伏使图像上比例尺处处不一致，处于高处地物的影像比例尺大，而低处物体的影像比例尺小。如同样大小的地物分别位于山顶和山脚时，其影像大小是不同的。

地物和背景的反差有时会影响到成像的大小。当景物很亮而背景较暗时，影像尺寸往往大于实际应有的尺寸。如全色图像上的林间小路由于和背景的亮度差较大，其影像宽度往往大于地物的实际宽度。侧视雷达图像上的铁路，其影像宽度一般都大于它的理论值，使得铁路影像非常明显易辨，如图7.5所示。

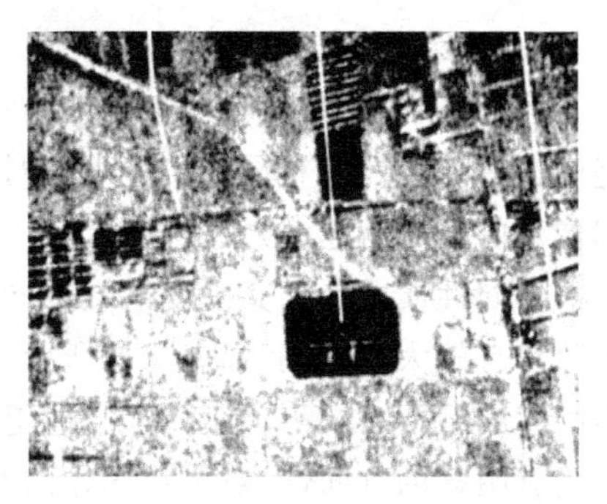

图7.5　侧视雷达图像上的铁路

真实物体一般都是三维空间物体，而影像则是二维的，所以影像尺寸和地物大小有时是不对应的。如位于图像中心的高大水塔影像尺寸就小，此时仅反映了顶部尺寸而不是真实大小。因此，解译时应进行立体观察，这样不但能确定物体的顶部尺寸，还可借助视差仪确定其高度。

7.1.3 色调和色彩

遥感图像分为黑白和彩色两种，前者以不同深浅的灰度层次(色调)来表示地物，后者是用颜色来描述物体。地物的形状、大小或其他特征都是通过不同的色调或色彩表现出来的，所以色调特征和色彩标志又称为基本解译标志。

1. 色调

地物在黑白图像上表现出的不同灰度层次叫做色调标志。在解译中为了描述图像色调，一般将色调范围概略分为亮白、白色、浅灰、灰色、深灰、浅黑和黑色七个等级。影像色调取决于地物的表面亮度 B，且 B 与地物表面的照度 E 及亮度系数 ρ 有关，其关系为

$$B \propto \rho \cdot E \tag{7.1}$$

1)物体表面的照度

物体表面的照度取决于太阳的照射强度及物体表面与照射方向的夹角。地物受太阳光直接照射和天空光照射，地面上接收到的照度和光谱成分随太阳高度角而变化，如表7.1所示。

表7.1　地面照度随太阳高度角的变化

太阳高度角/(°)	地面照度/lx	太阳直射光:天空光
15	22 000	1.8∶1
30	50 000	3.0∶1
45	77 000	4.5∶1
60	97 000	6.0∶1

在太阳高度角相同的情况下，地物表面的朝向也会影响其照度(图7.6)。如一幢有多坡面房顶的房屋，由于各坡面的法线方向和太阳光入射方向的夹角不同，各坡面的照度是不同的，所以脊顶房屋的两个坡面在像片上反映的影像色调是有差别的(图7.7)。

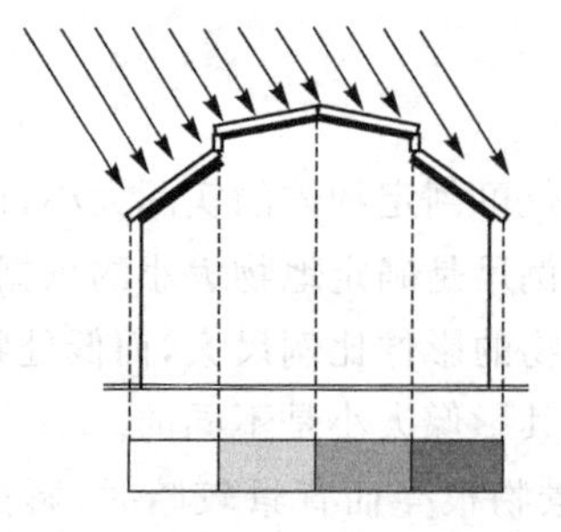

图 7.6　坡面方向对照度的影响

图 7.7　脊顶房屋坡面的色调差别

2)地物的亮度系数

亮度系数(对全色波段来言)指在照度相同的情况下,物体表面的亮度与理想绝白表面的亮度比值。在照度相同的情况下,物体表面亮度与亮度系数成正比,即亮度系数越大的物体在图像上的色调就越浅,反之则越深。

不同性质的地物其亮度系数不同,同一种地物由于表面形状、含杂质和水量不同,其亮度系数也有较大的区别,如表 7.2 所示。亮度系数还与物体表面粗糙度有关,粗糙表面比光滑表面的亮度系数小,但其反射均匀,能得到色调和协的影像效果;光滑表面虽然反射能力强,但反射具有明显的方向性,对全色图像的获取是不利的。地面物体的亮度系数随含水量的增加而减小,所以在土地资源调查中,常用土壤的色调深浅来区分旱地或水浇地。

表 7.2　不同地物的亮度系数

地物名称	亮度系数	地物名称	亮度系数	地物名称	亮度系数
针叶树林	0.04	干燥沙土	0.13	干燥土路面	0.21
夏季阔叶树林	0.05	潮湿沙土	0.06	干黑土路面	0.08
秋季阔叶树林	0.15	干燥黏土	0.15	干砾石路面	0.20
冬季阔叶树林	0.07	潮湿黏土	0.06	湿砾石路面	0.09
绿色草地	0.06～0.07	干燥黑土	0.03	干公路路面	0.32
绿色农作物	0.05	潮湿黑土	0.02	湿公路路面	0.11
成熟农作物	0.15～0.34	干沙土路面	0.09	新降雪	1.00
红黄色屋顶	0.13	河川的冰	0.35	正溶解的积雪	0.88

由于可见光的波长较短,地物基本上都可以看做是漫反射体。但也有例外,如平静的水面属于镜面反射,因此影像通常为黑色调;但如果反射光线恰好进入镜头时,其影像则为亮白色,这就是为什么水体在全色图像上有时会呈现白色调的原因。微波的波长较长,对大多数水平表面会发生镜面反射,如机场跑道在全色图像上为灰白色调,但在微波图像上为黑色调,如图 7.8 所示。

(a) 全色图像

(b) 微波图像

图 7.8　机场跑道在全色和微波图像的色调比较

在不发生镜面反射的情况下，水体的色调和水的深浅、水中的杂质含量有关。光对水体有一定的穿透能力，水的影像色调与水的深浅成正比，即水浅其影像色调浅，水越深则影像色调也越深。而水的影像色调与水中所含的杂质成反比，即水中所含的杂质，如泥沙、化学物质等越多，对可见光的散射就越强，影像色调也就越浅。所以，根据水体色调不但能区分水的深浅，还能判别水中含沙量的多少和水的污染程度。

多光谱图像的影像色调取决于地物表面的照度、图像波段及地物的反射特性。同一种地物在不同波段的多光谱图像上的色调是不同的，这是因为地物反射特性的差异，如图 7.9 所示。

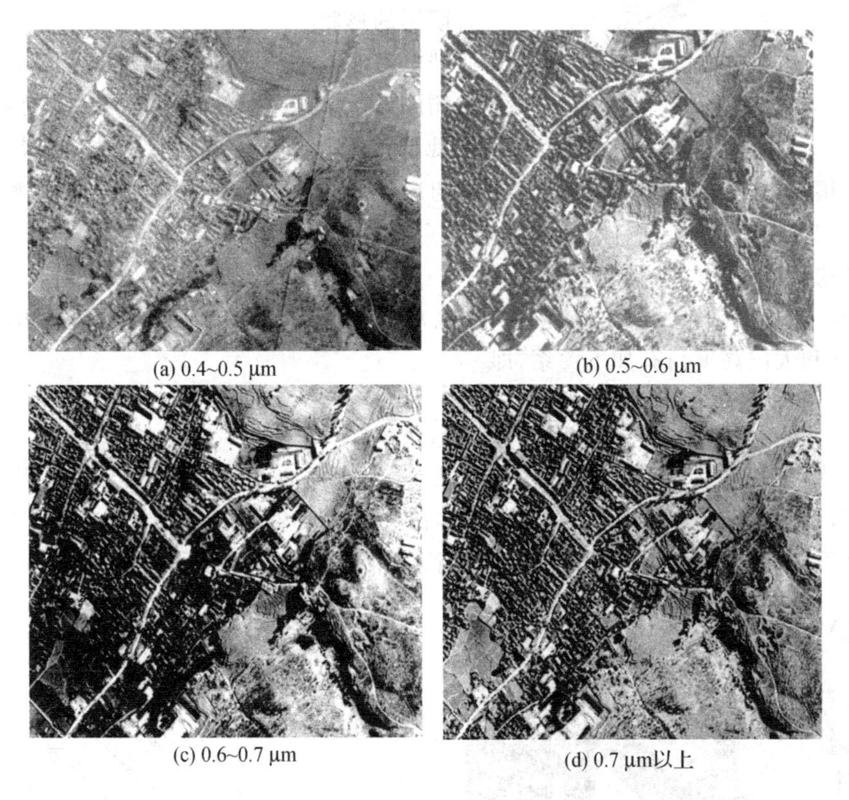

图 7.9　多光谱图像的比较

黑白图像的影像色调除与照度、地物亮度系数有关外，还受大气散射的影响。微波图像的色调特性与全色图像、多光谱图像差异较大，具体内容请参考本书有关章节。

2. 色彩

物体在彩色像片上呈现出来的颜色，主要决定于地物的反射特性和感光介质的性质。目前在航空、航天遥感中获取彩色图像的方法主要有彩色摄影和彩色合成两种。彩色摄影用彩色胶片获得真彩色图像，也可用假彩色胶片得到假彩色图像。彩色合成的颜色，组合更加灵活，既可以生成真彩色，也可以根据需要生成特殊组合的假彩色图像。在对彩色图像进行解译时，一定要明确图像的种类及颜色组合的方法。

7.1.4　阴影

阴影是由于受高出地面物体的遮挡，从而使电磁波不能直接照射到的地段或地物热辐射不能到达传感器的地段在图像上形成的深色调影像。虽然阴影为深色调，但有些深色调的影

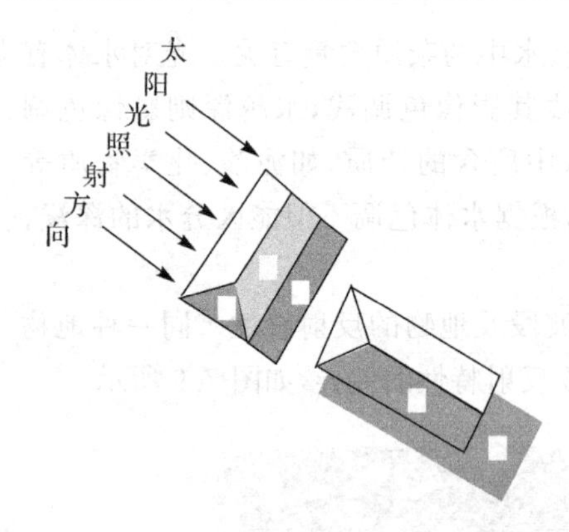

图 7.10 本影和阴影

像不是阴影，而是地物的本影。图 7.10 为房屋在像片上的影像，图中 1 处照度大、色调浅，2 处照度小、色调较深，1、2 均为房屋的本影；而 3 则是房屋的影子，色调深，是真正的阴影。

虽然不同图像产生阴影的原因不同，但阴影都有形状、长度、色调和方向等特性，这些特性对确定物体的性质是有利的。

1. 阴影的形状

遮挡电磁波入射的是物体的侧面，因此阴影反映了物体的侧面形状。这一特性对解译是十分有利的，特别是高出地面的细长目标，如烟囱、水塔、电线杆等，它们的顶部影像很小，区分很困难，但根据其阴影的形状就较容易识别或区分这类地物。图 7.11 是一幅古塔和其阴影的全色图像，其阴影说明了该塔顶为尖顶这一特征。

2. 阴影的长度

太阳照射产生的阴影长度 L 与地物的高度 h 和太阳高度角 θ 有关，当地面平坦时，地物高度、阴影长度和太阳高度角有如下关系，即

$$L=\frac{h}{\tan\theta} \tag{7.2}$$

地面起伏对阴影的长度有拉长或压缩效果。当下坡方向与光照方向相同时，阴影被拉长，反之被压缩，如图 7.12 所示。同样高度的物体在太阳高度角相同的情况下，不同坡度地段的阴影长短是不同的，因此在山区不能用阴影的长短来判别地物的高低。

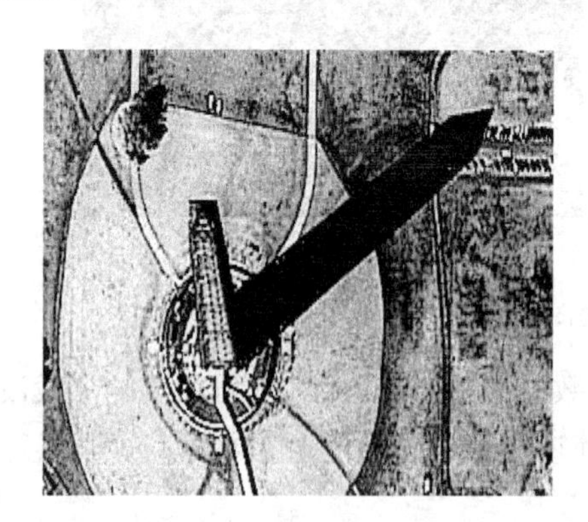

图 7.11 尖顶塔及其阴影

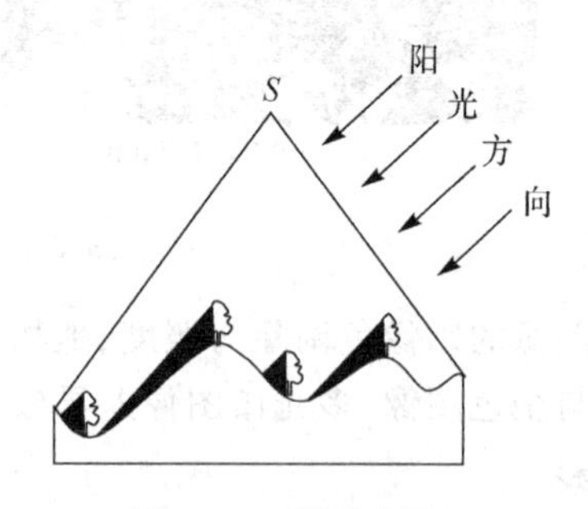

图 7.12 阴影变形

3. 阴影的方向

在全色和多光谱图像上，阴影方向和太阳光照射方向是一致的。同一幅图像上，由于摄影时间相同，地物的阴影方向都是相同的。在不知道图像的方位时，可以根据摄影时间和阴影的方向大致确定图像的方位。一般情况下，高于地面目标的阴影和它的影像是不会重合的，其交点就是地物在图像上的准确位置。另外，在地物与背景反差较小时，地物影像难以分辨，这时可以用阴影的底部来判定物体的位置。

微波图像上阴影的方向始终平行于探测方向，且阴影方向和影像方向正好相反。

4. 阴影的色调

阴影在全色图像上为深色调。由于大气散射的影响，阴影的色调也会随着散射的强弱发生变化，特别是多光谱图像，各波段上阴影的色调是不同的。在蓝色波段图像上，阴影的色调与影像的反差最小，在阴影内还可以识别出其他地物的影像，随着波长的增大，阴影的色调将变深。近红外波段受大气散射的影响最小，阴影和影像的反差较大。在微波图像上，阴影总是黑色调影像。

综上所述，阴影特征对确定图像方位、解译地物性质、确定地物高低及准确判定地物位置等方面，是很有帮助的。但是，阴影会遮挡其他较小物体，容易造成漏判，如图7.11所示。

7.1.5　纹理

细小物体在图像上有规律地重复出现所形成的花纹图案影像称为纹理。纹理在目视解译或计算机自动分类中，特别是对区分大面积的集团目标非常有价值，是重要的间接解译标志之一。

纹理是物体形状、大小、阴影、空间分布的综合表现，但很难对它进行准确描述，目前尚未有较为完美的描述方法。在目视解译中，一般将纹理分为：点状、斑状、格状、栅状、球状、绒状、鳞状、曲线状等，对纹理的细密程度用粗糙、较粗糙、细腻、平滑等词语来描述。在数字图像处理中，描述纹理的常用方法是共生矩阵法，图7.13至图7.16显示了几种典型的纹理。

图7.13　果园的点状纹形图案

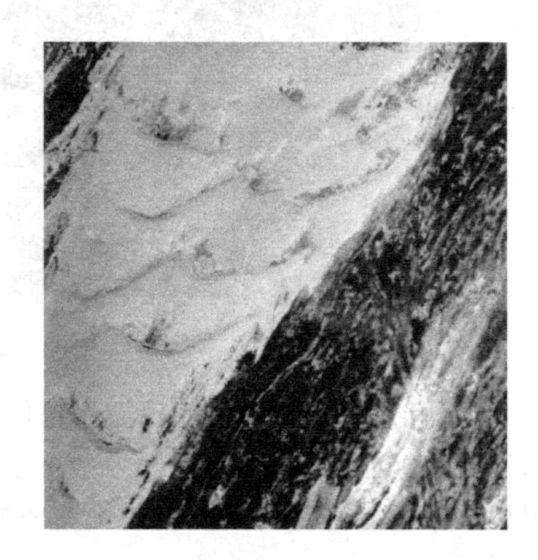

图7.14　新月形沙丘的鱼鳞状图案

图7.15　阔叶林的球状图案

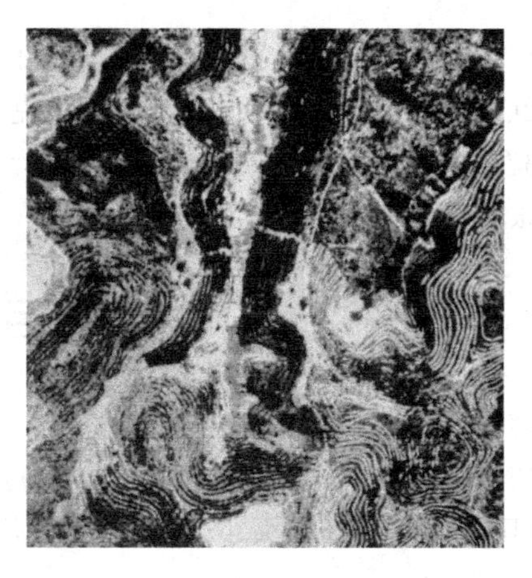

图7.16　曲线状图案

纹理特征受图像比例尺的影响较大。在大比例尺图像上，集团目标中的每个单元都能清晰成像，纹形特征不明显或不能形成纹形特征。在小比例尺图像上，大多数集团目标都出现了明显的纹理，所以纹理特征在小比例尺图像的判读中更有意义。

7.1.6 位置布局

位置布局标志是指地物的环境位置及地物间的空间位置配置关系在图像上的反映，也称为相关特征，它是重要的间接解译标志。

地面上各种地物都有它存在的环境位置，并且与周围其他地物有着某种联系。例如，造船厂要求设置在有水域的地方，如江、河、海边；公路与沟渠相交一般都有桥涵相连。特别是组合目标，它们的每一个组成单元都是按一定的关系位置配置的，如火力发电厂由燃料场、主厂房、变电所和供水设备等组成，如图7.17所示。因此，了解地物间的位置布局特征有利于识别集团目标的性质和作用。

图7.17 火力发电厂(立体像对)

相关解译标志有利于对一些没有影像的目标进行解译。如草原上的水井，影像很小或没有影像，不能直接判读，但可以根据多条小路相交于一处来识别；又如当田间的机井房没有影像时，可以根据机井房和水渠的相关位置来判读。

7.1.7 目标活动

目标活动所形成的特征在图像上的反映称为活动解译标志。飞机起飞后，由于飞机的余热在热红外图像上会留下飞机的影像，坦克在地面运动后的履带痕迹也会在图像上有所反映，船舶行驶后留下的浪花与水纹，工厂生产所形成的烟尘等，这些标志对认识目标的状态和发展趋势有很重要的意义。

7.2 目视解译方法

目视解译是人对图像影像的视觉感知过程，它运用判读人员的经验和思维，把对影像的感性认识通过分析、比较、推理、判断，转变为定性和定量的结论。定性是确定目标的性质和意义，定量则是确定目标的大小、长宽、高低、位置等，只有两者的完美统一，才能真正达到解译的目的。

7.2.1　目视解译思维方法

目视解译时应该遵守人对事物的认识规律，既要抓住主要解译标志，又要综合运用其他解译特征进行分析和判断。例如，河流、道路等线状地物的解译标志主要是形状，森林树种的区分主要是纹理特征，土壤含水量的识别则主要依据色调。但是，仅依靠单一的识别特征得出的结论是不可靠的，还要运用其他特征进行综合分析和验证，如同为线状地物的公路和铁路，需根据色调进行区别。有些目标的主要特征会随时间、地点和图像比例尺而变化，如对海岸线的判读，在海水高潮时获取的图像要根据海水与陆地的色调差异进行确定，否则应根据海蚀坎部形状和海滩堆集物等进行判定；植被类型在航空图像上可根据纹理区分，但在卫星影像上则主要用色调来区分。对一些不能直接识别，或没有把握判定的目标，要采用比较、类推、排除等逻辑方法进行识别。

7.2.2　目视解译设备

目视解译设备主要包括立体观察设备和影像量测设备。立体观察设备的主要作用：一是在保证人的左、右眼分别观察不同影像时，使入射到人眼的光线近似平行，从而使观察者不易疲劳；二是增强人眼视力，加大观察基线、提高观测精度。影像量测设备则是用于量测目标的像点坐标、影像长度、影像宽度，从而确定目标的实际长、宽、高、空间位置等几何属性。

1. 立体观察设备

立体观察设备可以分为两大类，第一类是模拟像片观察设备，主要有袖珍立体镜、反光立体镜、判读仪；第二类是数字图像立体观察设备，如互补色立体镜、偏振立体镜和液晶立体镜。

2. 影像量测设备

影像量测设备主要有视差仪和数字判读系统。

1）视差仪

视差仪实际上是精密距离测量仪器，用于测量同名像点的左右视差，从而测定目标高度，测量精度一般优于 0.1 mm。视差仪主要用于模拟像片量测且必须与立体观察设备配合使用。

2）数字判读系统

数字判读系统是以人机交互方式在计算机上对数字图像进行立体观察、量测、记录的一种综合系统，其主要功能包括基础图像处理、简单摄影测量、解译训练、专业符号库生成及解译专题图制作。目前通用的数字摄影测量工作站（系统），在某种程度上可以作为数字判读系统使用。

7.2.3　目视解译的基本过程

专业目视解译是一个复杂的技术过程。为了保证解译精度和质量，解译人员除具备图像解译的基本理论知识，综合掌握图像解译的思维方法，还必须严格按照图像解译的基本过程进行图像解译作业。下面介绍目视解译的具体步骤。

1. 明确解译目的

不同的解译任务有不同的解译目标和解译要求。如地形解译、军事解译、矿山解译、植被解译、环境解译等都有各自不同的解译重点和解译精度要求，因此在解译作业前必须明确解译目的，预先作好相关知识的准备，才能顺利完成解译任务。

2.了解解译图像的基本特性

图像解译是根据目标影像的解译标志确定目标的属性和意义的工作，而解译标志与图像特性是息息相关的。因此，必须事先了解待解译图像的基本特性，如获取图像的传感器类型、遥感平台类型、图像的波段范围、图像比例尺及图像取得的时间和季节。

3.了解解译区概况

了解解译区概况对高质量完成解译任务十分重要。因此，在进行正式解译作业之前，应收集解译区的各种地形图、专题图、地方志等资料，全面了解地理位置、地形、建筑、工农业、气象等方面的特点，准确把握由于这些特点衍生出的特有地物形态及特有的地物配置关系。

4.预解译

对于大的解译区，应在开展解译工作之前选择几处有代表性的小区域进行预解译作业，并到实地对解译结果进行验证和综合评判。之后，制作特殊目标的解译样片，编制解译注意事项或技术设计书，供解译人员参照。

5.图像解译的实施与验收

在完成上述准备工作之后，即可根据解译人员的特点进行分工，全面开始图像解译工作。验收是图像解译的最后一关，一般分为初期验收、中期验收和终期验收。初期验收主要是及时发现解译作业中的问题，并给予纠正。中期验收主要是掌握解译质量和工作进度，督促解译人员按质按量完成任务。终期验收主要对解译成果进行综合评价，若质量较差时，应要求及时返工或更换解译人员。

思考题与习题

1.什么叫做图像解译标志？图像解译标志有哪些？

2.目视解译要用到哪些设备？

3.试述目视解译的基本过程和步骤。

第 8 章　遥感信息自动提取

8.1　遥感图像特征提取

图像特征是遥感图像目视分析和计算机自动识别分类的基础，因此遥感图像特征提取是遥感理论、方法和技术研究的一个重要领域。图像特征是反映地物间差别或地物特有性质的描述子集合，而特征提取就是利用一定的算法对这些描述子集合进行定量化处理的技术或过程。有很多特征可用于对地物信息的自动提取，如光谱特征、空间特征、纹理特征、诊断特征、偏振特征、二向性特征等，本节主要介绍光谱特征、空间特征、纹理特征及其提取方法。

8.1.1　光谱特征提取

地物的光谱特征（spectral features）包括地物反射光谱特征和发射光谱特征，是地物电磁波辐射特性的反映。由于地物光谱特征存在差别，使得同一图像上不同像元的灰度值产生差异，这就是为什么光谱特征能用于地物识别与分类的原因。地物的光谱特征除与地物的本身成分有关外，还与地物表面结构、空间、时间、角度等因素有关，遥感图像上反映的光谱特征有可能出现"同物异谱"和"同谱异物"现象，因此单一利用光谱特征区分地物并非是完全可靠的分类策略。对于多光谱或高光谱图像，光谱特征对应于单个像元，即每一个像元都能构成一条光谱特性曲线，而与像元的排列和空间结构无关。这个特性使地物分类算法变得简单、易于实现，且能在遥感图像上有效地提取大小与空间分辨率相近的"小"目标。

光谱特征提取是为了找出最能反映目标属性或地物差别的光谱信息，如最佳波段选择、光谱维数压缩、植被指数运算等都是光谱特征提取的范畴。针对多光谱和高光谱图像的光谱特征提取，目前主要有主成分分析、联合熵分析、光谱相关分析、面向分类的光谱维压缩、诊断光谱分析、混合光谱分析、光谱四则运算等方法。

（1）主成分分析法。主成分分析法是利用 K-L 变换去除光谱相关，并评估各光谱维对地物属性描述的贡献，即从众多的光谱维中找出几个不相关的主要成分，从而完成光谱特征的提取。

（2）联合熵分析法。熵是表示信息量大小的量，联合熵分析法是以联合熵最大为准则，完成最佳波段选择的一种光谱特征提取方法。

（3）光谱相关分析法。在多光谱特别是高光谱图像中各波段是高度相关的，造成了光谱信息的大量冗余，光谱相关分析法是通过计算各波段间相关系数，剔除高度相关的波段，保留相对独立的少数波段，使参与分类的有效光谱维最小。

（4）面向分类的光谱维压缩法。面向分类的光谱维压缩法是一种以分类为目的的特征提取方法，它以分类结果最佳为准则，提取出最有代表性的光谱特征。

（5）诊断光谱分析法。诊断光谱分析法是以地物特有的光谱吸收峰作为识别目标最直接、最有效的特征，即在地物的光谱曲线上提取出特定波段处吸收峰的宽度、深度、斜率、拐点等信息，作为后续地物识别与分类的依据。

(6)混合光谱分析法。混合光谱分析法是遥感图像尺度效应的一个反映,当一个像元内含有多种地物时,该光谱是由多种地物光谱混合产生的,即混合光谱,该方法是利用一些算法来分析光谱组分(基元),从而得到纯光谱或光谱间的混合规律的光谱特征。

(7)光谱四则运算法。光谱四则运算法是较为简单的光谱特征提取方法,它利用不同光谱间的加、减、乘、除或混合运算,达到增强光谱信息,甚至得到地物特定物理量以达到特征提取目的。

8.1.2 空间特征提取

空间特征(spatial geometric features)是指目标物的形状、大小,或者边缘、空间构造等几何特征,在遥感图像上提取这些特征的方法或过程称为空间特征提取。

1.空间形状特征提取

提取空间形状特征常用的方法是跟踪地物边界,主要有两种途径:一是以图像像元作为跟踪的落脚点,跟踪点的连线作为地物的界线,该方法适用于线状物体的跟踪;二是认为地物的界线在相邻地物之间,跟踪的路径从两个相邻地物边界像元的中间穿过,此方法适用于点状地物与面状地物的跟踪。通过边界跟踪可以获得一系列有序的边界点,这些边界点提供了地物单元形状特征的大量信息,如单元周长、地物面积、线状物体的曲率等。

2.空间关系特征描述与提取

地物空间关系是指遥感图像中两个或多个地物之间在空间上的相互联系,这种联系是由地物的空间位置所决定的。

1)空间关系特征描述

地物的空间关系主要表现为距离关系、方向关系、包含关系、相邻关系、相交关系、相贯关系。

(1)距离关系。距离关系指一个物体到另一个物体的直线距离。空间分布的地物具有点、线、面三种类型,因此各种物体之间的距离关系定义也不相同。点状地物之间的距离是两点间的距离。点状地物到线状地物的距离是该点到该线的最短距离,而与面状地物的距离为该点到面状地物边界的最短距离。线状地物到面状地物的最短距离是线上一点到面状地物边界点的最短距离。面状地物之间的距离是两个面状地物边界点的最短距离。

(2)方向关系。方向关系指一个物体相对于另一个物体的方向,常用正北、东北、正东、东南、正南、西南、正西、西北八个方向来描述,每个方向也可以用方位角区间来定量表示。

(3)包含关系。包含关系指一个物体位于另一个物体内部,并且边界不相邻。有三种包含关系:点包含在面状地物内部,线状地物被包含在面状地物内部,一个小的面状物体被另一个大的面状物体所包围。

(4)相邻关系。相邻关系指两个地物在边界上相邻,相邻关系包括外接邻域和内接邻域。点与面相邻是指点状地物位于面状地物的边界,线状地物与面状地物相邻是指线状地物上一点或多点位于面状地物边界上。

(5)相交关系。相交关系指两个地物在一点上交汇,它包含两种情况:点状地物位于线状地物的某一点,两条线状地物相交一点或相交多点。

(6)相贯关系。相贯关系指一个线状物体通过面状物体的内部,例如穿过林区的线状地物。

2)空间关系特征的提取

目前较成熟的空间关系特征提取算法主要针对包含关系和相邻关系。

提取点状地物与面状地物的包含关系,关键是判明点状地物是否被面状地物所包含,有两种方法可以判断点状地物是否在区域内,即铅垂线法和射线法。

相邻关系特征提取包括三种不同情况:

(1)点与面相邻。可以通过检测"点"是否在多边形的边界上来确认。

(2)线状地物与面状地物相邻。首先需要了解线状地物是否与面状地物边界相交,如果存在相交,就以相交点为裁剪点,将线状地物一分为二,分别检测这两条线段是否同时在面状地物的外部或者在面状地物的内部,若同时在就说明线状地物与面状地物相邻,否则就不相邻。

(3)两个面状地物相邻。若两个相邻多边形(面状地物)共用一条边界,则每条边界记录了两个多边形标号,一个是该边对应的当前多边形,另一个是相邻接的多边形。通过检索一个多边形边界,必然能够找到相邻接的多边形,并利用弧段建立多边形与边界的关系。根据定义,弧段是一条规定了起点和终点的线段,区域分割时,弧段形成的封闭曲线确定了多边形的空间位置,并属于一个唯一的区域。两个相邻的区域,必然存在两条具有不同起点和终点的弧段,但两条弧段具有方向相反、各点在空间位置相同的特征。利用这个特性,可以确定区域间的相邻关系。

8.1.3 纹理特征提取

1. 纹理与纹理特征

纹理(texture)反映了物体表面颜色和灰度的某种变化规律。纹理的变化与物体本身的属性有关,同时纹理又是图像中一个重要而又难以描述的特征。

图像中局部区域内呈现了不规则性,而在整体和宏观上表现为某种规律性的图案称做纹理或纹理特性。以纹理特性为主导的图像常称为纹理图像,这里各像元的亮度及其空间分布都成为构成纹理特征的重要因素。构成纹理的规律可能是确定性的,也可能是随机性的,因此分为确定性纹理和随机性纹理。纹理变化可以表现在不同尺度范围内,若图像中灰度在小范围内相当不平衡、不规则,这种纹理就称为微纹理;若图像中有明显的结构单元,整个图像的纹理是由这些结构单元按照一定规律形成的,称为宏纹理,上述结构单元称为纹理单元。根据构成图案的要素形状、分布密度、方向性等纹理特点进行图像特征提取的过程称为纹理分析。

表示纹理信息的常用方法有以下几种:

(1)均值和标准偏差,即图斑内像元的平均值和标准偏差。

(2)灰度共生矩阵。均值和标准偏差只考虑像元的值,而未考虑像元的位置。因此,像元组成一致、排列不同的图像计算出的值是一致的。而灰度共生矩阵不仅考虑像元的值,还考虑了像元在空间的排列。

(3)分形维数。在遥感领域中,分形理论的应用主要有三个方面:分析遥感图像的结构信息量、辅助遥感图像分类、模拟遥感图像。其中辅助遥感图像分类是利用分形维数来描述图像的纹理特征,并作为一种空间信息叠加到分类信息中。

为了定量描述纹理,需要研究纹理本身可能具有的特征。粗糙度和方向性是区分纹理的两个最主要的特征。纹理算法大体分为统计分析方法和结构分析方法两大类,前者从图像有关属性的统计分析出发,后者则着力找出纹理的基本单元,然后再从结构组成上探求纹理的规律，或直接探求纹理构成的结构规律。目前，统计分析法占据主导位置。

2.纹理特征提取方法

1)直方图分析法

纹理区域的灰度直方图、灰度平均值和方差等均可作为纹理特征。为了研究纹理灰度直方图的相似性，可以比较累积灰度分布直方图的最大偏差或总偏差等。如果限定对象，则采用这样简单的方法也能够识别纹理。但是灰度直方图不能得到纹理的二维灰度变化信息，有些具有不同纹理的图像却具有相同的直方图，仅凭直方图是不能区分的。

对纹理图像，可求出边缘或灰度极大、极小点等二维局部特征，并利用它们分布的统计性质进行分析。最好是先对图像微分求出边缘，然后求出关于边缘的强度和方向的直方图，并与灰度直方图组合作为纹理特征。如果关于边缘方向的直方图在某个范围内具有尖峰，那么就可以知道对应于这个尖峰的纹理方向性。

2)灰度共生矩阵

任何图像灰度表面都可以看成是三维空间中的一个曲面。灰度直方图虽能反映三维空间像元灰度级的统计分布规律，但并不能客观地反映像元之间灰度级空间的分布规律。在三维空间中，相隔某一距离的两个像元，它们具有相同或者不同的灰度级，若能找到这样两个像元的联合分布的统计形式，对于图像的纹理分析具有重要意义。灰度共生矩阵就是从图像(x,y)上灰度为i的像元出发，统计与其距离为d、灰度为j的像元$(x+\Delta x,y+\Delta y)$同时出现的概率$P(i,j,d,\theta)$及两像素之间的方向，用公式表示为

$$\begin{aligned}P(i,j,d,\theta)=\{[(x,y),(x+\Delta x,y+\Delta y)]\mid f(x,y)=i,f(x+\Delta x,y+\Delta y)=j;\\ x=0,1,\cdots,N_x-1,y=0,1,\cdots,N_y-1\}\end{aligned} \tag{8.1}$$

式中，N_x、N_y是图像的行、列数。由上述定义所构成的灰度共生矩阵的第i行、第j列元素，表示图像上所有在θ方向，相隔为d，灰度分别为i和j的像元点对出现的频率。这里的θ为两像元连线按顺时针与x轴的夹角，一般θ的取值为0°、45°、90°和135°。

灰度共生矩阵反映了图像灰度关于方向、相邻间隔、变化幅度的综合信息，是分析图像基元和排列结构的基础。作为纹理分析的特征量，往往不是直接应用计算的灰度共生矩阵，而是在灰度共生矩阵的基础上再提取纹理特征量，称为二次统计量。一幅图像的灰度级数一般是256级，这样大的级数会导致计算灰度共生矩阵太大，相应的计算量也很大。解决这一问题的方法是在求灰度共生矩阵之前，将图像灰度级数压缩到16级。

由灰度共生矩阵可提取多种特征，如二阶矩、对比度、相关、熵、方差、逆矩阵、和平方、和方差、和熵、差平方、差方程、差熵等。其主要特征如下：

(1)二阶矩，其表达式为

$$f_1=\sum_{i=0}^{L-1}\sum_{j=0}^{L-1}\hat{P}^2(i,j) \tag{8.2}$$

它是灰度共生矩阵各元素的平方和，又称为能量，反映了图像灰度分布均匀程度和纹理粗细度。当f_1大时，纹理粗，能量大；当f_1小时，纹理细，能量小。

(2)对比度，其表达式为

$$f_2=\sum_{n=0}^{L-1}n^2\{\sum_{i=0}^{L-1}\sum_{j=0}^{L-1}\hat{P}^2(i,j)\}\quad(n=|i-j|) \tag{8.3}$$

对比度(惯性矩)可理解为图像清晰度。纹理的沟纹深，对比度大，效果清晰；沟纹浅，对比

度小,效果模糊。

(3)相关,即

$$f_3=\frac{\sum_{i=0}^{L-1}\sum_{j=0}^{L-1}(ij\hat{P}(i,j))-u_1u_2}{\sigma_1^2\sigma_2^2} \tag{8.4}$$

相关是用来衡量灰度共生矩阵元素在行或列方向上的相似程度。

(4)熵,即

$$f_4=\sum_{i=0}^{L-1}\sum_{j=0}^{L-1}\hat{P}(i,j)\log_2\hat{P}(i,j) \tag{8.5}$$

熵反映图像中纹理的复杂程度或非均匀度。若纹理复杂,熵具有较大值;若图像灰度均匀,共生矩阵中元素大小差异大,熵较小。

(5)逆矩阵,其表达式为

$$f_5=\sum_{i=0}^{L-1}\sum_{j=0}^{L-1}\frac{\hat{P}^2(i,j)}{1+(i-j)^2} \tag{8.6}$$

若希望提取具有旋转不变性的特征,最简单的方法是对方向 θ 取 0°、45°、90°和 135°的同一特征求平均值和均方差。

3)行程长度统计法

设像素(x,y)的灰度为 g,其相邻像元的灰度值可能为 g,也可能不为 g。为进行纹理分析,统计出图像沿 θ 方向上连续 n 个像元都具有灰度值 g 发生的概率 $P(g,n)$,则由 $P(g,n)$可以提取一些较好描述纹理图像特征的参数,这种方法称为行程长度统计法。

4)影像纹理的分形分析方法

自然界中许多规则的形体可以用欧式几何学来描述,对于许多不规则的、具有自相似性的物体可采用分形几何学的方法来描述。

所谓分形是指具有自相似性、不规则的几何体,具有比例性和自相似性两个性质。比例性指在任意比例尺下,其不规则程度都一样;自相似性指它的每一部分经平移、旋转、缩放后,在统计意义上与其他任何部分都相似。这两个性质表明,分形并不是完全的混乱,它的不规则中存在一定的规则性,同时暗示自然界的一切形状和现象都能以较小或部分的细节反映出整体的不规则性。按照其生成过程,分形可分为确定性分形和随机性分形两种。

为了对分形现象进行描述,提出了多种不同的分形维数,如拓扑维、自相似维、盒子维、容量维、信息维、相关维、填充维等。通过这些分维的数学模型,可计算影像纹理的分维值,然后利用距离或其他相似性判别函数区分不同纹理。但由于存在不同分形而同分维数的情况,因此仅用单一的分维数来对影像纹理分类是不够的。为此,需借助多分辨率分维数并辅之以空隙拟合回归残差平方和最小原则来区分。

5)影像纹理的句法结构分析法

在纹理的句法结构分析中,把纹理定义为结构基元按某种规则重复分布所构成的模式。为了分析纹理结构规律,首先要描述结构基元的分布规则,一般分为两步:第一步从输入图像中提取结构基元并描述其特征,第二步描述结构基元的分布规律。具体做法是先把一张纹理图片分成许多窗口,形成子纹理,最小的块就是最基本的子纹理,即基元。纹理的表达可以是多层次的,如它可以是从像元或小块纹理一层一层向上合并的,结构基元的排列可有不同的规则，这样就组成一个多层的树状结构，并用树状文法产生一定的纹理并用句法加以描述。纹理的树状安排有多种方法，可以将树根安排在中间，树枝向两边伸出，每个树枝有一定的长度；也可将树根安排在一侧，树枝都向另一侧伸展。

进行纹理判别时，首先把纹理图像分成规定尺寸的窗口，用树状文法说明属于同纹理图像的窗口，识别树状结构可用树状自动机。因此，对每一纹理文法可建立一个"结构保存的误差修正树状自动机"。该自动机不仅可以接受每个纹理图像中的树，而且能用最小距离判别，辨识类似的有噪声的树，还可以对一个分割成窗口的输入图像进行分类。

8.2 遥感图像自动分类

遥感图像的计算机分类，就是利用各种图像特征按一定的算法或规则，将遥感图像上的每个像元或区域进行属性识别和划分的过程。目前，遥感图像的自动分类主要采用统计、决策树、模糊理论及神经网络等方法，其中统计分类方法又分为监督分类和非监督分类。

8.2.1 监督分类

如果已知样本区类别的信息，对非样本数据进行分类的方法称为监督分类。监督分类必须已知遥感图像上样本区内的地物类别，然后利用这些样本类别的特征作为依据来识别非样本数据的类别。

在进行监督分类时，首先根据已知样本类别的先验知识，确定判别函数类型和相应的判别准则，并用已知样本解求判别函数的各个参数，得到判别函数的具体表达式，然后将未知类别的样本的观测值代入判别函数，依据判别准则对该样本的所属类别做出判定。

1. 判别函数和判别规则

1）概率判别函数和贝叶斯判别规则

地物点可以在特征空间找到相应的特征点，并且同类地物在特征空间形成一个从属于某种概率分布的集群。由此我们把某特征矢量 X 落入某类集群 w_i 的条件概率 $P(w_i/X)$ 定义成分类判别函数（概率判别函数），把 X 落入某集群的条件概率最大的类作为 X 的类别，这种判别规则就是贝叶斯判别规则。贝叶斯判别是以错分概率或风险最小为准则的判别规则，假设同类地物在特征空间服从正态分布，根据贝叶斯公式，可得

$$P(w_i/X)=\frac{P(X/w_i)P(w_i)}{P(X)} \tag{8.7}$$

式中，$P(w_i)$ 为 w_i 出现的概率，也称为先验概率；$P(X/w_i)$ 为在 w_i 类中出现 X 的条件概率，也称为 w_i 类的似然概率；$P(w_i/X)$ 为 X 属于 w_i 的后验概率。

由于 $P(X)$ 对各个类别都是一个常数，故可略去，所以判别函数可表示为

$$d_i(X)=P(X/w_i)P(w_i) \tag{8.8}$$

相应的贝叶斯判别规则为：若对于所有可能的 $j=1,2,\cdots,m,j\neq i$，有 $d_i(X)>d_j(X)$，则 X 属于 w_i 类。

2）距离判别函数和判别规则

最有代表性的距离判别函数和判别规则是最小距离分类方法。该方法是以地物光谱特征在特征空间中按集群方式分布为前提，基本思想是计算未知矢量 X 到已知类别之间的距离，

离哪类最近，则该未知矢量就判为哪一类。

距离判别函数不像概率判别函数那样偏重于集群分布的统计性质，而是偏重于几何位置。它可以通过对概率判别函数的简化而导出，而且在简化的过程中，其判别函数的类型可以由非线性转化为线性。因此，距离判别函数是概率判别函数的简化。设待分矢量到所有已知类别的距离为 $d_j(x), j=1,2,\cdots,m$，则判别规则为：若对于所有的比较类有 $d_i(x)<d_j(x), j\neq i$，则 X 属于 w_i 类。最小距离分类法中使用的距离函数通常有欧式距离、绝对值距离和马氏距离等。

(1)欧氏距离。欧式距离就是两点之间的直线距离。二维平面中，A、B 两点的欧式距离为

$$d_i(x) = \sqrt{\sum_{j=1}^{n}(x_j - M_{ij})^2} \quad (i = 1,2,\cdots,k) \tag{8.9}$$

式中，n 为波段数，x_j 为像元 x 在波段 j 的像元值，M_{ij} 为第 i 类在第 j 波段的均值，k 为类别数。

(2)绝对值距离。绝对值距离也叫做计程距离，定义为

$$d_i(x) = \sum_{j=1}^{n}|x_j - M_{ij}| \quad (i = 1,2,\cdots,k) \tag{8.10}$$

(3)马氏距离。马氏距离既考虑离散度，也考虑到训练组数据的均值向量和协方差矩阵，是一种加权的欧氏距离，其表达式为

$$d_i(x)=(x_j-M_{ij})^{\mathrm{T}}(\boldsymbol{\Sigma}_{ij})^{-1}(x_j-M_{ij}) \quad (i=1,2,\cdots,k;\ j=1,2,\cdots,n) \tag{8.11}$$

式中，$\boldsymbol{\Sigma}_{ij}$ 为协方差矩阵。

2. 监督分类过程

(1)确定感兴趣的类别。首先要确定对哪些地物进行分类，这样就可以建立地物的先验知识。

(2)特征变换和特征选择。根据感兴趣地物的特征进行有针对性的特征变换。变换后的特征影像和原始影像共同进行特征选择，以选出既能满足分类需要，又尽可能少参与分类的特征影像，以便加快分类速度，提高分类精度。

(3)选择训练样区。训练样区指图像上那些已知其类别属性，可以用来统计类别参数的区域。训练样区的选择要考虑准确性、代表性和统计性。准确性就是要确保选择的样区与实际地物的一致性；代表性一方面指所选择样区为某一地物的代表，另一方面还要考虑到地物本身的复杂性，所以必须在一定程度上反映同类地物光谱特性的波动情况；统计性是指选择的训练样区内必须有足够多的像元，以保证由此计算出的类别参数符合统计规律。实际应用中，每一类别的样本数都在 10^2 数量级左右。

(4)确定判别函数和判别规则。一旦训练样区被选定后，相应地物类别的光谱特征便可以用训练样区中的样本数据进行统计，这时可选用最大似然法或最小距离法判别函数和判别规则。

(5)根据判别函数和判别规则对非训练样区的图像区域进行分类，之后对类别进行编码。

完成上述步骤，就可以提取一幅分类后的编码图像，每一编码对应的类别属性也是已知的，这样就达到了区分类别的目的。

3. 监督分类的优缺点

监督分类的优点是：①可根据应用目的和区域，有选择地决定分类类别，避免出现一些不必要的类别；②可控制训练样本的选择，并通过检查训练样本来决定样本是否被精确分类，从而能避免分类中的严重错误；③避免了非监督分类中对光谱集群组的重新归类。

监督分类的缺点为：①确定分类系统和选择训练样本，人为主观因素较强，分析者定义的类别也许不一定是图像中存在的自然类别，这样可能导致多维数据空间中各类别间存在重叠；

②所选择的训练样本也可能并不代表图像中的真实情形，这是由于图像中同一类别的光谱差异造成训练样本可能不具备很好的代表性；③只能识别样本中所定义的类别，若某类别由于训练者不知道或者其数量太少未被定义，则监督分类便不能识别。

8.2.2 非监督分类

非监督分类是指人们事先对分类过程不施加任何的先验知识，而仅凭地物光谱特征的分布规律，即自然聚类特性进行“盲目”分类，也称为聚类分析。分类结果只是对不同类别达到了区分，但并不能确定类别的属性，类别属性是通过分类结束后目视解译或实地调查确定的。聚类算法是先选择若干个模式点作为聚类中心，每一个中心代表一个类别，按照某种相似性度量方法（如最小距离方法）将各模式归于各聚类中心所代表的类别，形成初始分类；然后由聚类准则判断初始分类是否合理，如果不合理就修改分类，如此反复迭代运算，直到认为合理为止。

1.K-均值聚类法

K-均值聚类法的聚类准则是使每一聚类中，多模式点到该类别中心的距离平方和为最小。其基本思想是通过迭代，逐次移动各类的中心，直至得到最好的聚类结果为止。其算法流程图如图 8.1 所示。假设图像上的目标要分 m 个类别，则具体计算步骤如下：

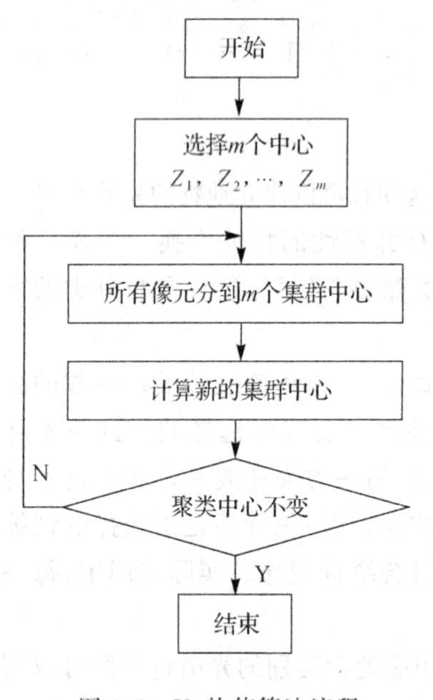

图 8.1 K-均值算法流程

(1)假设分类类别数为 m 个，任选 m 个类的初始中心 $Z_1^{(1)}, Z_2^{(1)}, \cdots, Z_m^{(1)}$。

(2)将待分类的模式矢量特征$\{X_i\}$中的模式逐个按最小距离原则分划给 m 类中的某一类，即

如果 $d_{i1}^{(k)} = \min[d_{ij}^{(k)}]$ $(i=1,2,\cdots,N)$ 则判 $x_i \in \omega_1^{(k+1)}$。式中，$d_{ij}^{(k)}$ 表示 x_i 和 $\omega_1^{(k+1)}$ 的中心 $Z_j^{(k)}$ 的距离，上角标表示迭代次数。于是产生新的聚类 $\omega_j^{(k+1)}$ $(j=1, 2,\cdots,m)$。

(3)计算重新分类后的各类新的 $Z_j^{(k+1)}$，即

$$Z_j^{(k+1)} = \frac{1}{n_j^{(k+1)}} \sum_{x_i \in \omega_j^{(k+1)}} x_i \quad (j = 1,2,\cdots,m)$$

式中，$n_j^{(k+1)}$为$\omega_j^{(k+1)}$类中所含模式的个数。

(4)如果 $Z_j^{(k+1)} = Z_j^{(k)}$ $(j=1,2,\cdots,m)$，则结束；否则，$k=k+1$，转至第(2)步。

2.ISODATA 算法

ISODATA(iterative self-organizing data analysis techniques algorithm)算法也称迭代自组织数据分析方法，通过设定初始参数而引入人机对话环节，并使用归并与分裂的机制，当某两类聚类中心距离小于某一阈值时，将它们合并为一类，当某类标准差大于某一阈值或其样本数超过某一阈值时，将其分为两类。在某类样本数目少于某阈值时，需将其取消。如此，根据初始聚类中心和设定的类别数目等参数迭代，最后得到一个比较理想的分类结果。

ISODATA 算法过程如图 8.2 所示，具体步骤如下：

(1)给出下列控制参数：

K——希望得到的类别数(近似值)；

θ_N——所希望的一个类中样本的最小数目；

θ_S——关于类的分散程度的参数(如标准差)；

θ_C——关于类间距离的参数(如最小距离)；

L——每次允许合并的类的对数；

I——允许迭代的次数。

(2)适当地选取 N_c 个类的初始中心$\{Z_i, i=1,2,\cdots,N_c\}$。

(3)把所有样本 X 按如下的方法划分到 N_c 个类别中。对于所有的 $i \neq j(i=1,2,\cdots,N_c)$，如果 $\| X-Z_j \| < \| X-Z_i \|$，则 $X \in S_j$，其中 S_j 是以 Z_j 为中心的类。

(4)如果 S_j 类中的样本数 $N_j < \theta_N$，则去掉 S_j 类，$N_c = N_c - 1$，返回第(3)步。

(5)重新计算各类的中心，公式为

$$Z_j = \frac{1}{N_j}\sum_{X \in S_j} X \quad (j = 1,2,\cdots,N_c)$$

(6)计算 S_j 类内的平均距离，公式为

$$\overline{D}_j = \frac{1}{N_j}\sum_{X \in S_j} \| X - Z_j \| \quad (j = 1,2,\cdots,N_c)$$

(7)计算所有样本离开其聚类中心的平均距离，计算公式为

$$\overline{D} = \frac{1}{N}\sum_{j=1}^{N_c} N_j \cdot \overline{D}_j \quad (N \text{ 为样本总数})$$

(8)如果迭代次数大于 I，则转向第(12)步，检查类间最小距离，判断是否进行合并。如果 $N_c \leqslant \frac{K}{2}$，则转向第(9)步，检查每类中各分量的标准差(分裂)；如果迭代次数为偶数，或 $N_c \geqslant 2K$，则转向第(12)步，检查类间最小距离，判断是否进行合并，否则转向第(9)步。

(9)计算每类中各分量的标准差 δ_{ij}，公式为

$$\delta_{ij} = \sqrt{\frac{1}{N_j}\sum_{X \in S_j} (x_{ik} - Z_{ij})^2}$$

式中，$i=1,2,\cdots,n$，n 为样本 X 的维数；$j=1,2,\cdots,N_c$，N_c 为类别数；$k=1,2,\cdots,N_j$，N_j 为 S_j 类中的样本数；x_{ik} 为第 k 个样本的第 i 个分量；x_{ij} 为第 j 个聚类中心 Z_j 的第 i 个分量。

(10)对每一个聚类 S_j，找出标准差最大的分量 $\delta_{j\max}$。

$$\delta_{j\max} = \max(\delta_{1j}, \delta_{2j}, \cdots, \delta_{nj}) \quad (j=1,2,\cdots,N_c)$$

(11)如果条件 1 和条件 2 有一个成立，则把 S_j 分裂成两个聚类，两个新类的中心分别为 Z_j^+ 和 Z_j^-，原来的 Z_j 取消，使 $N_c = N_c + 1$，然后转向第(3)步，重新分配样本。其中：

条件 1　$\delta_{j\max} > \theta_S$，且 $\overline{D}_j > \overline{D}$，$N_j > 2 \cdot (\theta_N + 1)$；

条件 2　$\delta_{j\max} > \theta_S$，且 $N_c \leqslant \frac{K}{2}$；

$Z_j^+ = Z_j + \gamma_j$；

$Z_j^- = Z_j - \gamma_j$；

$\gamma_j = k \cdot \delta_{j\max}$，$k$ 是人为给定的常数，且 $0 < k \leqslant 1$。

(12)计算所有聚类中心之间的两两距离，公式为

$$D_{ij} = \| Z_i - Z_j \| \quad (i=1,2,\cdots,N_c-1, j=i+1,\cdots,N_c)$$

(13)比较 D_{ij} 和 θ_C，把小于 θ_C 的 D_{ij} 按由小到大的顺序排列，即

$$D_{i_1j_1} < D_{i_2j_2} < \cdots < D_{i_Lj_L}$$

式中，L 为每次允许合并的类的对数。

(14)按照 $l=1,2,\cdots,L$ 的顺序，把 $D_{i_lj_l}$ 所对应的两个聚类中心 Z_{i_l} 和 Z_{j_l} 合并成一个新的聚类中心 Z_l^*，即

$$Z_l^* = \frac{1}{N_{i_l} \cdot N_{j_l}} (N_{i_l} Z_{i_l} + N_{j_l} Z_{j_l})$$

并使 $N_c = N_c - 1$。在对 $D_{i_lj_l}$ 所对应的两个聚类中心 Z_{i_l} 和 Z_{j_l} 进行合并时，如果其中至少有一个聚类中心已经被合并过，则越过该项，继续进行后面的合并处理。

(15)若迭代次数大于 I，或者迭代中的参数的变化在限差以内，则迭代结束，否则转向第(3)步继续进行迭代处理。

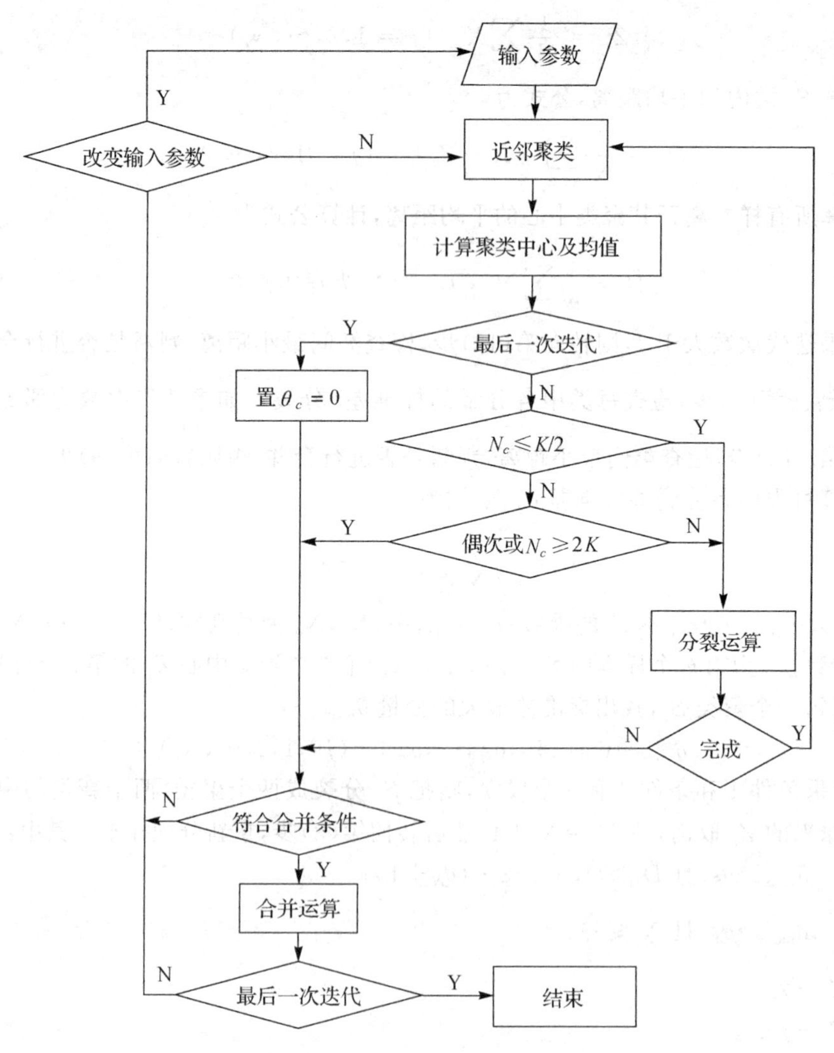

图 8.2 ISODATA 算法流程图

3. 非监督法分类的优缺点

非监督法分类的优点表现为：①不需要预先对所要分类的区域有广泛的了解和熟悉，但分析者仍需要一定的知识来解释非监督分类得到的集群组；②只需要定义几个预先的参数，这样

可大大减少人为误差，产生的类别更均质；③独特的、覆盖量最小的类别均能被识别。

非监督法分类的缺点是：①常数的光谱集群组并不一定对应于人们所想要的类别，这就需要将其与想要的类型匹配；②很难对产生的类别进行控制，产生的类别不一定能让分析者满意；③图像中各类别的光谱特征会随时间、地形等变换，不同图像及不同时段的图像之间的光谱集群组无法保持其连续性，从而使得不同图像之间的对比变得困难。

8.2.3 决策树分类

决策树分类器(decision tree classifier，DTC)是一种多级分类方法，在机器学习、知识发现等领域得到了广泛应用。对于分类问题或规则问题，决策树的生成是一个从上至下、分而治之的过程。这种方法在数据处理过程中，将数据按树状结构分成若干分支，每个分支包含数据的类别归属特性，这样可以从每个分支中提取有用信息，形成分类规则。

1.决策树分类的基本原理

决策树由一个根节点、一系列内部结点及终极结点组成，每一结点只有一个父结点和两个或多个子结点。在分类时常以两类别的判别分析为基础，分层次逐步比较，层层过滤，直到最后达到分类的目的，如图 8.3 所示。一次比较总能分割成两个组，每一组新的分类图像又在新的决策下再分，如此不断地往下细分，直到所要求的“终极”(叶结点)类别分出为止。于是在“根级”与“叶级”之间就形成了一个分类树结构，在树结构的每一分支点处可以选择不同的特征用于进一步细分类。

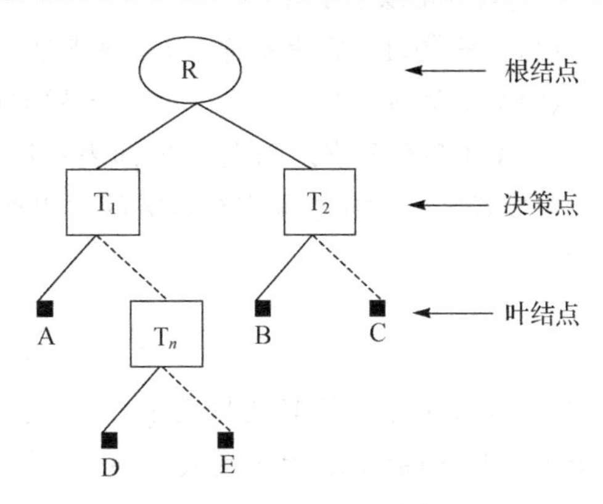

图 8.3　决策树分类

任何一次分类在分类树中都叫做一个决策点，分类过程可以有多个决策点，每个决策点的决策函数可以来源于多种类型的数据。在决策树分类方法中常使用的分类特征为光谱数据，如用光谱数据计算出的各种指数、光谱运算值、主成分等参量。

事实上，决策树分类器的特征选择过程不是由“根级”到“叶级”的顺序过程，而是由“叶级”到“根级”的逆过程，即在预先已知“叶级”类别样本数据的情况下，根据各类别的相似程度逐级往上聚类，每一级聚类形成一个树结点，在该结点处选择对其往下细分的有效特征，再根据已选出的特征，从“根级”到“叶级”对整个图像进行全面的逐级往下分类。

2.决策树的构建

构建一个决策树的过程包括三个步骤：分离结点、决定哪些结点是终极结点和终极结点类标志赋值。构造一个决策树分类器通常分为树的生成和剪枝两个步骤。

1)决策树的生成

树的生成采用自上而下的递归分治法。如果当前训练样本集合中的所有实例是同类的，构造一个叶结点，结点内容即为该类别。否则，根据某种策略选择一个属性，按照该属性的不同取值，把当前实例集合划分为若干子集合。对每个子集合重复此过程，直到当前集中的实例是同类为止。

2)剪枝

剪枝是对上一阶段所生成的决策树进行检验、校正和修正的过程。剪枝就是剪去那些不会增大树的错误预测率的分支。主要是采用新的测试数据集中的数据检验决策树生成过程中产生的初步规则,将那些影响预测准确率的分支剪除。剪枝的目的是为了获得结构紧凑、分类准确率更高、稳定的决策树。经过剪枝,不仅能有效地克服噪声,还使树变得简单,容易理解。

8.2.4 模糊聚类

模糊聚类的思想基于事物的表现有时不是绝对的,而是存在着不确定的模糊因素。同样在遥感图像计算机分类中也存在着这种模糊性。设有 n 个样本,记为 $U_i(i=1,2,\cdots,n)$,要将它们分成 m 类,这一过程是求一个划分矩阵 $\mathbf{A}=[a_{ij}]$,当 a_{ij} 为 0 时,表示第 j 个样本属于第 i 类。

矩阵 $\mathbf{A}$ 称为样本集 U 的一个划分,不同的 $\mathbf{A}$ 对 U 有不同的划分,给出不同的分类结果。把对样本集 U 的所有划分称做 U 的划分空间,记为 M,这样聚类过程就是从 M 中找到最佳划分矩阵的过程。

在解决实际问题中确定样本归属问题存在模糊性,因此分类矩阵最好是一个模糊矩阵,即 $\mathbf{A}=[a_{ij}]$应满足以下条件:

(1)$a_{ij}\in[0,1]$,它表示样本 U_j 属于第 i 类的隶属度;

(2)$\mathbf{A}$ 中每列元素之和为 1,即一个样本对各类的隶属度之和为 1;

(3)$\mathbf{A}$ 中每列元素之和大于 0,即表示每类不为空集。

以模糊矩阵对样本集进行分类的过程称做软分类。为了得到合理的软分类,聚类准则定义为

$$J_b(\mathbf{A},V)=\sum_{k=1}^{n}\sum_{i=1}^{m}a_{ik}^{b}\cdot\|U_k-V_i\|^2 \tag{8.12}$$

式中,$\mathbf{A}$ 为软分类矩阵;V 为聚类中心;m 是类别数;n 为样本数;$\|U_k-V_i\|$ 表示 U_k 到第 i 类聚类中心 V_i 的距离;b 为权系数,b 越大,分类越模糊,一般情况下 b 不小于 1,等于 1 就是硬分类。当 J_b 达到极小值时,整体分类达到最优。a_{ik} 与 V_i 由下式求得,即

$$\left.\begin{aligned}a_{ik}&=\frac{1}{\displaystyle\sum_{j=1}^{m}\frac{(d_{ik}/d_{jk})^2}{m-1}}\\V_i&=\frac{\displaystyle\sum_{k=1}^{n}a_{ik}^{b}U_k}{\displaystyle\sum_{k=1}^{n}a_{ik}^{b}}\end{aligned}\right\} \tag{8.13}$$

模糊聚类的具体计算过程如下:

(1)给出初始化分类矩阵 $\mathbf{A}$。

(2)计算聚类中心 V_i。

(3)计算新的分类矩阵 $\mathbf{A}^*$。

(4)如果 $\max|a_{ij}^*-a_{ij}|<\sigma$,则 $\mathbf{A}^*$ 和 V 即为所求,否则转到第(2)步,继续迭代。

(5)以模糊矩阵 $\mathbf{A}^*$ 为基础对 U 进行分类。可将 U_j 分到 $\mathbf{A}^*$ 的第 j 列中数值最大的元素所对应的类别中去。

8.2.5 神经网络分类

人工神经网络中的处理单元是对人类大脑神经元的简化。如图8.4所示，一个处理单元（人工神经元）将接收到的信息 $x_0, x_1, \cdots, x_{n-1}$ 与 $W_0, W_1, \cdots, W_{n-1}$ 表示的互联权重，以点积的形式合成为自己的输入，并将输入与以某种方式设定的阈值 θ 作比较，再经某种形式作用函数 f 转换，便得到该处理单元的输出 y。f 常用的一种形状称为Sigmoid型，简称S型。处理单元的输入和输出关系为

$$y = f\left(\sum_{i=0}^{n-1} W_i x_i - \theta\right) \tag{8.14}$$

式中，x_i 为第 i 个输入元素，W_i 为第 i 个输入与处理单元间的互联权重，θ 为处理单元的内部阈值，y 为处理单元的输出值。

神经网络分类器的工作过程（图8.5）：对 n 个输入样本，神经网络第一级计算匹配度，然后被平行地通过 m 条输出线到第二级；在第二级中，各类均有一个输出，并表现为仅有一个输出的权重为“高”，而其余的为“低”；当得到正确的分类结果后，分类器的输出可反馈到分类器的第一级，并用一种学习算法修正权重；当后续的测试样本与曾学过的样本十分相似时，分类器就会做出正确的响应。

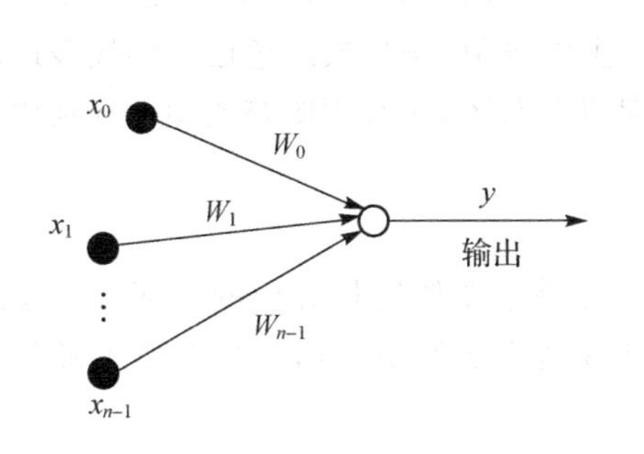

图8.4　一个神经元的输入与输出

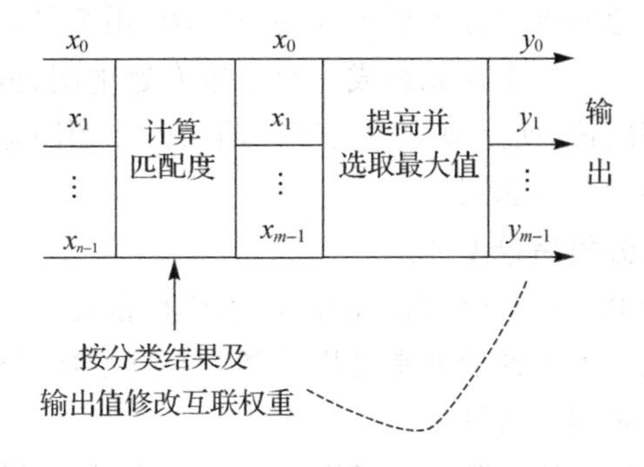

图8.5　神经网络分类器

8.2.6 分类后处理与精度评价

分类完成后须对分类后的图像进一步处理，使结果图像的分类效果更好，此外还应对分类的精度进行评价，以了解分类图像的实用性。

1. 分类后处理

分类后处理（post-classification processing）即对分类后的结果图像所进行的处理，主要包括计算分类精度和分类后的统计信息，并对类进行重组，生成矢量文件。

由于分类过程是按像元逐个进行的，输出分类图一般会出现成片的地物类别有零星异类像元散落分布情况，其中许多是不合理的“类别噪声”，对此通常采用“平滑滤波”方法进行处理，才能得到最终相对理想的分类结果。

1）*分类后处理方法*

用光谱信息对图像逐个像元地分类，在分类结果图上会出现“噪声”。产生噪声的原因很多，如原始图像本身的噪声、类别交界处包括的多种类别像元的混合辐射造成的错

分等。

分类平滑技术是较常用的去“噪声”方法。这种平滑技术也是采用邻域处理法，用 3×3 或 5×5 大小窗口进行逻辑运算，图 8.6 所示为平滑前与平滑后的情况。从分类图像上取出的 9 个像元有三个类别，其中 A 类 6 个，B 类 1 个，C 类 2 个，A 类数量占绝对优势，因此中心像元由 C 类改为 A，达到消除小面积类别的目的，这就是所谓的“多数平滑”。平滑时中心像元值取周围占多数的类别，并将窗口在分类图上逐列逐行地推理运算，完成整幅分类图的平滑。

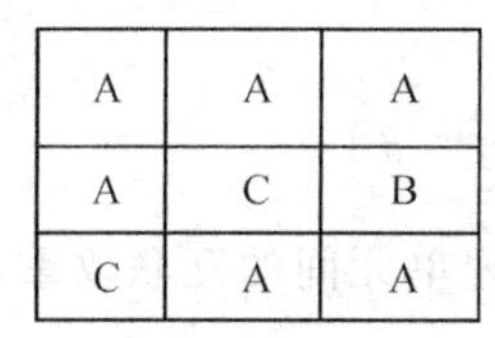

(a) 平滑前

A	A	A
A	A	B
C	A	A

(b) 平滑后

图 8.6 多数平滑过程

如果在分类前先对图像平滑，然后再分类也能达到消除噪声的效果，但也会产生以下不良影响：①使图像模糊，分辨力下降；②使类别空间边界上混类现象严重；③计算时间更多。

2）分类后专题图像的格式

遥感图像经分类后形成的专题图，用编号、字符、图符或颜色表示各种类别，这还是由原始图像上一个一个像元组成一个二维专题地图，但像元上的数值、符号或颜色已不再代表地面物体的亮度值，而是地物的类别。输出的专题图除了编码专题图，还有用图符或颜色分别代表各类别的彩色专题图。

2. 分类后精度评定

精度评定是分类正确程度（也称可信度）的检核，是遥感图像定量分析的一部分。遥感图像分类精度的评价通常是用分类图与标准数据（图件或地面实测值）进行比较，以正确分类的百分比来表示其精度。

一般无法对整幅分类图去检核每个像元是否正确，而是利用一些样本对分类误差进行估计。采集样本的方式有三种类型：来自监督分类的训练样区，专门选定的试验场，随即取样。第一种方式对纯化监督训练样区比较有用，但作为检核最后分类精度不是最好的方法；第二种方式比较实际，能较好地反映真实分类精度，但工作量相对较大；第三种方式虽然是完全随机取样，但也要根据特殊应用中研究区域的性质和制图类别而设计采样区，一般不是取单个像元，而是取像元群，因为这样容易在航空像片或地图上确定样区位置。样区内的信息由地面测量、目视解译或地图中提取。

目前，普遍采用混淆矩阵来进行分类精度的评定，即以 Kappa 系数评价整个分类图的精度，以条件 Kappa 系数评价单一类别的精度。混淆矩阵中，对角线上元素为被正确分类的样本数目，非对角线上的元素为被混分的样本数目。应用混淆矩阵分析的主要参数有总分类精度、Kappa 系数、各类别的条件 Kappa 系数。

1）总分类精度

$$p_c = \sum_{k=1}^{m} p_{kk}/N \tag{8.15}$$

式中，p_c 为总分类精度，m 为分类类别数，N 为样本总数，p_{kk} 为第 k 类的判别样本数。

对检核分类精度的样区内的所有像元,统计其分类图中的类别与实际类别之间的混淆程度,并用表格的方式列出混淆矩阵。表 8.1 为三个类别的混淆矩阵,从表中直接看到各种类别正确分类(或错误分类)的程度。注意对角线表示正确分类,非对角线元素表示错分类。

表 8.1　基于混淆矩阵的分类精度评定

		试验像元的百分率/(%)			试验像元	
		分类图类别				
		1	2	3		
实际类别	1	84.3	4.9	10.8	100%	102
	2	8.5	80.3	11.2	100%	152
	3	6.1	4.1	89.8	100%	49

根据此混淆矩阵,把对角线元素之和取平均值,则可以算出平均分类精度,即:$p_c=(84.3\%+80.3\%+89.8\%)/3=84.8\%$。由于各种类别样本元素的总数不一致,更合适的方法应是加权平均,所以总精度 p 为

$$p=(84.3\%\times 102+80.3\%\times 152+89.8\%\times 49)/(102+152+49)=83.2\%$$

2)Kappa 系数

$$K=\frac{N\sum_{i=1}^{m}p_{li}-\sum_{i=1}^{m}(p_{pi}\times p_{li})}{N^2-\sum_{i=1}^{m}(p_{pi}\times p_{li})} \tag{8.16}$$

式中,K 表示 Kappa 系数,N 为样本总数,p_{pi} 为某一类所在列总数,p_{li} 为某一类所在行总数。

3)各类别的条件 Kappa 系数

$$K=\frac{Np_{ii}-p_{pi}\times p_{li}}{Np_{pi}-p_{pi}\times p_{li}} \tag{8.17}$$

在各参数中,总分类精度和 Kappa 系数反映整个图件的分类精度,条件 Kappa 系数则反映了各类别的分类精度。

8.3　遥感信息变换检测

遥感信息变化检测,是用同一地区不同时相的遥感图像提取该地区地物变化信息进而得出地物变化规律的方法。由于遥感图像获取过程受到各种因素的影响,因此不同瞬间获取的遥感图像不仅受地物变化的影响,还受遥感条件的制约。因此,在变化检测时必须充分考虑这些因素在不同时间的具体情况及其对于图像的影响,并尽可能地消除这些影响,使变化检测建立在一个比较统一的基准上,以获得比较客观的变化检测结果。

8.3.1　遥感变化检测的影响因素

1.遥感系统因素的影响及数据源的选择

1)时间分辨率

在进行变换检测时,需要根据检测对象的时相变化特点来确定遥感数据的获取时间。在选择多时相遥感数据时,需要考虑两个时间条件:①尽可能选用每天同一时刻或者相近时刻的

遥感图像,以消除因太阳高度角不同引起的图像反射特性差异;②尽可能选用不同年份的同一季节甚至同一日期的遥感数据,以消除因季节性太阳高度角不同和植物物候差异的影响。

2)空间分辨率

首先要考虑检测对象的空间尺度及空间变异情况,以确定其对遥感数据空间分辨率的要求。此外,变化检测还要求保证不同时段遥感图像之间的精确配准。因此,最好采用具有相同的瞬时视场的遥感数据。当然,也可以使用不同瞬时视场遥感系统获取的数据进行变化检测,在这种情况下需要确定一个最小制图单元,并对两个影像数据重采样,使之具有一致的像元大小。一些遥感系统是按不同的视场角拍摄地面图像,由于角度的差异,有可能导致错误的分析结果。因此,在变化检测分析中必须考虑到所用遥感图像俯视角度的影响,而且应尽可能采用具有相同或相近俯视角的数据。

3)光谱分辨率

在变化检测分析时,如果在两个不同时段之间瞬时视场内地面物质发生了变化,则不同时段图像对应像元的光谱响应也就会存在差别。所选择遥感系统的光谱分辨率应当足以记录光谱区内反射的辐射通量,从而可以最有效地描述有关对象的光谱属性。但实际上不同的遥感系统并没有严格地按照相同的电磁谱段记录能量,比较理想的是采用相同的遥感系统来获取多时相数据。如果不能满足上述条件,则应当选择相接近的波段来进行分析。所以,应当根据检测对象的类型与相应的光谱特性选择合适的遥感数据类型及相应波段。

4)辐射分辨率

变化检测中一般还应采用具有相同辐射分辨率的不同日期遥感图像。如果采用具有不同辐射分辨率的图像进行比较的话,需要重新量化,把高辐射分辨率遥感图像数据转换为较低辐射分辨率的图像数据。

2.环境因素影响及其消除

1)大气状况

即使很薄的云雾也会影响图像的光谱信号,以至造成光谱变化的假象,因此用于变化检测的遥感图像应当不受云或水汽的影响。在变化检测分析中,应判断云及其阴影的影响范围,并确定可替代的数据。如果用于变化检测的不同时相遥感图像的大气状况存在明显差异,且难以找到可替代的数据,则需进行较为严格的大气校正,以消除大气衰减对图像灰度和光谱的影响。

2)土壤湿度

土壤湿度条件对地物反射特性有很大的影响。在一些变化检测应用中,不仅需要检测图像获取时的土壤湿度,还需要检测前几天或前几周的雨量记录,以确定土壤湿度变化对光谱特性的影响。如果研究区内仅某些地段的土壤湿度差异明显,则需要对这些地段的遥感图像进行分层分类处理。

3)物候特征

地球上任何对象都存在时相变化,不管是自然生态系统还是人文现象,只是变化的速度和过程有所不同。只有了解地面对象的物候变化特征,才有可能选择合适时间的遥感数据,并从中获得正确的变化信息。植物具有明显的季节性物候特征,因此不同季节植被的生长状况是不一样的,除非是研究同一年内的季节变化,否则若采用不同季节的遥感图像进行年变化比较,就有可能得出错误的结论。

8.3.2　遥感变化检测方法

由多时相遥感数据分析地表变化过程需要进行一系列的图像处理工作。首先，要对不同时段的遥感图像进行几何校正和配准，不同时相遥感图像之间的配准非常重要，对于变化检测来说，图像之间的配准应小于半个像素。然后，需要进行辐射度匹配和归一化处理，其目的是保证不同时段图像上像元亮度值的可对比性。经过以上处理后，还需要选取不同的算法来增强和区分出相对变化的区域。利用遥感图像进行变化检测的常用方法有以下几种。

1.多时相图像叠合方法

在图像处理系统中将不同时相遥感图像的各波段数据分别赋予红、绿、蓝颜色，从而对变化区域进行显示增强与识别。这种叠合分析的方法虽然可直观地显示2～3个不同时相的变化区域，便于目视解译，但却无法定量地提供变化的类型和大小。

2.图像代数变化检测算法

图像代数算法是一种简单的变化区域及变化量识别方法，包括图像差值和图像比值运算。图像差值运算是将某时间的图像与另一时间图像所对应的像元值相减而生成新的图像，图像值为正或负表示辐射值变化的区域，没有变化的区域图像则为0。图像比值运算是将某时间的图像与另一时间图像所对应像元值相除，新生成的比值图像的值域范围为0～1，没有变化的区域图像值为1。为了从差值或比值图像中勾画出明显的变化区域，需要设置阈值来反映变化的分布和大小，阈值的选择必须根据区域研究对象及周围环境的特点决定。

3.多时相图像主成分变化检测

对经过几何配准的不同时相遥感图像进行主成分变换，生成新的互不相关的多时相主成分分量的合成图像，并直接对各主成分波段进行对比，检测变化信息。主成分变化检测方法虽然简便，但只能反映变化的分布和大小，难以表示由某种类型向另种类型变化的特征。

4.分类后对比检测

对经过几何配准的两个或多个不同时相遥感图像分别作分类处理，获得两个或多个分类图像，并逐个像元进行比较生成变化图像，根据变化检测矩阵确定各像元是否变化以及变化的类型。该方法的优点是除了能够确定变化的空间范围外，还可提供关于变化性质的信息，如由何类型向何类型变化等；其缺点在于一方面必须进行两次图像分类，另一方面变化分析的精度依赖于图像分类的精度。因此，图像分类的可靠性严重影响着变化检测的准确性。

思考题与习题

1.图像的空间特征有哪些？如何提取相邻关系特征和包含关系特征？

2.图像的纹理如何表示和提取？

3.叙述遥感图像监督与非监督分类方法的区别。

4.简述ISODATA分类的过程？

5.评价图像分类精度的指标有哪些？

6.引起遥感信息变化的因素有哪些？目前常用的变化监测方法有哪些？

第9章 遥感技术应用

9.1 遥感制图

9.1.1 遥感制图概述

当前,国内外遥感制图多数是按照各自现有的技术设备条件,并根据任务特点进行制图生产,因而其成图方法和产品形式各异。目前,遥感制图方法主要有两种:即用传统常规的设备进行手工制图和采用专用的图像处理环境自动或半自动制图。成图产品一般有下列几种形式:一是以遥感数据为资料,人工或借助计算机提取信息编制的各种专题地图;二是遥感影像图,就是将遥感数据经计算机纠正和光学处理制成的没有线划要素的正射影像,其特点是直观性强,但专题和地理基础信息指示性不够具体明确;三是遥感影像地图,它是地图上既拥有遥感影像,又具有一定专题图内容的影像图。

总结起来,目前遥感制图的主要产品形式有数字正射影像图、遥感影像地图、三维影像图(图9.1),同时还有电子影像地图、多媒体影像地图和立体全息影像地图等比较新型的影像地图。

(a) 数字正射影像图

(b) 三维影像图

图9.1 遥感制图产品

1.数字正射影像图

数字正射影像图(digital orthophoto map, DOM)是指消除了由于传感器倾斜、地形起伏等所引起的畸变后的影像,其在国民经济中有着广泛应用。与线划图相比正射影像图具有如下优点:①影像图更直观、生动,即使不具备地图常识的人也能看懂;②影像图所记录的信息量更丰富,细节表达更清楚。因此,DOM在城市规划、土地管理、铁路及公路选线等方面有着特殊的作用,越来越受到人们的青睐。随着航空航天摄影测量技术的提高和计算机技术的迅猛发展,作为4D产品之一的DOM的制作方法已逐步成熟。

2.遥感影像地图

遥感影像地图(remote sensing image map, RSIM)是以遥感影像为基础内容的一种地图形式,是根据一定的数学规则按照成图比例尺,将地图专题信息和基础地理信息以符号、线划、注记等形式综合缩编到以地球表面影像为背景信息的平面上,并反映各种资源环境和社会经济现象的地理分布与相互联系的地图。RSIM是利用解译遥感信息制作的专题地图，体现了基本图形要素与遥感影像表现形式上的统一。以影像作为背景可用影像分析、提取识别的方法得到专题内容和基础地理专题要素，并能够更好地表现地图主题。由于RSIM结合了遥感影像与地图两者的优点，因此比单纯的遥感影像更具有可读性和可量测性，比普通地图更加客观真实，信息量更加丰富，内容层次分明，图面清晰易读，充分表现了影像与地图的双重优势。

3.三维遥感影像图

三维遥感影像图与遥感平面影像图相比更加直观。目前，常见的三维遥感影像图有三维地貌影像图、三维地质影像图以及三维影像地图等。制作三维地貌影像图需要DEM和遥感影像；三维地质影像图的制作所需的数据主要包括数字地形图、遥感影像和数字地质图三部分。因此可以看出，遥感影像和DEM是三维遥感影像制图必不可缺的两大元素。

4.新型遥感影像地图

遥感影像地图发展具有广阔的前景，电子影像地图、多媒体影像地图、立体全息影像地图等一些新型影像地图的问世，代表了影像地图制作技术发展的主要趋势。

9.1.2　遥感制图过程

随着遥感影像处理软件的不断出现，使得遥感制图变得越来越容易，因此在数字环境下实现产品的制作，已成为遥感制图的主要发展方向。

1.数字正射影像图的制作

当前DOM的制作技术逐步成熟，虽然相应的处理软件有许多种类，但其基本原理及成图流程基本类同，主要过程如图9.2所示。

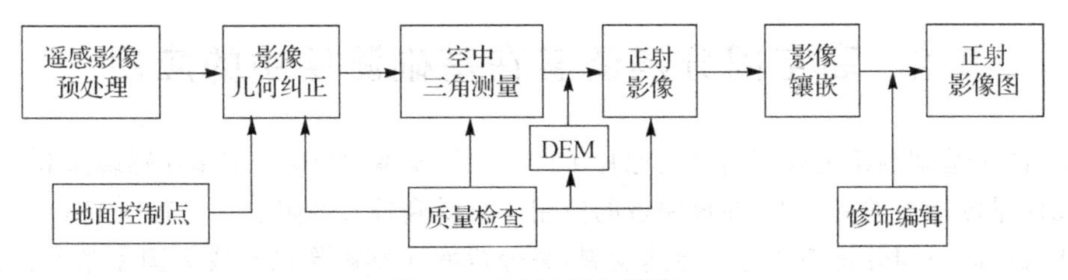

图9.2　DOM制作流程

DOM制作主要有单模型方式和多模型方式。图9.2所示是单模型方式，首先建立单个模型的DEM，然后由单影像或多影像(批处理)方式制作各个模型的正射影像，经过镶嵌生成多影像拼接的正射影像图。多模型方式是直接生成图幅(或所需)范围的全部立体模型，经过匹配处理和必要的编辑，建立相应范围含多个模型的DEM(已进行了接边处理)，最后生成图幅范围内的正射影像。无论采用哪种模式，模型定向质量控制、DEM质量控制等必须贯穿整个制作过程。如果需要对DOM进行统一管理，还可以进一步建立DOM库。

2.遥感影像地图的制作

目前，遥感影像地图产品的主要形式是专题影像图，即以图像与图形相结合的形式来表示主题，分为定性和定量两种。定性专题影像图是显示种类和名称现象的空间分布或定位，而定量专题影像图表示的是数量现象的空间特征，每幅专题影像图都是由影像底图和专题要素叠加构成。在解译专题影像图时，视觉和思维都必须将这两者结合起来。影像底图为专题要素提供定位信息，专题要素为综合研究提供定量数据，因此制作专题影像图的关键在于影像底图的合理选择及专题要素设计的准确性。专题影像图根据应用目的,可为农林业、石油、煤炭、地矿等部门在遥感图像上叠加专题信息,以满足不同行业的分析需求。构成专题影像图的形式一般为二维视域(空间)构图,称为图形—背景现象,即图形为专题要素,背景为影像信息。设计编制专题影像图时要充分考虑上述构图原则,使专题要素既与图像叠合又能彼此相互独立,在总体设计上要求协调平衡,消除视觉混乱,这样才能使专题影像图上的信息更加明确。

3. 三维遥感影像图的制作

制作三维地貌影像图需要 DEM、遥感影像两类最基本的数据,制作流程见图 9.3。DEM 与遥感影像应进行几何配准,以保证地图投影和坐标系之间的统一。目前,几乎所有重要的 GIS 和遥感处理软件中都具有生成三维地貌影像图的模块,如 ESRI ArcInfo、ArcView、ERDAS IMAGINE、Geo Star 和 City Star 等。对于用户来说,首先应明确制作三维影像图的目的;然后依据计算机图形学的原理确定生成三维影像图所必需的观察点、目标点、视角、视区、景深高程放大比以及光照模型等因子;最后由计算机根据 DEM 生成三维场景,用遥感影像进行填色,产生三维影像图。此外,多数可生成三维影像图的软件还提供了"飞行"工具,用户据此可定义"飞行"航线、模拟在飞机上对地观察到的场景;甚至还提供了视频制作工具,可记录 AVI 等标准格式的视频文件,以供其他方面的应用。

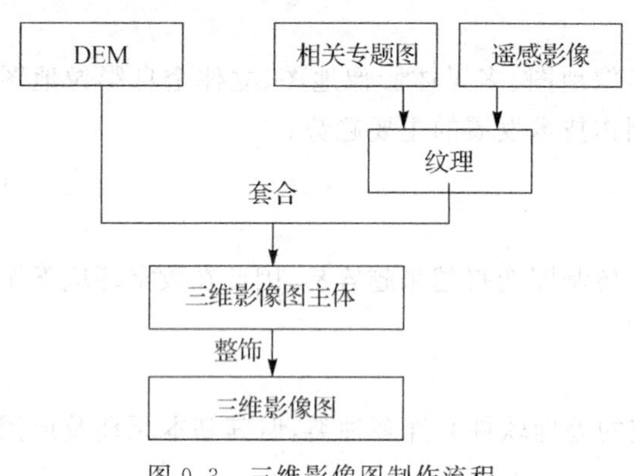

图 9.3　三维影像图制作流程

9.2　高空间分辨遥感在基础测绘中的应用

目前,国家基础测绘主要利用航空像片生产和更新基本地形图。卫星遥感影像由于空间分辨率等几何量测能力的局限性,在该领域的应用一直受到较大的限制。随着以 IKONOS 商业卫星为代表的高空间分辨率遥感的迅速发展,高分辨率遥感影像已经成为国家基本比例尺地图制图的重要影像源。

高分辨率遥感影像相对于航空像片在许多方面具有一定的优越性,具体表现在:①可以快速地获取地面影像,无需专门的飞行计划和航空管制;②在卫星长达几年的运行周期里(这个周期还可通过发射继发卫星进一步延长),可以重复获取全球大部分区域的影像数据;③地面覆盖范围大;④影像的光谱信息和辐射信息丰富。因此,高空间分辨率遥感影像在地形图修测、土地资源调查以及西部无人区测绘等测绘领域得到了广泛的应用。

9.2.1　地形图遥感更新或修测

利用航空摄影测量方法进行地形图更新时,由于航摄资料获取速度慢、航摄成本高、摄区范围小及易受气候影响等客观因素的限制,造成了地形图更新周期过长,现势性较差。通常我国大比例尺地形图更新周期长达 5 年,其现势性难以满足现代化经济建设和社会发展的需要。随着航天遥感技术的发展,利用高分辨率卫星影像进行大比例尺地形图的快速更新,是目前解决地形图更新现势性差的有效方法。

1.地形图修测时比例尺与遥感影像空间分辨率的关系

遥感影像空间分辨率既要满足相应比例尺地形图更新的精度要求，又要考虑地形图更新的成本。冗余的分辨率会增加购买遥感影像的成本、加重内业处理的负担，而分辨率过低，细小的地物就无法判读，满足不了成图精度。

卫星影像的选择除了考虑不同比例尺成图对空间分辨率的要求，还要考虑现有卫星影像产品的规格，这是因为卫星遥感与航空摄影不同之处在于其摄影高度（即摄影比例尺）是固定的。针对目前较为稳定的卫星影像来源，用于1∶5 000～1∶5万的地形图更新或修测，可以选择如表9.1所示的卫星影像。

对于已有地形图的地区，若有足够密度的图上参考点作为控制基础，在地形图局部快速更新（修、补测）时，可以考虑适当放宽对分辨率的要求，如用2.5 m分辨率卫星影像局部修、补测1∶1万地形图，用10 m分辨率卫星影像局部修测、补测1∶5万地形图等，如表9.2所示。

表9.1　地形图比例尺与适用卫星影像的关系

比例尺	卫星影像（分辨率）
1∶5 000	GeoEye（1.64 m，0.41 m） QuickBird（2.44 m，0.61 m）
1∶1万	IKONOS-2（4 m，1 m）
1∶2.5万	SPOT-5（10 m，2.5 m）
1∶5万	SPOT 1～4（20 m，10 m）
1∶10万	TM（30 m）

表9.2　卫星影像空间分辨率与比例尺的关系

修测比例尺	图像空间分辨率
1∶5 000	优于1 m
1∶1万	优于2.5 m
1∶2.5万	优于10.0 m
1∶5万	优于30.0 m

2.利用高分辨率遥感影像更新或修测地形图的技术流程

采用高分辨遥感影像更新或修测地形图的技术路线如下：

（1）资料的收集、整理。主要是选取最适宜的遥感影像，并搜集整理地面控制点资料、现有的地形图资料及其他相关资料等。

（2）软件的准备。包括地理信息系统软件ArcInfo，遥感图像处理软件ERDAS IMAGINE、ENVI等，图像处理软件Photoshop，制图软件AutoCAD等。

（3）高分辨率遥感影像的处理。包括遥感影像的预处理（亮度和对比度的调整、增强处理等）、影像纠正（多项式几何纠正和DEM支持下的正射精纠正）、全色影像和多光谱影像的融合、影像切割分幅（按照大比例尺地形图的分幅标准进行切割）等。

（4）地形图的预处理。对待更新的地形图进行破损修补等处理。

（5）地形图的扫描矢量化。主要包括对扫描后数字栅格图（digital raster graph，DRG）进行定向与校准，以及按照地形图基本要素的相关标准进行分层矢量化。

（6）遥感影像和矢量图的叠加配准。将分幅切割好的高分辨率遥感影像图和矢量化后的数字线划图（digital line graph，DLG）在AutoCAD（也可以是任意的测图软件或地理信息系统软件）中进行叠加配准。

（7）地形图的更新。在更新系统中，经影像与矢量图叠加配准后，便可以采用屏幕数字化的方式进行变化地物（主要是居民地、道路、水系、植被等）的更新（增、删、减等）。

（8）地形图更新的后期工作。主要包括地形图更新的外业检核、精度评定及图幅接边、整饰、打印输出或存档等。

利用高分辨率遥感影像更新大比例尺地形图的技术流程，如图 9.4 所示。

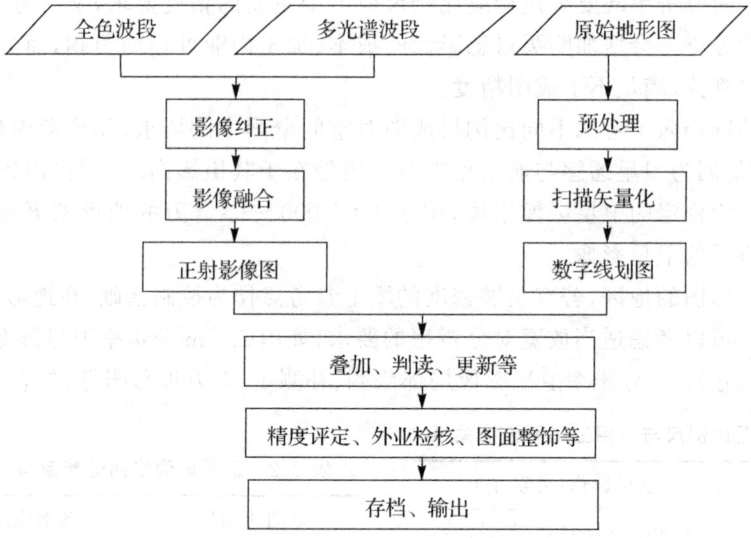

全色波段　多光谱波段　原始地形图

影像纠正　预处理

影像融合　扫描矢量化

正射影像图　数字线划图

叠加、判读、更新等

精度评定、外业检核、图面整饰等

存档、输出

图 9.4　高分辨率遥感影像更新地形图的技术流程

3. 自然要素和人文要素的更新

地形图主要由自然要素和人文要素两大部分组成。由于自然要素如水系、地貌、土壤等随时间变化比较缓慢，而人文要素如交通网、居民地、边界及经济标志等，变化较快，所以在更新时应主要考虑人文要素的更新。此外，地形图的其他要素如独立地物、管线等在高分辨率遥感影像上特征不明显乃至不可见，从而无法解译。因此，这里主要介绍居民地、道路、植被、注记等要素更新的方法。

1) 建筑物的更新

有些建筑物的边缘特征在高分辨率遥感影像上表现非常明显，对于边界线呈矩形的建筑物，由于在影像上可以清晰地看到房角点，可以直接确定；而对于边界线明显的非矩形的建筑物，更新时采用屏幕数字化采集可见房角点和实地观测不可见房角点相结合的方法来确定。

有些建筑物由于受到周围地物的影响等，其边界线在遥感影像上反映不明显甚至模糊不清，如建筑物被烟雾严重遮挡(这种情况在大多数城市，特别是冬季的北方城市非常普遍)。因此，在这种情况下无法采用屏幕跟踪建筑物边界线的办法完成更新，而需要实地采集建筑物的边界线数据，然后将采集到的数据由内业人员完成更新工作。

2) 道路的更新

道路在城市发展变化中变更较快，如道路的新增、旧有道路的改建和扩建等。处于市区中的道路，由于受密集建筑物的影响，除了主要干道和周围地物稀少的道路(如高速公路、城乡道路等)的边界线在影像上反映比较明确、目视判读容易外，其他街区的次要道路、内部道路等的边界线则比较模糊或被其他地物遮挡(道路两旁树木阴影的遮挡、建筑物遮挡等)，致使道路边界线难以确定。

对边界线比较明显道路进行更新，只要在更新系统中设定其属性值(包括所在层、线型、颜色等)，便可以采用屏幕跟踪边界线的方法对其进行数字化更新，也可在遥感软件中采用半自动化方法实现矢量化。对于建筑群中的道路和受树木阴影遮挡严重的道路，室内解译边界线比较困难(特别是道路的转折点),就必须到实地进行调绘、实测,然后将得到的资料交由内业人员来完成道路的更新工作。

3)植被的更新

植被主要包括耕地、园地、林地、草地及花圃等。城市中变化最快的是人工植被要素,如街道、道路旁规划的绿化岛、花坛及厂矿企业、机关、学校内的花圃及花坛等。

(1)花圃等的更新。为了美化家园、改善人们的居住和生活环境,城市的绿化岛、花圃、花坛等增加尤为迅速。这些要素在高分辨率遥感影像上呈散列状影像特征,表现在地形图上更是形状各异,因此需到实地采集数据,并由内业人员结合影像特征采用屏幕数字化方法完成更新工作。

(2)耕地、园地的更新。农田、菜地等周围地物稀少,其边界线比较清晰,直接采用屏幕数字化的方法即可完成更新工作。

(3)林地的更新。由于林地受自身阴影遮挡,致使其边界线不明显,因此需要根据实地调查资料,由内业人员在屏幕上完成更新工作。

4)水涯线的更新

河流的范围线非常明显,在更新时可直接采用屏幕数字化的方式完成。对于受周围密集地物影响导致在高分辨率遥感影像上水涯线不明确或不可见的水体,则需要实地采集边界线数据,再由内业人员根据这些数据和调绘资料,结合影像目视解译在屏幕上完成更新工作。

5)注记的更新

主要包括地理名称、道路等级、植被类别及水体名称等。注记更新应充分利用搜集到的现有资料,结合最新实地调查资料进行,注记内容务必准确。

高分辨率遥感影像信息丰富、现势性强,是更新大比例尺地形图的有效途径,在小范围内几何纠正的精度可达亚像素级,在地形起伏不大的较大范围内也接近亚像素级。因此,利用高分辨率遥感影像在地形起伏不大地区进行地形图更新,完全能满足大比例尺地形图的精度要求。

9.2.2　遥感在土地资源调查中的应用

及时准确地掌握土地利用现状是编制土地利用规划、调控房地产市场的基础工作。使用航空遥感影像进行土地利用现状调查可以获得满意的精度,但存在周期长、成本高等问题。因此,如何利用现代空间信息技术,快速、有效、动态地获得土地利用现状和结构信息,是土地信息技术部门始终探索的前沿课题。

1.遥感在土地资源调查应用中的特点

在土地利用调查和动态监测中,卫星遥感技术体现出以下特点:

(1)数据及时、全面、图像畸变小。卫星遥感不受气候和时间的限制,能及时提供现势性很强的地面土地利用信息,并且可以实现全区域覆盖。卫星影像还具有几何畸变小、成像光照条件一致等特点。

(2)分辨率高,信息丰富。如QuickBird分辨率达到0.61 m,可以和航空像片媲美,但其成本却大大低于航空摄影测量,完全可以满足土地详查的精度需要。同时卫星影像具有多波段特点,信息量更为丰富,地物的几何结构和纹理信息更加明显,经过影像增强处理,宽度为1 m的田间小道清晰可见,甚至连斑马线和高压线都可以辨认出来。

(3)实现了GPS、GIS、RS技术的集成。卫星影像提供的数字图像产品可直接进行计算机处理分析。同时,卫星遥感图像可采用 GPS 技术采集控制点数据进行影像纠正、外业调绘和量测。内业图形和属性数据处理以 GIS 软件为平台,使土地利用数据方便、快捷地进入土地利用管理信息系统。

2.技术方法的实现过程

首先对购买的卫星遥感影像数据进行预处理,包括影像纠正(几何精校正和正射校正)、镶嵌、配准、融合、色彩调整等;然后将遥感图像与要更新的土地利用现状图叠加,对比发现变化信息;再通过外业调查和 GPS 实测确定变化图斑的边界、属性和面积等;最后通过内业处理得到更新后的土地利用现状图和土地利用信息数据库,从而实现对土地利用状况的动态监测。

(1)内业图形套合与判读。在遥感软件平台上将现有的土地利用现状图打开,然后叠加上遥感影像图,在统一坐标系下使其准确套合,通过目视解译可清晰地解译出土地利用现状图上已经发生变化的图斑,根据变化的具体情况制定野外调查和 GPS 测量计划。

(2)外业调查与量测。根据已制定的计划,到图斑变化的实地收集、补充变更调查资料,建立各种地类解译标志,对变化图斑进行检查验证;利用 GPS 测定图斑边界和新增线状地物、实测控制点坐标和图斑变化面积;填写外业记录表,绘制外业调绘图。

(3)土地利用更新调查图的制作。根据外业调查、量测情况以及建立的解译标志,参照外业调绘图和外业记录表,在遥感软件平台上利用目视解译,提取变化信息,对变化图斑和新增图斑进行矢量勾绘,并建立完整的拓扑关系,变更和追加土地利用属性信息数据库,编绘生成土地利用更新调查图。

(4)土地利用状况的动态监测。将不同时相的土地利用现状图与卫星遥感影像套合进行对比,从空间和数量上分析其动态变化特征和未来发展趋势,可实现对耕地、建设用地等土地利用变化情况进行及时、直接、客观的动态监测,对违法或涉嫌违法用地的区域及其他特定目标进行日常快速监测,为土地执法提供科学依据。

利用卫星遥感进行土地利用调查和动态监测时,需要注意两个问题:一是目前土地利用和动态监测中,数据信息或图斑变化主要依靠目视解译方法来判读,易受人为因素的影响。因此,要求作业人员必须具有丰富的专业知识,如遥感、土地利用规划、测绘、地理信息系统等方面的知识和经验。二是更新土地利用图件时一定要结合外业调查进行,一些在图上难以判断的图斑必须到实地调查是否发生了变化及变化前后的面积,其位置无法在图上直接标出时,也必须进行实地测量。

9.2.3 西部无人区多源遥感测图

对于我国西部广阔的无人区利用高分辨率卫星遥感影像测图,可以大大提高成图效率、降低生产成本。西部测图是以 SPOT-5 HRG(high resolution geometric)单片影像和 HRS(high resolution stereo)立体影像为主,IKONOS、QuickBird、ASTER、IRS-P6、GeoEye 等数据为辅实施的。由于西部无人区地面控制点稀少,因而使用卫星遥感测图对卫星轨道精度要求较高。下面简要介绍 SPOT-5 HRG 单片影像和 HRS 立体影像测图的原理与方法。

1.SPOT-5 卫星影像处理模型

SPOT-5 是测绘特性最明显的高分辨率遥感卫星,突出特点是高几何分辨率(HRG),携带同轨立体成像装置(HRS),卫星采用 DORIS 系统实现高精度定轨等,从而使基于卫星轨道参数、无需控制点或需要稀少控制点的影像处理技术成为现实。

目前,已经发展形成的 SPOT-5 卫星影像处理模型包括通用模型和稀少控制点的专业处理模型。通用模型以经典摄影测量理论为基础并考虑 SPOT-5 线推扫的成像模式,用一定数量的控制点计算影像的外方位元素,从而建立起卫星影像到地面的映射关系,实现无 DEM 或有 DEM 数据输入的影像纠正。

2. SPOT-5 HRG 影像制作 DOM 的工艺流程

利用 SPOT-5 卫星的精密星历和姿态等辅助数据,进行 SPOT-5 HRG 单片影像纠正生产 DOM 的工艺流程如图 9.5 所示。

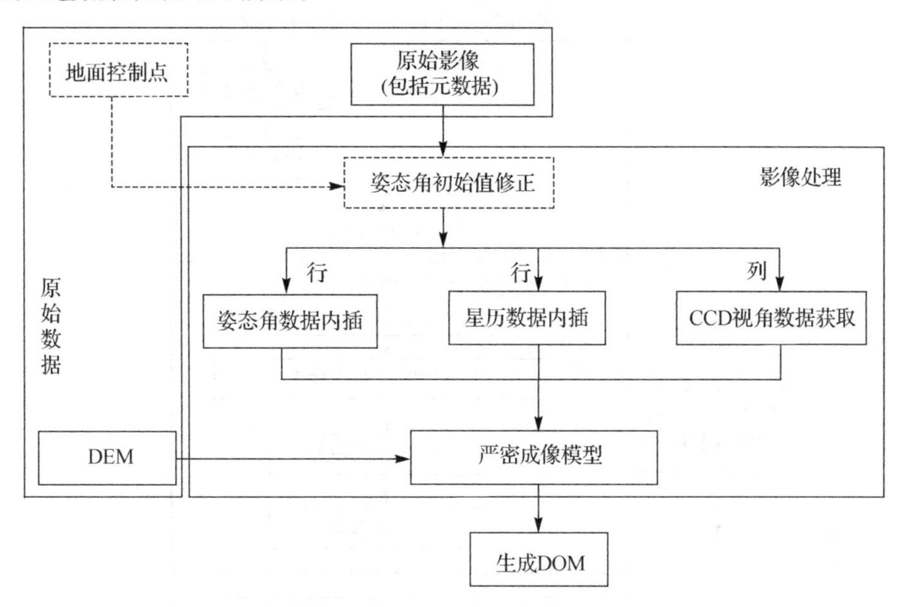

图 9.5　DOM 生产工艺流程

3. SPOT-5 HRS 立体影像制作 DEM 的工艺流程

HRS 是 SPOT-5 卫星上非常有特色的获取同轨立体影像的传感器装置,它和 HRG 不同之处是两个传感器的指向始终沿轨道方向前视或后视,不具备侧视能力,即一个传感器以固定 20°的角度指向前(前视),另一个传感器以固定 20°的角度指向后(后视)。HRS 获取立体影像的工作原理是:同一时刻只能有一个传感器工作,即前视传感器运行 90 s 获取地面一个条带的影像后关闭的同时,后视传感器打开于 90 s 内获取地面同一个条带的影像。条带影像范围为长 600 km、宽 120 km,面积为 72 000 km^2,基高比为 0.8。

HRS 的突出特点是:①将以往的异轨侧视改为同轨前后视观察,这样可在同一时间内观察同一地区,避免了异轨影像由于间隔时间较长所形成的明显差异引起的立体观察困难。②采用固定前后视的一对望远镜,通过前视或后视观察同时成像,避免了反光镜侧摆引起的平台不稳定性,不仅显著降低了获取 SPOT 立体像对的成本,而且还提高了姿态的稳定性。③立体影像为全色影像,沿轨道方向地面分辨率为 5 m,垂直轨道方向地面分辨率为 10 m;重访周期为 26 天,不具备编程接收能力。④单条带的覆盖范围为 120～600 km^2,是高分辨率遥感影像中覆盖面积最大的遥感卫星;整条条带的获取时间为 90 s,几乎同时获取的特性保证了数据的现势性,对 DEM 的提取和影像的判读都非常有利。

HRS 影像立体测量提取 DEM 和基于区域网平差的立体测图技术目前已有成熟的工艺

流程,如图 9.6 所示。

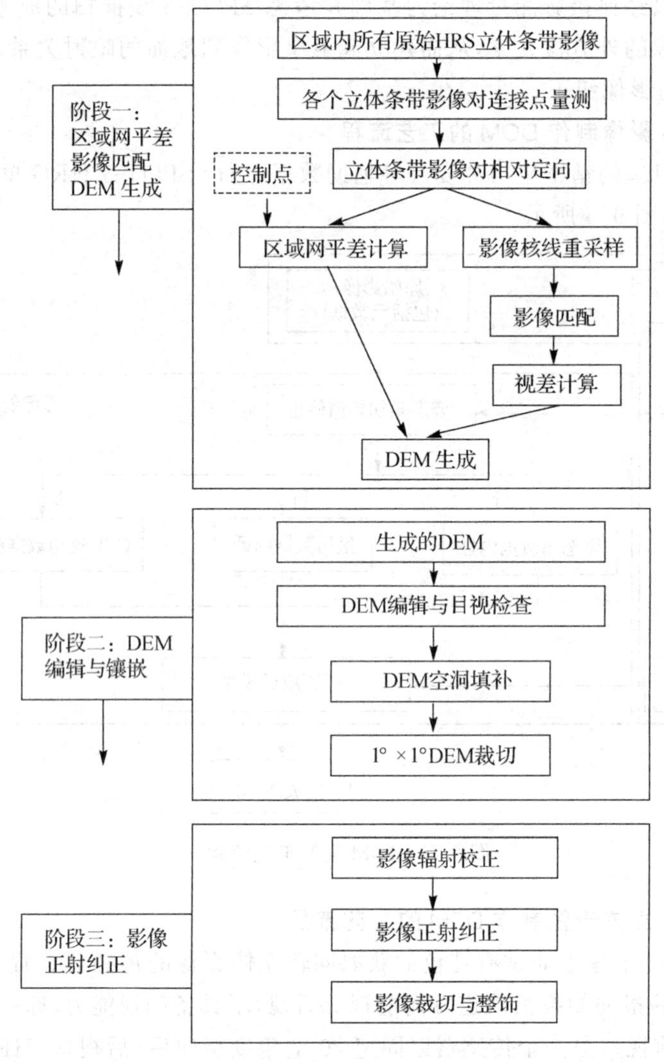

图 9.6 HRS 影像立体测量技术流程

除 SPOT 外,IKONOS 和 QuickBird 影像测图已经有比较成熟的技术流程。ASTER、IRS-P6 等卫星影像测图技术需要进一步开发。

9.3 遥感在农业中的应用

9.3.1 农业遥感发展概述

农业遥感是将遥感技术与农学各学科及其技术结合起来,为农业发展服务的一门综合性很强的技术,主要用于资源调查、灾害监测、作物产量预报等方面。美国于 1980 年开始执行 AGRISTARS 计划,即通过空间遥感进行农业资源清查,获得农作物信息,改善对干旱、洪水、病虫害等引起变化的预测能力,并评价其对作物产量的影响。欧共体于 1983 建成用于农业的遥感应用系统,1995年欧共体用180幅SPOT影像,结合NOAA影像在60个试验点进行了作物估产,可精确到地块和作物种类。2002年美国航空航天局与美国农业部合作在贝兹维尔、马里兰用MODIS数据代替NOAA AVHRR进行遥感估产,涉及波段范围广,分辨率比NOAA AVHRR有较大的进步,这些数据均对农业资源遥感监测有较高的实用价值。同年,日本科技公司完成了"遥感估产"项目,可提高平原农业估产的精度,并着眼于对全球进行估产。而美国已经将遥感技术用于精细农业,对农作物进行区域水分分布评估、病虫害预测等,直接指导农业生产。

相比之下,我国农业遥感研究应用起步较晚。在各有关部门和科研单位的共同努力下,信息技术研究及应用领域的投入不断加大,遥感技术在农业上的应用开始从一般性的试验阶段走上为国民经济需要服务的轨道。遥感应用从早期的土地利用和土地覆盖面积估测研究、农作物大面积遥感估产研究开始,已扩展到目前的3S集成对农作物长势的实时诊断研究、应用高光谱遥感数据对重要的生物和农学参数的反演研究、高光谱农学遥感机理的研究、动态监测等多层次和多方面。1978年联合国粮农组织在北京农业大学举办了遥感培训班,为促进我国的农业遥感研究起到重要作用。1981年,中国农业科学院土壤肥料所和中国农业工程研究设计院遥感室在山东禹城县利用彩红外航空相片进行了第一次航空遥感试验。"八五"期间则在农、林、牧、渔各应用领域全面展开。

农业遥感作为一种手段和工具,已经取得大量的成果和明显的进展。今后农业遥感发展方向有两个:一是由定性阶段向定量过程转化,实现全球海量观测数据的定量管理、分析预测与模拟;二是动态监测将使农业遥感进入一个崭新的阶段,它将使过去的静态观测转化为周期性的动态监测,这无疑给农业资源的合理利用提供了一个良好的决策系统。

9.3.2　农作物估产

利用遥感技术监测农作物长势和进行大面积作物估产,是遥感技术应用非常成功的一个领域。美国从20世纪70年代开始就利用陆地卫星和气象卫星等数据,预测全世界的小麦产量,准确度大于90%。1977年美国提前半年估测苏联的小麦总产量为9 200万吨,与后来公布的实际产量相比仅有2%的误差。现代遥感技术的发展为开展农作物长势与产量的监测和预测提供了强有力的手段。自20世纪80年代初期,已逐步采用从遥感数据中直接提取作物信息,在分析遥感光谱植被指数与农作物产量或农学参数如叶面积系数等关系的基础上建立遥感估产模型或遥感参数模型来完成大宗作物的估产工作。

所谓大宗作物是指一个较大区域内某种单一作物,如小麦、玉米等。大宗作物区域内部较大作物田块空间分布特征和内部相对较均匀的光谱分布特征是进行遥感宏观研究的前提。主要涉及三个方面的工作,即作物识别、土地面积估算和作物长势分析。在这三项工作的基础上,建立不同条件下的多种估产模式,进行作物的遥感估产。

1.作物识别与土地面积估算

作物识别与土地面积估算两项工作往往结合在一起进行,即根据农田的大小,采用抽样技术来选择分类单元的大小。在保证抽样误差许可条件下,以最大限度地压缩数据处理量,减少处理费用。基本过程为:

(1)图像增强处理,以突出并提取作物信息。

(2)训练统计,即在遥感数据与地面参考数据之间建立相关函数,把已知类型的地块分为训练地区和检验地区，前者用来建立分类判别函数，后者用于后阶段评价分类结果。

(3)利用多光谱数据对全区进行分类与面积统计。

(4)分类结果的精度评价。从美国用陆地卫星遥感数据对堪萨斯州14个县的分析结果看，分类精度可达到85%以上，因此比较精确的面积估算一般可以由这些结果获得。

2.作物长势分析

作物长势分析是一个动态过程，要求利用多时相遥感影像信息宏观地反映出植被生长发育的节律特征。它常以植被指数作为评价作物生长状况的定量标准，建立各种植被指数与产量之间的相关关系，并结合地面实况调查，建立起各种不同条件下单位面积产量的估产模式，以实现遥感监测大面积作物长势并进行产量估算的目的。

气象卫星遥感数据周期比陆地卫星更短，这对监测作物长势动态变化来说更具优势，且气象卫星的作物估产与监测气象卫星增强显示的红外云图对温度的分辨率不受海陆限制和高度的影响，因而可用于测定土壤表面温度，同时它还提供高频率的重复覆盖，可以监测霜冻线的位置及变化情况以研究霜冻影响范围。

9.3.3 精准农业

精准农业也称为精细农业，其核心思想就是利用GPS对采集的农田信息进行空间定位，利用RS技术获取农作物生长环境、生长状况和空间变异的大量时空变化信息，再利用GIS建立农田土地管理、自然条件、作物产量空间分布等数据库，进一步建立模型进行分析、模拟，以解决实际问题。

1.高光谱遥感在精准农业中的应用

作为对地观测技术发展起来的高光谱遥感已成为3S技术的重要组成部分，既可以在农田土地资源调查、土壤侵蚀调查、农作物估产与监测、自然灾害监测与评估等方面获得广泛应用，还可以在集约化农业和精准农业中发挥巨大作用。高光谱遥感在农业科研和应用技术方面，主要有以下工作：

(1)作物个体生长状况与作物叶片光谱关系的研究，包括植被生长状况与植被的环境胁迫关系，红边位置与植被叶绿素浓度的关系等。应用遥感技术监测作物的养分供应状况，对于及时了解作物的长势，采取有效的增产措施具有非常积极的意义。

(2)利用多时相的高光谱数据提取出光谱特征对不同植被和作物进行识别和分类。

(3)对植被的叶面积指数、生物量、全氮量、全磷量等生物物理参数进行估算。

(4)遥感信息模型研究，如热扩散系数遥感信息模型、土壤含水量遥感信息模型、作物旱灾估算遥感信息模型、土壤侵蚀量遥感信息模型、土地生产潜力遥感信息模型等。

(5)利用植被指数进行地表覆盖分析或作物长势的动态监测，如利用NOAA AVHRR数据，通过归一化植被指数建立地表覆盖指数模型，可反映出地表覆盖的空间分异情况及其随季节变化的规律。

(6)农作物长势监测。基于遥感生成的海量数据，利用先进的计算机及网络技术建立服务于多领域的遥感信息系统，对农作物长势的定期监测、提前预报及主要影响区域粮食生产的水旱灾害进行快速监测与评价。

2.高光谱遥感在精准农业中的发展趋势

新型遥感技术用于精准农业仍是当前主要研究内容之一，它还需要基础农业信息系统的设计，建立GIS支持下农作物征兆信息提取和农业诊断系统，并研究和构建管理信息系统支持下的决策支持系统模型。

(1)精准农业中的作物长势监测。主要利用红外和近红外波段遥感信息，得到的植被指数与作物的叶面积指数和生物量正相关，基于植被指数过程曲线特别是后期的变化速率预测冬小麦产量的效果很好，精度也较高。

(2)高光谱遥感与精准农业研究的基础问题还有待解决。如环境胁迫作用下的遥感机理和遥感标志研究、遥感与GIS的集成对作物胁迫作用的诊断理论、作物生长环境和收获产量实际分布的空间差异性机理以及环境胁迫作用与产量形成的遥感定量关系。为解决上述关键科学问题，需抓住高光谱、高分辨率、雷达遥感和3S集成等关键技术。

(3)对植被的叶面积指数、生物量、全氮量、全磷量等生物物理参数进行分析和估算。如利用高光谱遥感数据对一些重要的生物和农学参数进行反演，可用来研究生态系统过程，如光合作用、碳、氮循环等，或对生态系统进行描述和模拟。

(4)最具潜力和效益的应用前景是研究作物的光谱特征农学遥感机理，将其应用于遥感估产，做到对农作物长势的动态监测、病虫害的早期诊断和产量的预报。

现在的遥感系统主要是以单台遥感器为主，还没有定性、定位一体化的组合遥感器。虽然超光谱成像光谱仪在目标识别方面具有更强的能力，但却存在目标图像的定位难题。随着动态监测越来越成为人们共识的情况下，发展高效率的快速遥感技术、快速实现图像的同步定位并赋予三维坐标，从而形成定性、定位一体化的快速遥感技术系统，已成为当务之急。

9.3.4 农业遥感应用实例介绍

1.气象卫星大面积冬小麦估产

现以NOAA-9和NOAA-10气象卫星遥感资料估测大面积冬小麦产量为例说明作物估产的过程。NOAA-9和NOAA-10卫星每天可对同一地区进行4次观测，携带的甚高分辨率辐射仪(AVHRR)有5个工作波段，地面覆盖宽度为2 800 km，星下点分辨率为1.1 km，具体工作步骤如下。

1)卫星资料的选用

对AVHRR 5个波段的数据用不同的方法加以组合可得到不同的组合模式，通过分析得出比值模式(G＝PCH2/PCH1)对绿色植物反应较敏感，因此建立比值植被指数G与单产的关系。由于大气状况的影响，往往导致比值植被指数偏小，不能准确反映地面情况，可采用几天内资料中最大的一次作为小麦的实际比值植被指数值。

2)对产麦区分层

气象卫星资料所反映的小麦长势是地面的实况，但由于地形、气候的差异，其反映的植被指数值差异含有发育期差异的信息。若不把发育期差异的信息排除，就不能正确建立产量与植被指数之间的关系。通常可根据冬小麦返青、拔节期资料及卫星资料，对产麦区进行分层，然后按层建立估产模式。

3)建立预报模式

研究表明，比值植被指数G随小麦叶面积指数呈某种函数变化。通过点图分析，表明冬小麦单产与比值植被指数G基本上呈线性关系。通常冬小麦单产是以县为单位统计的，因此应以各县的单产和平均植被指数为基础，建立各层的产量模式。要剔除每个县的非冬小麦的影响,选择具有代表性的地块进行实地调查和经验分析。如北方冬小麦产区在4月上、中旬期间,大面积的山林区植被指数值较高,大片的春播作物和杂草等植被指数值较小,而这时期小麦的植被指数值介于两者之间,这样就比较容易地把麦田与非麦田分开,然后把各像元点的比值植被指数值进行不同区间的组合,用逐步回归方法计算。

4)冬小麦估产预报

由于每年温度回升速度不同,冬小麦返青后的生长发育进程也各异,年份不同而日期相同的冬小麦其发育期也不完全一致,因此在作估产预报时应当考虑这一因素。其方法是:选定当年某时间的资料后,先把各层的植被指数值订正到预报模式所对应的积温水平上,再计算各层的平均植被指数值,代入模式进行预报。

2. 美国大面积的遥感估产试验

由美国农业部、航空航天局和海洋和大气管理局(NOAA)联合进行了大面积作物估产试验LACIE(large area crop inventory experiment),目的在于估算全世界主要作物产量,调查全球性的农业资源。这项研究的方法是把卫星影像、地面模拟研究、历史资料结合起来,并运用计算机技术和统计分析方法,逐步建立起作物耕种条件、肥力状况、生长条件、作物叶面指数与产量的关系模型,估产的可信度从1974年的63%提高到1978年的97%。

在大面积小麦估产中,作物单位面积产量与作物的长势、所在地的水热条件等因素密切相关。前者主要靠陆地卫星资料得到,后者从气象卫星资料中获得。此外,还必须用历史统计资料及地面实况资料进行检验与校正。上述估产方法将50年来小麦单产陆地卫星、气象卫星资料以及历史统计数据、地面实况数据等均输入计算机进行运算,从几百个参数中选出35种不同因子,建立不同地区的多种估产模式,使大面积作物估产尤其是小麦估产研究获得了成功。

美国1980年开展的农业与资源宇航遥感AGRISTARS计划,是一项内容更为广泛的研究项目。它包括土地与再生资源的遥感调查、评价、管理,作物生长环境的监测和产量估算等。根据气象卫星获得的有关雨量、温度、湿度等数据,结合各地作物生长日历(农事历),再配合陆地卫星和其他宇航飞行器获得的遥感资料,经过分析、解译,便能准确地识别8种主要作物的类型及其播种面积,并能对作物、森林、草场的环境进行评价、分级分区、监测预报其动态变化趋势。目前,这项试验研究已取得不少成果,还在继续进行当中。

9.4 遥感在林业中的应用

9.4.1 林业遥感

1. 林业遥感发展概述

遥感技术用于林业特别是林业勘测工作的历史可追溯到20世纪20年代开始试用的航空目视调查,40年代航空像片的林业判读技术得到发展并开始编制航空像片蓄积量表,50年代发展了航空像片结合地面的抽样调查技术,60年代中期红外彩色片的应用促进了林业判读技术的进步,特别是树种判读和森林虫害探测。70年代初,林业航空摄影比例尺向超小和特大两极分化,提高了工作效率,与此同时陆地卫星影像在林业中开始应用,并在一定程度上代替了高空摄影;70年代后期陆地卫星数据自动分类技术引入林业,多种传感器也用于林业遥感试验。从80年代起，随着卫星影像空间分辨率的不断提高，图像处理技术的日趋完善，伴随而来的是地理信息、森林资源和遥感图像数据库的建立。

2.林业资源调查

卫星遥感在空间分辨率和光谱分辨率方面的提高，为林业遥感提供了丰富的信息源。在遥感图像目视解译的基础上，林地资源的计算机自动化识别提取技术，GNSS、GIS技术在林地资源遥感调查中的应用，使森林资源的调查速度、精度和制图技术得到了较大提高。

1)森林资源遥感调查的特点

(1)遥感影像能够真实、客观地反映地表森林的影像特征即光谱特性，这是利用遥感影像进行森林资源调查研究的基础。

(2)调查与制图速度快。以目视解译为例，它仅为常规工作量的1/10～1/4。当然，工作量减少的程度通常与成图比例尺成反比，即比例尺愈大，工作减少愈小；反之则愈大。

(3)调查与制图费用低。与常规林地资源遥感调查比较，采用目视解译进行林地资源遥感调查只是常规工作费用的10%～50%。

(4)制图精度高。遥感影像能够较为全面地反映地面丰富的信息，这些信息可以根据其光谱特性在影像上的反映而进行有效的解译和提取，因此可大大提高制图精度。

(5)动态监测效果好。现代遥感技术的影像成像频率高，短周期内即可获取信息，这为林地资源动态监测和管理决策提供了新的手段。

(6)航空航天遥感相辅相成。航空遥感图像的地面分辨率高，适合于大比例尺的遥感制图及目视解译。但随着航天遥感传感器的长足发展，如美国发射的新一代陆地卫星，其空间分辨率全色波段达0.61 m、多波段为2.4 m，使得基于航天遥感图像的大比例尺制图林业调查成为现实。

(7)遥感影像存在变形误差。一般来说，航空像片的变形误差(倾斜误差和投影差)较大；而卫星影像由于像场角小，其畸变相对要小，因此比较容易进行纠正和成图，但图像处理的价格比较昂贵。

2)森林资源调查的内容

森林资源调查根据其调查要求、内容及作用的不同，分为全国森林资源清查、地方(林业局或林场)森林资源清查、作业调查三大类。

(1)全国森林资源清查。简称"一类调查"，是以全国或大林区为调查对象，要求在保证一定精度的条件下，在固定样地上以一定的时间间隔重复地测定与周围林分有相同经营措施的样地或样木，目的是为了掌握宏观森林资源现状与动态，以省为单位利用固定样地为主进行定期复查的森林资源调查方法，是全国森林资源与生态状况综合监测体系的重要组成部分。调查的主要内容是各类森林面积、蓄积量及生长量、枯损量；清查结果具有权威性、连续性、可比性，以便迅速及时地摸清全国或大区域森林资源的现状与动态，为控制和指导全国林业生产及生态环境建设提供必要的基础数据。近年来水土流失、荒漠化、林火及病虫害等灾害发生条件及发生后形成的生态环境变化，逐渐进入调查和监测范围。应用遥感技术进行森林资源一类清查在我国已被逐渐接受，前几年主要是应用TM或与SPOT卫星10 m分辨率的全色波段融合图像进行监测，最近开始应用SPOT-5较高分辨率卫星数据或与ETM数据融合数据进行监测试验。

应用遥感技术进行森林资源一类清查，首先是进行数字图像处理，在进行精确几何校正后，提取土地利用和森林特征信息以及在图像上能采集到的生态环境信息，然后匹配公里网，在要判读的固定样地交叉点上设置2～3 mm的判读样圆(这里指TM图像，其他图像要根据不同空间分辨率来设置判读样圆的大小)，在判读样圆中进行地类和其他相关因子的调查。固定样地方法目前存在两大问题：一是受定位技术影响，许多固定样地与地形图上的公里网交点不一致，造成了图像上的公里网交点与地面上进行过调查的固定样地不在一个位置上，从而可能造成地类判别的错误，这可以通过实验 GPS 定位系统将误差改正过来。二是固定样地小的有林地一般会受到保护不进行采伐，因此使地类中有林地的动态变化失真，为此需要应用 GPS 在原固定样地附近设置临时样地，由于该样地没有设标，但又具有准确的坐标位置，故这些样地也可以转变成附加的固定样地。

(2)地方森林资源清查。地方森林资源清查简称"二类调查"，也称为森林经理调查。目的是清查一个林业局或林场的现实森林资源及其变动情况，以便分析以往经营活动效果、编制或修订森林经营方案。调查的主要内容是正确反映调查区内林地分布及林分数量和质量的特征指标，如面积、蓄积、生长量、枯损量以及立地条件、林地生产条件调查和其他专业调查等。目前我国二类调查多采用以遥感方法确定森林类型、面积、分布，以抽样和现地调查方法确定林地蓄积量及其他调查因子。

(3)作业调查。作业调查简称"三类调查"，这是林业基层单位为满足伐区设计、造林设计、林分抚育、林分改造等而进行的调查。其目的是查清一个伐区内或抚育改造林分范围内的森林资源数量、出材量、生长状况、结构规律等，据此确定采伐或抚育改造的方式、采伐强度，预估出材量以及更新措施、工艺设计等。该调查应在二类调查的基础上，根据设计要求和任务逐年进行，并落实到具体小斑或一定范围的作业地块上。因此，三类调查多以遥感影像或大中比例尺航空像片来确定调查区位置、范围，以现地调查测定所需的林分因子。

总之，一类、二类、三类森林资源清查，都是为查清森林资源的现状及变化规律、制定林业计划与森林资源经营规划提供依据。但三种调查的对象和目的不一样，一类调查是为国家、地区制定林业方针政策服务，二、三类调查则是为基层林业生产及开展经营活动服务。三种调查的具体任务、要求不一样，因此不能相互代替。

3)森林资源遥感调查的内容及方法

森林资源遥感调查的内容主要是根据调查任务、要求以及遥感图像的分辨率来确定，调查目的是为了获得森林的面积、蓄积数据，确定森林的类型及分布。当前，从 TM、ETM 数据及航空遥感数据中可获得的地类及林地资源信息主要有：

(1)一级地类，包括耕地、园地、林地、草地、商服用地、工矿仓储用地、住宅用地、公共管理与公共服务用地、特殊用地、交通运输用地、水域及水利设施用地、其他土地共 12 个一级类。

(2)林地的二级类有林地、灌木林地、其他林地共 3 个二级类。

(3)和林地蓄积密切相关的测树因子，如郁闭度、林种、龄组、等树高线、冠幅、单位面积株数等。

(4)同类型森林资源的分布地域。

(5)林地的面积。

(6)树木的长势与病虫害发生情况。

(7)和森林类型与分布相关的环境因子，如经度、纬度、坡度、坡向、坡位等。

林地资源遥感调查大多采用遥感、统计抽样与现地调查相结合的方法进行。除上述方法以外，还应结合 GIS、GPS 技术来弥补遥感定位不准及满足成图的要求。遥感方法对林地资源的解译主要是通过对遥感影像的目视解译、外业调查来建立解译标志，然后对一定范围内林地资源进行全面判读或使用计算机进行自动分类，在此基础上进行人机对话解译、区划、外业检查、汇总与成图等过程。

9.4.2 利用遥感技术进行森林资源调查的具体过程

用TM数据进行林地资源遥感调查分为以下几个具体过程。

1.准备工作

准备工作包括遥感及相关资料的收集、遥感数据预处理、调查规程制定、调查人员培训、遥感图像预判等方面。

2.解译标志的建立

解译标志的建立主要有室内预判、典型样地调查、建立解译标志、核查与修改几个步骤，其流程如图9.7所示。

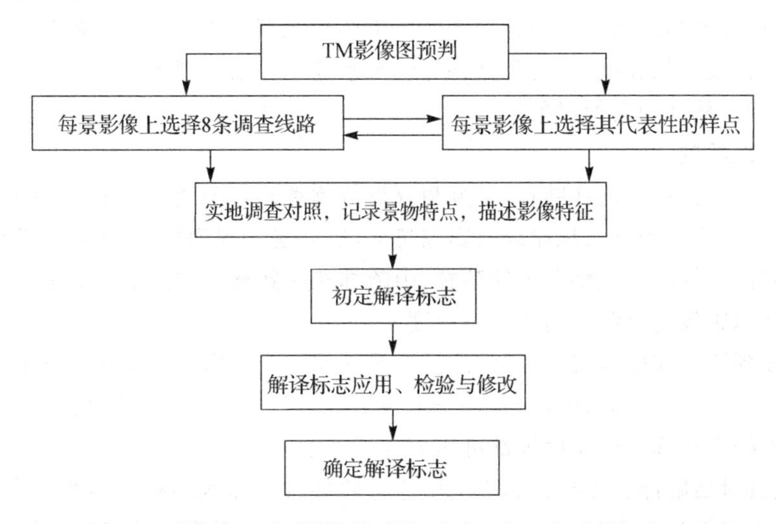

图9.7 森林资源解译标志建立的工作流程

3.遥感影像林地解译过程

遥感影像林地解译是应用遥感技术进行森林调查的关键步骤之一，形状、色调、大小、阴影、纹理以及地物边界等因子，是目视解译的直接依据。不同的树种或树种组都有其适合的生态环境，是解译分类的间接或称林学依据。

1)黑白航空像片的解译

疏林地的影像稀疏，树木的垂直能见度大，林中空地明显可见，由灰色地表影像与黑色的树木颗粒相间组成，树木投落阴影很完整，有利于判读冠行和树种。有林地的树冠影像颗粒密而均匀，树木的垂直能见度小，看不到树木的投落阴影，个别地方有深灰色斑点状天窗。森林一般表现为轮廓比较明显的颗粒状图形。幼林树冠影像的颗粒小且较均匀紧密，树冠间空隙小，群体纹理细致、平滑，色调比中、成林浅，呈灰白色。火烧迹地形状不规则，色调多为浅灰色。采伐迹地为有规则的几何图形，色调较浅，呈灰白色。灌木林地，在高原山区阴坡多与林地交错分布，阳坡多与草地呈复区分布，影像为密集的灰黑色小点，阳坡色调偏浅，阴坡色调偏深，高倍立体镜下观察，疏林地和有林地的高度感强，灌木林高度感不强。阔叶林呈现较浅的色调，颗粒感强，并呈不规则的绒球粒状图形，其影像的形状因树种不同而异：桦木呈卵圆形，山杨呈圆形。针叶林色调较深，树冠多呈椭圆形或尖塔形；针阔混交林是锥状与球状林冠镶嵌，颗粒大小不均；竹林影像为密集的海绵状，表面较为均匀平整。

2)假彩色红外片的解译

林地的郁闭度高,水分条件好,长势好,其红色的饱和度高;反之,则红色的饱和度低。

——针叶林。反射红外光的能力稍弱,故多呈紫红色;由常绿阔叶林演化而来的多呈暗红色。

——阔叶林。呈鲜红色,幼林为鲜艳的红色。

——针阔混交林。暗红色(锥状)与鲜红色球状镶嵌。

——竹林。受长势的影响,呈浅红至鲜红。

在真彩色航空像片上的解译,林地的色调与实地一致,易于判读。

3)TM 等卫星影像的解译

使用 TM 等卫星数据进行林地解译的步骤如下。

(1)地理数据的采集。为了实现各工作区成果图的无缝拼接,做到资源调查不重不漏,必须将各工作区的行政区划界线、主要公路、铁路、水系等统一录入到计算机内。

(2)林地解译。林地判读的对象是:

——林地的地类判读。

——树种判读。先进行现地踏查,了解和分析待判读地区有哪些树种或树种组以及这些树种的生物学特性、生长和分布规律以及影像特征,然后建立判读标志,在室内进行解译。

——龄组判读。树龄一般划分为幼龄林、中龄林和成熟林。判读龄组的标志有:树冠影像的形状、大小、林木影像高度和它们的可辨程度。

——郁闭度判读。在中、小比例尺像片及卫星影像上一般用目测法和比较法判读郁闭度,将郁闭度划分为疏(0.1~0.3)、中(0.4~0.6)、密(0.7 以上)三级。林冠间的空隙投影、树冠影像颗粒的疏密程度和垂直能见度等都可作为判读因子。

(3)室内人机对话解译。先在计算机上用遥感软件将工作区的行政界线套合在相应卫星影像底图上,然后根据相关资料、林地分布规律及它们在卫星影像上的表现特征规律,逐片进行判读区划。将区划结果分别勾绘在所建相应的图层上,并添注属性。

在室内航空像片,卫星影像进行林地预判时,为尽可能减少错判、漏判或误判的情况,需要到野外作补充调查,并到实地进行检查与验证工作。因此,需要确定调查路线,开展林地遥感外业调查,确定森林类型及其分布界线等。上述一系列工作完成之后,可根据所有资料信息,利用遥感图像编制林业系列专题地图,统计汇总并最终输出成果。

9.4.3 森林病虫害监测

健康的绿色植物具有典型的光谱特性,当生长状况发生变化时其光谱曲线的形态也会随之改变,如植物受到病虫侵害、农作物缺乏营养和水分而生长不良将导致海绵组织受到破坏,叶子的色素比例也会发生变化,使得对可见光区的吸收发生改变。因此,比较受损植物与健康植物的光谱曲线可以确定受伤害的程度。下面以 TM 数据监测森林松毛虫害为例,具体分析遥感技术在病虫害监测中的应用。

马尾松生长快,适应性广,是我国南方主要用材林与薪炭林,也是绿化荒山秃岭、提高森林覆盖率的先锋树种。然而随着马尾松林面积的扩展,松毛虫的危害也日趋严重,据调查统计每年受害面积超过 300 万 hm^2,轻者部分松针被虫吞噬,影响松林健壮生长。为了有效防治虫害,必须及时、准确地掌握虫情,中国科学院遥感卫星地面站结合国家"七五"森林病虫害综合防治的任务,开展试验研究,取得了满意结果。研究结果表明,可从 TM 图像获取松毛虫害信息，从而实现利用卫星遥感来测报森林病虫害。

1.试验区与图像的选择

试验区选取安徽省全椒县国营孤山林场，该地区属长江中、下游广泛分布的低山缓丘地貌的一部分。丘陵坡地自20世纪50年代末陆续兴办林场，人工营造以马尾松为主的各类林木，至今成片松林共约100余万 hm^2。孤山林场建于1959年，建场初期营造的3 000 hm^2 松树已郁闭成林，长势良好，在当地有一定代表性。1988年春越冬代松毛虫大爆发，过半林地遭受不同程度的损害。经综合治理后，当年第一、二代松毛虫虫口密度逐步降低，至1989年春越冬代松毛虫害基本上得到控制，与1988年形成了鲜明对照。据此确定选用1988年4月23日和1989年4月26日过境成像的两幅TM的CCT数据(123/38)，这样既可对比分析1988年图像上遭受松毛虫害程度不同的地段是否存在差异，又可对比分析这两年间的图像变化情况，以便同时从横向与纵向两个方面来探索TM图像反映松毛虫害的实际能力，以及通过图像处理提取松毛虫害信息的可行性与具体技术方法。

2.图像处理及虫害信息提取方法

松毛虫吞吃松针后使得叶面积减少、叶绿素浓度降低，削弱了光合作用，从而导致松树生长延缓，甚至枝条枯焦死亡。TM共有7个波段，TM2、TM3和TM4波段分别是健康植物的绿光低反射区、红光强吸收区和近红外强反射区。尤其是TM3与TM4波段的强吸收与强反射对比鲜明，成为探测叶绿素浓度、估算叶面积和生物量的重要指标。此外，设置在中红外的TM5和TM7波段能较灵敏地反映植物体内的含水量和热状况。当松树发生虫害，松针减少并出现焦褐枝条时，TM4波段的亮度值必然降低，TM3、TM5、TM7波段的亮度值则有所增高，此即TM图像能够探测松毛虫害的理论依据。然而TM数据是地面物体光谱信息的综合记录，因此，必须充分考虑大量干扰因素的存在，才能突出目标信息，从而取得较为准确的结果。为此，采取了以下处理步骤。

(1)图像数值分析。从123/38图幅中提取出该林场所在的窗口图像后，首先对1988年、1989年两年数据进行统计分析。结果显示，1988年各波段的最小亮度值都高于1989年，其均值除了TM4波段之外也普遍高于1989年，这表明1988年图像反映的总辐射水准高于1989年，且TM4波段的最大亮度值也低于1989年，但表征叶绿素陡坡效应的TM4波段亮度值和指示生物量比较敏锐的4/3波段亮度比值反而低于1989年。这充分说明1988年松毛虫害造成的生物量减少在TM图像上确有反映，但要将虫害信息准确地提取出来，还需选择有效的处理方法进一步开展图像数值分析。具体做法是在1988年图像上选出两片包括各类主要地物(如居民点、农田、水体)，以及松林长势、立地条件都较为一致且松毛虫害程度不等的地段，根据7个波段的亮度值进行细致的数值分析，从中掌握不同地类、不同受害程度松林间的光谱差异性及各地类不同个体间的光谱离散性，为制订以后的图像处理方法提供依据。

(2)图像比值及匀化处理。通过对上述两块样地像元的数值分析，发现丘间沟谷中的农田以及丘陵地上的居民点、菜地、旱粮作物等非林地的光谱特性相当复杂，亮度值离散性大，如有的与受害林地的光谱值相近，很容易彼此混淆。为了消除这些非林地的干扰，对图像进行了4/3波段的比值计算，然后以5×5匀化模板对比值图像进行处理，以便将松林的分布范围从复杂的背景中分离出来。

(3)计算垂直植被指数(plumb vegetation index，PVI)。马尾松系阳性树种，即便是长势健壮、已经郁闭的松林也有较好的透光性，因此TM图像上反映的松林光谱数据中必然包含树间的土壤背景信息，这会干扰虫害信息的提取。通过多种计算机处理方法的试验，结果表明只有 PVI 值法无害样点数值最高（其他方法反映虫害信息都不够灵敏），轻害和重害样点顺序降低，表现了明显的规律性。因此，采用 PVI 来表征与虫害程度成负相关的叶面积与生物量，有助于剔除土壤背景等带来的干扰。PVI 是指在 TM3、TM4 波段构成的二维图像上，观测点至土壤（或称非植被）基线的垂直距离。计算 PVI 需在图像上选取若干非植被像元，并根据这些像元在这两个波段亮度值平面上的点位拟合出土壤基线方程。1988 年的基线方程为 $Y=19.11+0.83X$ 和 $Y=11.1+1.03X$，据此可计算出林地的 PVI。

（4）对 PVI 进行归一化和分级处理。由于上述 PVI 是 CCT 的原始数据，即由非标定数据计算得到，因而存在因大气条件、传感器性能、地形等因素产生的干扰信息，影响图像对比分析的可靠性与精确性。因此，还必须对 PVI 值进行归一化处理，即

$$NPVI=PVI/SE \tag{9.1}$$

式中，$NPVI$ 为经归一化后的垂直植被指数，SE 为拟合土壤基线方程的标准差。

按式(9.1)分别算出 1988 年和 1989 年林地的 NPVI 值，然后对 1988 年的 NPVI 进行分级处理。根据样点数据分析统计，NPVI 值为 96～120 的为虫口密度不超过 3 条/株、叶子受害面积为 10%～30%的轻度虫害区；NPVI 值为 51～74 的则为虫口密度高于 3 条/株、叶子受害程度超过 30%的重度虫害区。这样就可以根据 1988 年的图像，获得 1988 年春越冬代松毛虫害状况分布图。

（5）计算绿度变化指数及分级处理。将 1988 年和 1989 年的图像按易识别的同名地物作为控制点进行精确的几何配准，然后从 1989 年图像中减去同像元 1988 年的 NPVI，得到的差值称为绿度变化指数 GCI。该指数反映了两年间松林正常生长所增加的生物量以及 1988 年受害后，经治理消灭了松毛虫、重新长出的松针叶面。由样点数据分析得出，重害区的 GCI 值均在 20 以上，轻害区为 7～19，GCI 小于 7 基本上是无虫害或虫害极轻微的正常生长区。通过对 GCI 分级，可得到对这两年图像处理后获得 1988 年的春松毛虫害状况分布图。

（6）输出成果图。统计各级虫害面积，对比分析上述两张虫害状况分布图。考虑到采用 GCI 法需要两幅图像，购买数据和处理费用会成倍增加，不便于推广。因此，仅以 1988 年的 NPVI 分级结果作为最终成果进行赋色：重度虫害区赋品红色，轻度虫害区赋橙黄色，正常生长区赋绿色，非林地赋黑色。得到彩色虫害监测图后，可按像元统计出各类面积、所占百分比。

3.试验结果

根据 1988 年的 TM 图像处理得到的松毛虫害分布图和统计数据，查明孤山林场地区在 1988 年春遭受越冬代松毛虫害的面积为松林面积的 52%，其中重虫害区占林地的 29%，主要分布在上贾至下贾村公路两侧及林场场部以南几个山头；轻害区占林地 23%，分布范围很广，几乎涉及全场；在林场东西两侧与河谷平原农区毗邻的边缘地带多为未构成灾害的正常生长区，受害程度则较轻微。

该林场曾组织 10 人队伍于 1988 年春节后开始进行虫害调查，逐株调查松毛虫口密度和松针受害程度，历时 3 个月，最后汇总出按森林小斑勾绘的 1：1 万松毛虫害状况分布图。将该图缩小成与 TM 监测图相同的比例尺，对比两份图件可清楚地看出，两者反映的重害、轻害、无害区的分布状况基本一致。但调查图件是以森林小斑为单位，反映的是各小斑内平均虫口密度和松针受害程度，而 TM 图能详细地反映出每个像元的虫害信息，显然两者的图斑形状会不一致，不能一一对应。此外，地面调查汇总出的虫害面积不包括在该场范围内农民集体

所有的林地，而TM图像则包括这两部分，因此不能简单对比绝对值。两者统计出的重害、轻害和无害区所占的面积百分比很接近，这进一步说明TM图像提取出的松毛虫害分布图符合实际情况，而且比地面调查更详细，完全能满足松毛虫害防治的生产作业要求。

9.4.4　森林防火

森林火灾是世界性的严重自然灾害，它破坏森林资源，干扰人们正常生活秩序，并可造成全球性的环境污染。因此，减少森林火灾的发生及其损失是我们面临的一项十分紧迫的任务。遥感技术凭借其观测范围广、周期短、图像清晰等优势，为研究森林火灾预警技术提供了重要的技术手段。

1.应用气象卫星数据监测森林火灾

气象卫星凭借它独有的特性，在森林火灾监测方面具有以下显著优势：

(1)时效性强。现有的NOAA气象卫星每天可提供4次监测数据。通过对近百次火灾从发生到蔓延的统计表明，利用气象卫星监测森林火灾具有准实时性，时效性虽然低于地面人工巡护瞭望，却高于飞机巡护的监测能力。

(2)温度分辨率高，空间分辨率低。气象卫星对森林火灾非常敏感，其传感器的温度分辨率虽然能满足森林火灾监测要求，但空间分辨率明显偏低，若将二者结合起来并采用一定的特征提取技术，能探测到0.5 hm^2 面积的森林火灾范围，可以满足火灾监测的要求。此外，还需要充分发挥中红外波段的潜力，并采用适当的图像处理技术予以实现。

(3)与GIS综合应用。气象卫星由于星下点的位移，其观测地区会产生较大的畸变。这需要将气象卫星火灾监测系统与GIS技术有机结合，以便更精确、实时地判断火灾发生的区域，向责任单位及时通报火情，并通过建立地理坐标系统为指挥扑救提供基本信息，同时标示正常火源、点，用以判断火灾性质。

(4)火灾记录完整。利用气象卫星的主要优点是可以记录火灾从发生到发展的全过程，必要时还可以逆溯到火灾发生前的状况，可为研究森林火灾提供较为完整、真实的信息。

2.TM数据监测森林火灾的应用实例

1987年5月，黑龙江省大兴安岭发生特大火灾时，首先是由气象卫星热红外图像发现了高温火点区。在火灾很快蔓延时，利用Landsat卫星接收的多幅TM图像指挥抗灾。灾后，中国科学院遥感卫星地面站应用TM图像对火灾的发生过程、灾情状况和灾后恢复及生态变化进行了分析。

(1)TM监测森林火灾的最佳波段选择。TM5波段反映地表各类物体TM图像的特征信息最为丰富，但在反映火焰的能力及克服烟雾的散射影响方面效果欠佳。通过对林火行为及林火光谱特征分析，发现TM7波段反映燃烧区的信息效果较好，包含的其他地物的反射光谱信息也较接近TM5波段；TM4和TM3波段则是反映植被变化信息的最佳波段，而且又处于光谱的红光及红外区，能大大减少烟雾影响，较好地显示火区的火情态势及过火区的灾情状况，色调更接近自然彩色，易为林业管理部门和非遥感工作者所接受。

(2)森林火灾期间TM图像的处理和解译。中国遥感卫星地面站在大兴安岭森林火灾期间，共接收并实时处理了6幅TM图像(图9.8)。1987年5月13日火区夜景图像反映了大兴安岭森林东西火场的势态，防火指挥部据此修正了原来按NOAA卫星AVHRR图像及现场报告而绘制的火区形势图。20日晚的图像证实了火区向内蒙古满归原始林区发展的迹象，确定了地面救火人员无法定位的火头位置。21日上午的图像经增强处理、判译后，观察到向西发展的火势已为多层防火隔离带所阻断。23日卫星由东部火区过境时获得了此次火灾中部和东部的影像。30日的TM图像显示了此次火灾90%以上的过火区面积,仅北部黑龙江边尚有一小块在燃烧,火灾已基本得到控制。6月2日防火指挥部宣布大兴安岭森林火灾已完全扑灭。6月6日卫星由火场西部过境。依据5月23日、30日、6月6日三幅图像进行数字镶嵌,拼接出过火区全景TM影像图,并选择了数十个窗口区,在目视分析的基础上建立了用于过火区灾情分析的解译标志,目视解译并编制出1:250万灾情等级图。

(3)应用多时相TM图像对灾后及恢复情况进行监测。经对影像分析,可建立重度、中度和轻度灾区的解译标志,然后解译出灾情分布。灾情等级的划分原则为:

重度灾区为树冠火、地面火、地下火(地面植被及可燃堆积物内)通过的地区,火焰温度高,全部立木及幼树、草、灌均烧死,图像显示为褐色连片区域。TM图像上清晰的形迹表明,重度灾区基本是火灾初期。

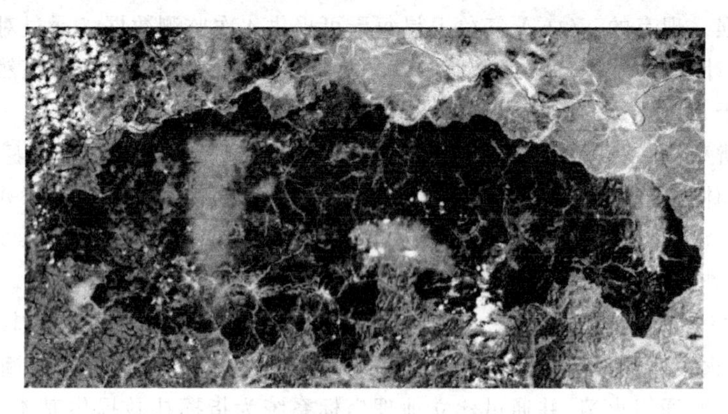

图9.8　黑龙江大兴安岭森林火灾过火范围

中度灾区主要是地面火及树冠火通过的区域。图像显示为在褐色背景上分布的细碎绿色区,表明林中下木、地被植物及部分树冠被烧,幼树及部分立木被烧死。

轻度灾区主要是地面火通过区域,立木基本未受损害。图像中显示出与未过火区相似的色调,但稍暗,这种绿色区连片比中度灾区稍大。表9.3是依据1987年和1988年TM图像解译的过火区灾情统计。

火灾期间部分林木枝叶烧焦,但树木并未烧死,这一情况主要出现在中度灾区及重度灾区的边缘。这些林木经过一年后又萌生出新的枝叶,这在1988年TM图像中得到显示。因此利用不同时相的TM图像,可对1987年TM图像上灾情的分布状况进行修正,并可以消除过火区新萌生的草本植被的干扰。

表9.3　依据1987年和1988年TM图像解译的过火区灾情统计

灾区类型	1987年火灾期间TM图像统计受灾面积/hm^2	比例/(%)	依据1988年TM图像修正后统计受灾面积/hm^2	比例/(%)
重度灾区	682 802	52.84	675 972	52.3
中度灾区	238 651	18.47	140 471	10.87
轻度灾区	370 784	28.69	475 794	36.83
总计	1 292 237	100	1 292 237	100

注:以上数字按过火的全部面积量算,未扣除居民点和非林地面积。

重度灾区的影像显示了火灾造成的严重后果，绝大部分裸露地面呈淡棕色，部分山地和坡地显示出了淡绿色的植被特征；灾后草、灌仍得到了很好的发育，另一部分是林木被完全烧死的地区，过火木被砍伐后新萌生的草灌植被。依据重度灾区的影像特征，应用寒温带地区森林群落的生态关系演替规律可以得出，重度灾区大面积森林被烧死烧光，连土壤中的种子也被烧死，针叶树失去种源，无法天然更新。这些裸露的火烧迹地，将会被先锋树种白桦(山杨)所占据。在大兴安岭北部，因立地质量太差，绝大部分白桦不能形成大径材而失去经济价值。同时大范围的裸露，森林环境丧失殆尽，将使干旱阳坡更为干旱，并促进了水土流失。水湿地则趋向沼泽化，加速该地区的生态环境的恶化，更增加了落叶松林恢复的难度。

1990 年 5 月的 TM 图像显示了 3 年后过火区的状态：中度和轻度灾区的色调已同未过火区一致，说明这些地区活的林木经过 3 年的恢复已消除了火烧的影响，林下植被也得到了充分发育，成为正常的群落结构。以上分析结论，在 1990 年 5 月 9 日(与卫星过境相差 4 天)航摄的大比例尺彩红外照片中得到初步印证。

9.5　遥感在地质调查中的应用

9.5.1　遥感在地质调查中的应用

地质调查泛指一切以地质现象(岩石、地层、构造、矿产、水文地质、地貌等)为对象，以地质学及其相关科学为指导，以观察研究为基础的调查工作。其任务是采用各种现代化手段和综合性方法，查明陆地和海域各种重要的区域地质现象，研究这些现象发生、发展及其规律，并在此基础上编制一系列基础地质图件、资料，为国民经济建设和社会发展提供服务。地质调查成果是制定国家和地区地质工作计划，满足如矿产预测、矿产普查、水文地质、工程地质、环境地质、地质勘查等社会需求，以及为国土开发、整治、规划和综合开发利用海洋资源等提供重要依据。地质调查一般以不同比例尺的填图为主要手段。

遥感技术以其宏观性、资料的综合性和客观性及经济性等特点，很早就受到地质工作者的青睐。航空遥感作为一种地质勘查手段起步较早，航天遥感在我国地质领域的应用始于 20 世纪七八十年代。随着遥感技术的进一步发展，特别是遥感数据空间分辨率的提高，使得遥感在地质调查工作中发挥着越来越重要的作用。

遥感地质调查指以遥感资料为信息源，以地质体、地质构造和地质现象对电磁波响应的特征影像为依据，通过图像解译提取地质信息、测量地质参数、填绘地质图件和研究地质问题。遥感地质调查的主要任务是：从遥感资料中最大限度地提取区域地质信息，研究各种地质体或地质现象相对时空分布规律和相互关系，分析地质作用过程及演化特点，编制相应的遥感地质图系。

遥感地质调查以使用航天遥感资料为主，航空遥感资料为辅，应尽可能使用多平台、多类型、多分辨率和多时相的遥感资料，并且应针对调查区域的自然地理和地质景观特点来选取主导性遥感资料的类型和时相。遥感地质调查是通过对遥感图像进行详细的地质解译来实现的，地质解译过程采用从已知到未知、从区域到局部、从总体到个体、从定性到定量，循序渐进，不断反馈和逐步深化的方法来进行。下面以 1∶2.5 万遥感地质调查为例，说明遥感地质解译的内容、方法、精度要求等。

1.遥感地质解译的内容

(1)沉积岩岩石识别,岩石地层单位或影像岩石单位解译。

(2)火山岩岩石及火山机构识别,岩石地层单位、岩相带或影像岩石单位解译。

(3)侵入岩岩石识别,岩体或影像岩石单位解译。

(4)变质岩岩石识别,构造地(岩)层、构造岩石单位或影像岩石单位解译。

(5)第四纪沉积物识别,不同成因类型沉积物解译。

(6)构造识别,构造形迹(如褶皱、断裂、剪切带、推覆体、走滑或伸展构造等)性质及相对时空关系解译。

(7)环状影像识别,环状影像的属性(如与地质体、地质构造、地质作用或成矿作用等之间的相关关系)解译。

(8)遥感异常及与找矿有关的其他遥感地质信息提取。

(9)其他地学专题信息(如水文地质、环境地质及旅游地质)的识别与解译。

2.遥感地质解译的方法

(1)应以未经无缝镶嵌处理的遥感数字图像为主,无缝镶嵌的影像地图为辅。

(2)应综合使用目视解译、人机交互解译及计算机自动识别等方法。

(3)应根据工作区自然环境特点、拟提取的地质信息种类及遥感地质特征,有针对性地分别进行图像处理方案设计。

(4)图像处理训练场、训练样本的选择,应有较翔实的具有一定代表性和典型性的已知资料为依据。

(5)图像中地质界限的圈定,应以追索法为主,在地形陡变或岩层强烈褶皱地区,可通过变质遥感解译剖面图方法予以解析圈定。

3.遥感地质解译的精度要求

(1)在地质解译过程中,直径大于2 500 m的闭合地质体,宽度大于500 m、长度大于2 500 m的块状地质体以及长度大于5 000 m的线状地质体均应标定在图上;规模较小但具有重要地质意义的地质体、地质现象,可适当放大表示。

(2)遥感地质解译界限(不含推测部分)重现性,用随机抽样检查的合格率衡量,解译界线的合格率应不低于85%,计算方法为

$$合格率=\frac{检查解译结果再现的样品数}{检查抽样样品的总数}\times 100\%$$

重现性指解译的各种地质界线,能否在同等技术条件下重复解译中再现。

4.实地检查验证

(1)属性不明的解译成果,可根据需要进行实地检查,查明属性和特征;已认定属性的解译成果,可根据需要随机抽样进行实地验证,评价解译可靠程度。

(2)实地检查可用路线地质方法进行工作,沿线绘制路线剖面图,进行观察记录,采集必要的样本、样品。

(3)实地验证可采用定点观测方法进行工作,定点误差应小于250 m,点上应有详细的观测记录,相应的图件和必要的标本、样品。

(4)实地检查、验证路线及观测点应在实际材料图中标出。

5.遥感地质解译图件的编制

(1)遥感地质解译图件可采用1∶25万(或1∶10万)单色、彩色影像地图或简化的地形图

为底图。

(2)遥感地质解译图件主要包括遥感解译地质图、遥感异常(含其他可能与成、控矿相关的线、带、环、色、块等遥感地质找矿信息)、其他遥感解译地学专题图。

(3)遥感解译图只反映遥感解译成果，所解译的各种主题信息，应尽可能详尽地反映在图上。

(4)遥感解译图件可在GIS平台上采用图层方式存放。

9.5.2 遥感在地质灾害预警研究中的应用

地质灾害是指由于自然的、人为的或综合的地质作用，使地质环境产生突发的或渐进的破坏，并对人类生命财产造成危害的地质作用或事件。地质灾害种类繁多，包括火山、地震、崩塌、滑坡、泥石流、地面沉降、地裂缝、岩溶塌陷、瓦斯爆炸与矿坑突水、水土环境异常导致的各种地方病、荒漠化、水土流失、土壤盐渍化、黄土湿陷、软土沉陷、膨胀土涨缩、地下水变异、洪水泛滥、水库坍岸、河岸和海岸侵蚀与海水入侵等。

地质灾害是人类有史以来遭受的重大自然灾害之一，对人类的生命及生存环境造成了巨大的威胁与破坏。由于地质灾害具有灾害点多、分布面广等特点，因此对区域范围上的地质灾害的发生进行预警预报具有非常重要的现实意义。

形成地质灾害的因子可划分为孕灾因子和诱灾因子两类。孕灾因子包括地质、地貌、气象水文、植被和覆被等相对静态因素；诱灾因子包括侵蚀、风化、地下水位变动、地震、人类工程活动、土地利用变化和强降水等相对动态变化因素。由于形成地质灾害涉及的因素较多，因此地质灾害预警预报的应用研究目前在国际上还是一道难题。目前，地质灾害预警预报的一般原理是：在一定时期内忽略孕灾因子的变化，将孕灾因子看成是固定的，并据此确定地质灾害在空间范围上的易发性等级，实现地质灾害的初步空间预测。在此基础上，结合诱灾因子特别是降雨因子与地质灾害发生之间的关系，通过已发生地质灾害与有效降雨量、24小时降雨强度的相关性，确定出不同易发性等级的临界降雨量作为判别分析的阈值，以确定降雨量的危险性等级。再将降雨量危险性等级和地质灾害易发区等级进行耦合，从而得到地质灾害的预警预报等级。表9.4为5级划分的地质灾害预警等级表。

表9.4 地质灾害预警等级划分表

地质灾害空间易发性区划等级	降雨量危险性等级		
	低危险性	中危险性	高危险性
高易发区	不预警区(2级)	4级预警区	5级预警区
中易发区	不预警区(1级)	3级预警区	4级预警区
低易发区	不预警区(1级)	3级预警区	4级预警区
易发区	不预警区(1级)	不预警区(1级)	不预警区(2级)

当前，主要的地质灾害易发性确定方法是采用多元线性回归方法，即

$$Z_w = C_1 Z_1 + C_2 Z_2 + \cdots + C_n Z_n \tag{9.2}$$

式中，Z_w 为地质灾害易发性指数；$Z_1, Z_2, \cdots, Z_n$ 为各种孕灾因子的强度指数；$C_1, C_2, \cdots, C_n$ 为各种孕灾因子的权值。

目前，遥感技术在区域地质、地貌、植被和覆被研究等方面已经得到了广泛的应用，形成了

较为成熟的技术方法体系，是大面积获取地质灾害易发性分析中孕灾因子数据的关键技术手段。同时，气象遥感卫星数据又是降雨量分析的重要依据。因此，可以说遥感技术在地质灾害预警研究中起着举足轻重的作用。

9.6 遥感技术在矿区中的综合应用

9.6.1 雷达干涉测量在矿区开采沉陷监测中的应用

1. 开采引起的岩层移动

矿业扰动区的地表形变突出表现在开采沉陷方面。地下煤层开采时，原有煤层出现大面积的采空区会破坏围岩原有的应力平衡状态，发生指向采空区的移动和变形。在采空区的上方，随着直接顶和老顶岩层的冒落，其上覆岩层也将产生移动、裂缝和冒落，形成冒落带。当岩层冒落发展到一定高度，冒落的松散岩块逐渐充填采空区，当达到一定程度时岩块冒落就逐渐停止，上面的岩层仅出现离层和裂缝，形成裂缝带。离层和裂缝发展到一定高度后，其上覆岩层不再发生离层和裂缝，只产生整体移动和沉陷，即发生指向采空区的弯曲变形，形成弯曲带。当岩层的移动、沉陷和弯曲变形继续向上发展达到地表时，地表就会出现沉陷、移动和变形，形成移动盆地。在移动盆地内，还会出现台阶、裂缝甚至塌陷坑等不连续变形。

2. 地表移动与变形破坏的形式与特征

由于开采深度、开采厚度、采煤方法、顶板管理方法、岩性以及煤层的产状不同，地表移动和破坏的形式也不一样。采深与采厚的比值较小时，地表可能出现较大的裂缝或塌陷坑，这时地表的移动和变形在空间和时间上都是不连续的，即在渐变中有突变，其分布没有严格的规律性。当采深与采厚的比值较大时，地表将不出现大的裂缝或塌陷坑，地表的移动和变形在空间和时间上是连续的、渐变的，分布具有明显的规律性。在建筑物和铁路下采煤时，连续的地表移动比较有利，不连续的地表移动反而不利。当在水体下采煤时，地表移动和破坏的形式并不是引起水体渗漏的标志。岩性不同，地表移动和破坏对水体的影响大不一样。岩性软弱时，即使是非连续的地表移动，对水体的影响也是比较小的，连续的地表移动有时也会引起水体渗漏。地表破坏的主要形式有：地表移动盆地、裂缝、台阶状塌陷盆地、塌陷坑包括漏斗状塌陷坑（也称塌陷漏斗）和槽形塌陷坑（也称塌陷槽）。

3. 遥感在地表形变监测中的应用

1）高分辨率遥感应用

利用遥感监测方法对煤矿区地面沉降进行监测具有重要意义。目前，主要使用的 GPS 监测方法只能得到离散点位数据，难以全面监测矿区的地表形变。遥感技术可以弥补其不足，它无需建立地面观测站，具有覆盖范围广、稳定性好、动态性强、观测结果具有空间连续覆盖等优势。随着遥感技术的迅速发展、遥感数据处理理论的逐步完善以及遥感产品日益多样化，为快速监测矿区地表形变提供了有效手段。通过区域监测结果，可以分析由于采矿干扰和不同岩体下陷速度加快或延缓导致的区域差异沉降特征；通过实时监测地面沉降，可为设计采煤工艺与方法提供有效的技术支持。

高分辨率光学遥感用于监测地表形变，主要内容及工作流程如下：

（1）利用多期遥感影像，结合地面调查和采矿工程布置图，分析提取地面沉降信息。

(2)确定开采沉陷灾害源,即通过卫星光学影像识别矿井点的分布范围、分布特点。

(3)开采沉陷区范围的定量化,计算开采沉陷灾害的影响面积。

(4)开采沉陷影响范围内水资源分布情况,解译沉陷区水系发育的分布情况及面积计算。

(5)沉陷区内的土地资源和植被分布情况、面积计算等。

2)InSAR技术用于开采沉陷监测

自1969年首次应用InSAR技术对金星和月球观测以来,欧美等发达国家一直致力于研究使用该技术生成大规模数字高程模型,以及研究使用该技术监测地表变形。InSAR技术具有前所未有的连续空间覆盖、高度自动化和高精度监测地表变形的能力,利用该技术对地球表面变形监测精度可达到毫米。差分雷达干涉测量(Differential InSAR, D-InSAR)技术,是利用多时相复雷达图像的相干信息提取地表的垂直形变量,其精度已达到了毫米级。因此,InSAR技术用于形变监测领域具有许多得天独厚的优势。在煤矿区地面沉降监测方面,由于InSAR技术具有大面积、快速、准确等特点,能够进行长期的地表形变监测,目前已成为常规沉降监测方法的有效补充。

InSAR开采沉陷干涉测量的相位贡献,主要来源于地形相位、平球相位(或称平地相位)、开采沉陷形变相位及大气延迟相位。要获取地表开采沉陷形变信息,就必须消除区域的地形相位、平球相位及大气延迟相位信息。平球相位可以通过卫星轨道与地球椭球严密的几何关系形成严密的几何算法,大气延迟相位贡献份额最少,这里不再阐述。消除区域地形相位有以下四种方法:

(1)选取基线距为零的干涉图像对,则无须考虑地形的影响即可获得开采沉陷形变量。

(2)利用其他DEM数据,基于已有的成像参数来模拟干涉纹图,从而达到消除地形因素的效果,获得地表沉陷的形变量。

(3)利用3幅SAR图像,采用干涉方法消除地形的影响,获得干涉形变量。

(4)利用4幅SAR图像,采用形变前后两两干涉的方法消除地形影响,获得干涉形变量。

由于很少有基线距为零的干涉图像对,故第一种方法难以实现。第二种方法即所谓的两通或两轨法干涉测量,由于少用了一幅SAR图像,因此在InSAR数据源相对匮乏的今天,该方法在经济上具有明显优势,而且已有研究表明两通法所得干涉测量的结果在整体上与三通干涉基本一致。第三种方法又称为三通或三轨法干涉测量,是标准的差分干涉测量方式。方法四即四通差分干涉测量,精度上更为可靠,但选取适合干涉的数据会更加困难,经济上也太不合理。

三通差分法是目前获取地表大范围DEM的主要手段。该方法假设在地表变形前获得了两幅SAR图像,变形发生后又获得了第3幅图像,3幅图像两两组合可以形成3次干涉。形变前的两幅SAR图像干涉相位图包含了平球相位信息、地形相位信息及大气延迟相位信息,通过去平地效应及剔除大气扰动,可以获取大范围的DEM。形变前后两幅SAR图像干涉形成的相位图包含了平球相位信息、地形相位信息、视线向形变量引起的相位变化信息及大气延迟相位信息,将两次干涉得到的干涉相位图去除平地效应并分别解缠,然后两次干涉相位作差分,即得到地形变化引起的视线向相位变化量。在差分干涉测量中,为了便于计算,往往要设定干涉的主副图像。

两通加外部DEM差分方法。两通法是利用外部DEM的地形数据消除干涉纹图中的地形因素影响,主要有以下五个关键步骤:

(1)干涉图像对的精确配准。

(2)基于局部地形坡度对干涉图像对进行滤波处理,然后生成干涉纹图。

(3)计算 DEM 的点间隔与干涉纹图像元间隔之间的比值,对 DEM 点进行过采样;基于多普勒方程、斜距方程和椭球方程,利用轨道参数将 DEM 转换到雷达坐标系统,将 DEM 转换为相位值。

(4)从干涉纹图中减去利用 DEM 模拟的干涉纹图。

(5)将干涉纹图投影至地理坐标系中。

两通加外部 DEM 算法流程如图 9.9 所示。

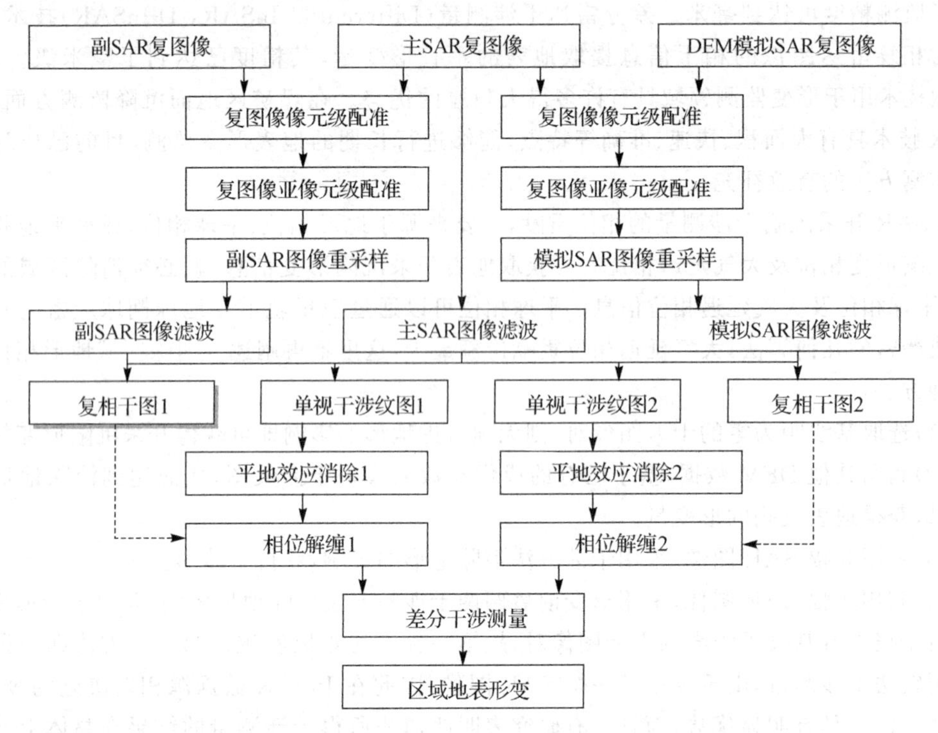

图 9.9 两通加外部 DEM 差分干涉测量流程

下面采用 D-InSAR 技术对大同矿区十年间开采侏罗纪煤田的地表形变场进行实验验证,形变场分布如图 9.10 所示。根据 SAR 数据的相干性,将开采划分为六个时间段:1993 年—1996、1996 年—1997、1997 年—1998、1998 年—2001、1998 年—2002 和 2002 年—2003,累计提取形变区域 84 处,其中位于大同市市辖区 38 处,左云县境内 29 处,怀仁县境内 12 处,大同县境内 5 处。根据沉陷区形状初步判断,67 处为下沉盆地类型,17 处为侧向移动变形类型,获得变形区域累计面积为 1 824.38 km^2。获取的典型形变场类型如图 9.11 所示。

在 84 处形变区域中,其中石炭二叠纪煤田范围内 48 处,处于侏罗纪煤田与石炭二叠纪煤田重叠区范围内 29 处,非研究区域范围 36 处。结合形变区与煤层赋存区域空间位置关系初步推断,处于侏罗纪煤田与石炭二叠纪煤田区域的 48 处为开采沉陷区,处于大同盆地的 23 处为城市地表下沉区,这可能是由于过量开采地下水所形成得。此外,其他 13 处未知是否受采动影响,其产生原因有三:其一可能为采动影响,其二可能为人工建设影响,第三种影响可能由数据处理造成,如平球相位、地形相位去除不彻底,或微波穿过大气层时受电离层扰动的影响等。

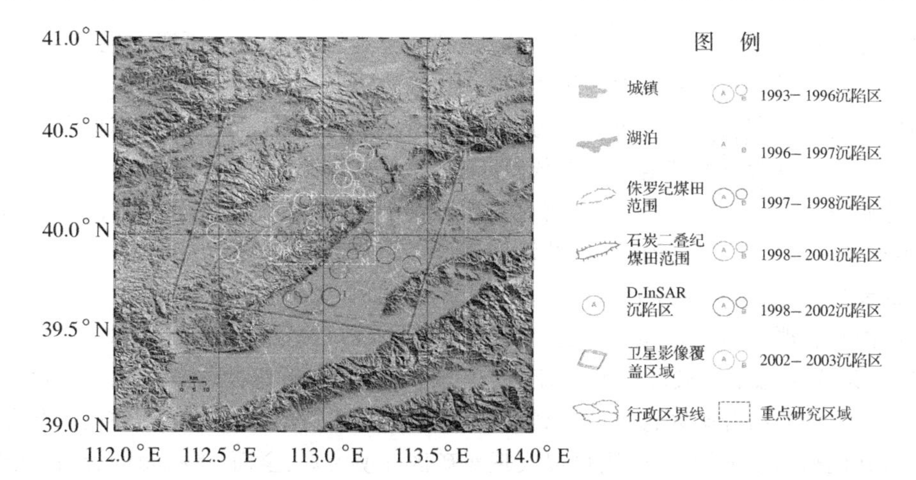

图 9.10　1993—2003 年间大同侏罗纪煤田与石炭二叠纪煤田多期开采沉陷形变场分布

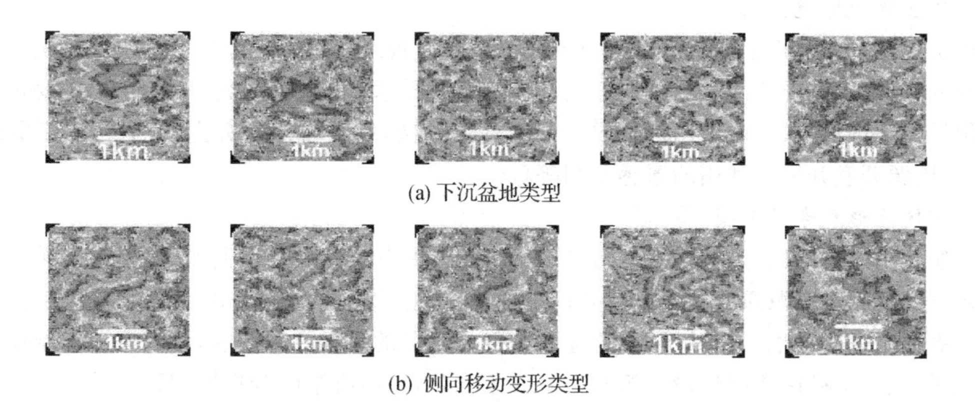

图 9.11　D-InSAR 获取的典型形变场类型

9.6.2　多源遥感技术在矿区环境与地质灾害监测中的应用

多源遥感技术用于矿区环境与地质灾害监测，主要是采用多平台、多时相、多角度、多传感器、多尺度及多光谱分辨率的综合遥感技术(雷达、热红外和可见光-近红外遥感)，结合 GPS 空间大地测量，在通用 GIS 平台下进行典型矿区环境与地质灾害监测，是未来矿区遥感发展的趋势。

1. 多源遥感技术在矿区环境监测中的应用

矿区首先是一个生产环境，其次是一个生活环境。作为生活环境，矿区同城市环境有相类似的共性，是指人类利用和改造自然环境而创造出来的高度人工化的生存环境，既包括地理、气象、生物等自然环境，也包括房屋、工厂、道路、市政基础设施、服务娱乐生活设施在内的社会环境。但矿区又具有鲜明的地域性和行业特征，因为矿区是一个集约化、高强度的矿业资源开发场所，生产与生活相互交错，从而造成环境与发展相互冲突，这也一直是社会普遍关注的焦点领域之一。

多源遥感技术在矿区环境监测中的应用，目前主要集中在如下几个方面。

1)矿区土地资源遥感监测

土地这一界面是遥感图像上反映最直接的环境信息。遥感反映的是地表及地下一定深度环境信息的综合特征，是研究其他环境要素的基础。土地资源遥感是研究土地及其变化的重要手段，也是研究区域生态环境、地表过程的基础。

土地资源遥感研究主要包括土地覆盖、土地利用、土地资源评价、土地动态监测、土地质量指标(如含水量、养分含量及其他土壤参数)评价等。具体包括：土地覆盖遥感分类与制图、土地利用遥感调查、遥感土地资源适宜性调查与评价、多时相遥感土地动态监测、土地退化遥感监测、遥感技术监测矿区土壤指标获取及污染评价。

2)矿区大气环境、水环境监测

煤矿区面临着严重的生态环境问题，如大气污染、水污染与水系破坏、资源浪费、地面沉陷与地质灾害、地表生态系统破坏与水土流失、生态系统紊乱、影响区域微气候及生化过程等。应用环境遥感方法并结合矿区特点，可以实现对煤矿区环境污染与生态破坏的监测与分析；将遥感信息与其他辅助数据相结合，则可以实现对矿区环境宏观、全面、多视角的分析，从而加强对矿区环境破坏和驱动机制的了解，为更好地保护矿区环境、实现区域可持续发展提供支持。

3)矿区资源环境监测

煤炭资源是不可再生能源，加强矿产资源勘探、发现新的资源赋存区也是实现煤炭工业可持续发展、保障国家能源需求的重要方面。应用遥感技术进行矿区资源环境监测，主要包括通过图像目视解译、提取矿产信息进行成矿预测，以及遥感地质综合分析找矿、进行矿产资源勘探、矿产资源开发开采与利用的遥感监测等。

4)矿区地形和专题制图

将遥感制图与矿区特点结合，进行矿区地形制图和各种专题地图制作，也是遥感矿区应用的重要方面。利用多源遥感技术可以获取地面三维地形信息，实现对矿区地形图的制作和地形信息更新。以矿区地图为基础，结合遥感影像中提取的各种专题信息，可以进一步制作各种专题地图，服务于矿区资源环境分析与开发开采优化，提高决策的合理性和科学性。

5)矿区综合信息采集与数字矿山

近年来，随着数字城市、数字化区域的建设，也提出了数字矿山、数字矿区建设的目标。获取各种空间信息是建立数字矿山和数字矿区的基础，应用遥感技术获取地面三维信息的手段可以实现对地面空间信息的获取，利用遥感影像中丰富的地面信息可以快速、可靠地提取地面各种专题信息(如道路、建筑物、植被、水体、村庄等)，从而实现矿区各种数据库和信息系统的建设，为数字矿区、数字矿山的建设提供技术支撑。

总之，多源遥感技术在煤矿区的应用已体现出了明显的优越性，已成为数字矿山与矿山空间信息工程的重要支撑技术。随着今后遥感在空间分辨率、光谱分辨率和时间分辨率等方面的不断改进和提高，遥感技术将为煤矿区生态环境保护、资源优化开发、区域可持续发展等提供更为有力的支持。

2.多源遥感技术在矿区地质灾害监测中的应用

作为人类经济活动密集的工矿区，以矿产资源开发加工利用致使生态环境破坏最为集中、规模最为宏大、程度最为严重，矿区生态环境极其脆弱，往往诱发严重的矿区地质灾害和次生灾害。矿区地质灾害多指人工诱发的诸如山体崩塌、滑坡、泥石流、地面裂隙，地面沉降等多种地质灾害，以及包括煤及矸石自燃、瓦斯突出、矿井污水排放、断层活化与地震、水土流失、土壤盐渍化、土地荒漠化等次生灾害。

综合遥感矿区地质灾害监测技术，包括利用雷达遥感、高光谱分辨率及高空间分辨率的可见光-近红外遥感与热红外遥感解译、计算机信息提取技术，通过光谱特征、空间特征、极化特征和时间特性对比分析，从而获得大部分灾害的孕育、演化、分布特征及空间邻接关系等。如通过可见光-近红外遥感可获得崩塌区的倒石堆影像特征、滑坡体的影像特征、泥石流物源的影像特征、煤与矸石堆放的影像特征、下沉（积水）盆地的影像特征、土地荒漠化的影像特征等矿区地质灾害的特征；通过热红外遥感可获得矿区污水、烟尘排放的热红外遥感影像特征，煤与矸石自燃的热红外遥感影像特征，地下煤炭自燃的热红外遥感影像特征等矿区地质灾害特征；通过雷达遥感可获得崩塌区的干涉形变场、滑坡体的干涉形变场、泥石流运移干涉形变场、地表沉降的干涉形变场、下沉盆地的干涉形变场、干涉形变场揭露的构造活动性等灾害特征。

通过进一步的数据整合与知识挖掘，研究与地质环境相关的孕灾机理、与矿井地质及采矿相关的灾害诱发机制、各类灾害的时间序列演化规律和空间分布特征，对重大矿山灾害事故隐患进行预测、预报，并对灾害作出合理评估，同时制定重大地质灾害应急预案。因此，多源遥感技术进行矿区地质灾害监测应包括以下阶段：

(1)研究建立天空地一体化的多平台（机载、空载、星载）、多角度（正侧视和多极化方向）、多传感器（光学、红外、雷达）、多时相（多时间分辨率）、多尺度（多空间分辨率）、多光谱分辨率的遥感信息获取与多源信息集成的矿区地质灾害分类调查及矿区地质灾害动态监测体系。

(2)结合地质、地形、钻探、物探等地面、地下调查资料，形成多种地质灾害的三维空间表达，充分利用现代空间分析、数据采集、知识挖掘、虚拟现实、三维可视化仿真、网络、多媒体和科学计算技术，形成数字矿山区域地质灾害孕灾环境宏观调查体系。

(3)建立主要和次生地质灾害遥感信息评价模型，研发基于综合遥感信息和地理信息系统技术的煤矿区地质灾害灾情损失评估系统。

(4)在利用3S技术进行矿区地质灾害分类调查与损失评估系统的基础上，划分地质灾害破坏影响等级，确定地质灾害孕育条件，研究地质灾害演化规律，拟订地质灾害治理方案，建立地质灾害监测、评价、治理和灾害预测预报系统。

思考题与习题

1. 简述利用卫星遥感数据进行地形图修测的方法和过程。
2. 阐述应用遥感信息进行农作物估产的方法？
3. 如何运用遥感手段进行森林资源调查？
4. 举例说明遥感技术在矿区地质灾害监测中的作用。

第 10 章　遥感科学与技术新发展

10.1　对地观测系统新发展

10.1.1　高空间分辨率遥感卫星

1. 我国的测绘卫星

为满足我国测绘行业和社会信息化建设等对测绘卫星的迫切需求，国家测绘地理信息局(原国家测绘局)从 2005 年开始启动测绘卫星计划，并颁布了《测绘部门“十一五”航天规划(草案)》，计划用 10 至 15 年时间建立包括光学立体测图卫星、干涉雷达卫星、激光测高卫星和重力测量卫星等测图卫星系列体系，与已有的导航卫星构成国家空间基础设施，如图 10.1 所示。2012 年 1 月 9 日，成功发射的资源三号卫星是我国真正意义上的第一颗民用测绘卫星。该星携带了三线阵测绘相机和多光谱相机，采用三线阵成像方式，生成立体测绘影像。三线阵测绘相机前视、后视全色影像地面分辨率为 4 m，正视全色影像地面分辨率为 2.1 m，多光谱相机地面分辨率为 5.8 m，能同时获取蓝(0.45～0.52 μm)、绿(0.52～0.59 μm)、红(0.63～0.69 μm)和近红外(0.77～0.89 μm)四个波段影像。卫星可对地球南北纬 84°以内地区实现无缝影像覆盖，回归周期为 59 天，重访周期为 5 天，卫星的设计工作寿命为 4 年。

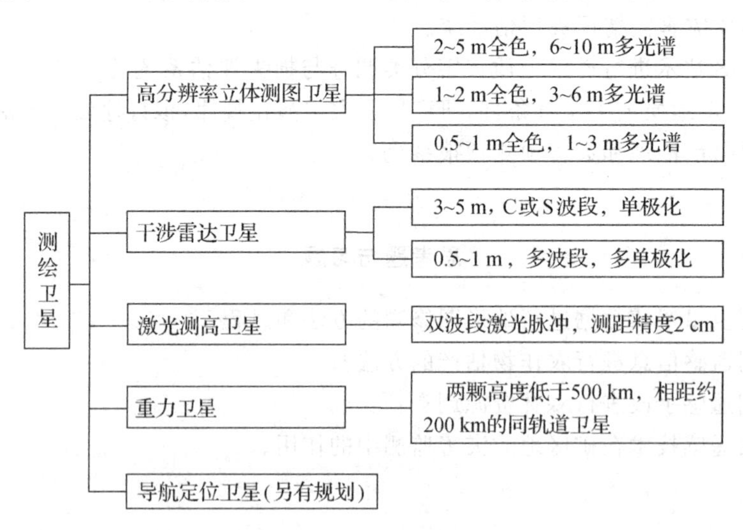

图 10.1　测绘卫星系列

资源三号卫星集测绘和资源调查功能于一体，主要用于 1：5 万比例尺立体测图和数字影像制作及 1：2.5 万等更大比例尺地形图部的快速更新。卫星每天可获取海量影像数据，应用系统每天需接收与处理的 0 级数据量为 1 790 GB、接收和归档 2 508 幅影像；每天可完成 10 幅 1：5 万的 DEM、DRG 和 DLG 生产，1：5 万 152 幅 DRG 与 140 幅 DLG 的更新，以及 600 幅

1：2.5万的DRG和DLG的更新，并生产各类增值产品。

2.国内外测绘卫星应用现状

1)国外测绘卫星应用现状

目前，国外测绘卫星数据已成为1：50万至1：5万地形图修测的主要地理空间数据源。随着对地观测技术的进步和一些庞大计划(如美国国家航空航天局的EOS计划)的实施，资源遥感已进入新的发展时期，卫星测绘制图技术也取得了重大进展。

法国SPOT-5卫星在保持60 km摄影带宽的同时，将影像的分辨率提高到5 m，并利用“超级模式”(supermode)技术方法，使全色波段分辨率达到了2.5 m，而新搭载的高分辨率立体成像仪(HRS)能够获取10 m分辨率的立体影像。

美国第一颗高分辨率商业小卫星IKONOS-2可达到米级分辨率，观测周期为2.9天，利用地面基准点进行图像正交变换，校正处理后精度能达到2 m。QuickBird-2商业卫星的地面分辨率甚至可达0.61 m，平面和高程精度为5 m。美国GeoEye公司于2008年发射的当前最高分辨率的商业遥感卫星GeoEye-1，空间分辨率可达0.41 m。

日本ALOS卫星系统携带三套有效载荷，分别为全色遥感立体仪器(PRISM)、先进可见光近红外2型辐射计(AVNIP-2)和L波段合成孔径雷达(PALSAR)。3个光学系统能获取空间分辨率为2.5 m的光学影像，其正视、前后视相机地面幅宽分别为70 km和35 km。

印度航天测绘发展迅速，其首颗测绘卫星Cartosat-1于2005年发射，可提供2.5 m分辨率的本国和海外地区立体影像，地形高程的确定精度为5 m。

在干涉测量方面，美国的航天飞机测图任务(SRTM)用了11天，对北纬60°和南纬56°之间的区域进行了双天线InSAR成像，取得了全球超过80%的陆地区域的DEM。目前，美国航空航天局对外开放SRTM获取的DEM数据的水平分辨率北美地区达到30 m(1″)，欧亚地区为90 m(3″)。

2)我国测绘卫星的发展和应用现状

我国已经建立了资源、气象、海洋、环境与减灾卫星系列，初步形成了对地观测体系，正在启动高分辨率对地观测系统的重大科技专项计划，以建立更完善的国家对地观测系统。目前，我国对高分辨率卫星影像需求量很大，每年都需要投入大量的经费用于订购SPOT、TM与ETM+、QuickBird、IKONOS、MODIS等卫星数据，用于1：100万、1：25万、1：5万、1：1万基础地理信息的建设与更新。

我国资源一号和二号系列卫星能提供中等分辨率遥感影像，可用于1：100万和1：25万地形图更新。2007年发射的02B星和计划中的CBERS-3/4高分辨率卫星，理论上可对1：5万和1：2.5万基础地理信息进行部分要素的更新，但由于立体观测能力有限无法生成DEM，因此难以满足1：5万和更大比例尺的测绘全面需求。

在卫星测绘数据应用方面，我国已基本解决利用国外卫星数据修测地形图和更新各种比例尺地形数据库的关键技术，形成了较为完善的生产工艺。国家测绘地理信息局从1999年开始大面积利用法国SPOT卫星数据制作1：5万正射影像图和修测地形图，采用美国Landsat的TM数据更新1：25万数据库，为缩短地图的更新周期提供了有效的方法，并积极投入开展未来测绘卫星影像处理技术的基础性研究和建设，以及高分辨率卫星影像几何纠正及后处理方案方法的研究和应用。

3.我国测绘卫星发展规划

我国拟用10～15年时间,建立具有长期稳定运行能力的测图卫星体系,作为国家空间基础设施建设的重要组成部分。其中,高分辨率光学立体测图卫星包括2 m全色、10 m多光谱和5 m全色立体影像,以满足国家1∶5万地形测图和基础地理信息生产的需要和以及满足资源调查等方面的应用需要;1～2 m全色、3～6 m多光谱的超高分辨率光学立体测图卫星,用于区域基础测绘(满足1∶1万地形测图的需要);0.5～1 m全色、1～3 m多光谱的甚高分辨率光学立体测图卫星,用于城市1∶2 000～1∶5 000地形测图和基础地理信息生产的需要;干涉雷达卫星包括3～5 m、单波段、单极化干涉雷达卫星,满足困难地区1∶5万基础测图的需要;0.5～1 m、多波段、多极化干涉雷达卫星,满足困难地区测绘1∶1万地形测图和基础地理信息生产的需要;激光测高卫星利用激光脉冲来精确测定地面和海面高度,完成对陆地地形和植被的采集,建立高精度的全球DEM模型,并可测定局部地形的年度变化,精度可达米级。

目前,我国正在开展对图10.1所列激光测高卫星的轨道设计、控制激光脉冲计时器的时钟稳定性、卫星方位以及激光器指向的精确确定方法等关键技术预研,发展自主的激光测高卫星;研制开发低—低卫星跟踪卫星模式的卫星重力测量系统,用来测定高精度的全球重力场及其随时间的变化,以精确求定大地水准面,建立和维护高精度的高程基准及其框架,实现高程测量自动化;导航定位卫星用来测量地面运动或静止物体的三维坐标,国家已对导航定位卫星系统作出了详细的规划。

10.1.2 机载LiDAR技术

1.机载LiDAR原理

机载LiDAR(light laser detection and ranging)又称为机载雷达,是激光探测及测距系统的简称。它集成了GPS、IMU、激光扫描仪、数码相机等设备,其中主动传感系统(激光扫描仪)利用返回的脉冲可获取探测目标高分辨率的距离、坡度、粗糙度和反射率等信息,而被动光电成像技术(数码相机)可获取探测目标的影像信息,经过信息处理后生成逐个地面采样点的三维坐标,最后经过综合处理得到沿一定条带的地面区域三维定位与成像结果,如图10.2所示。

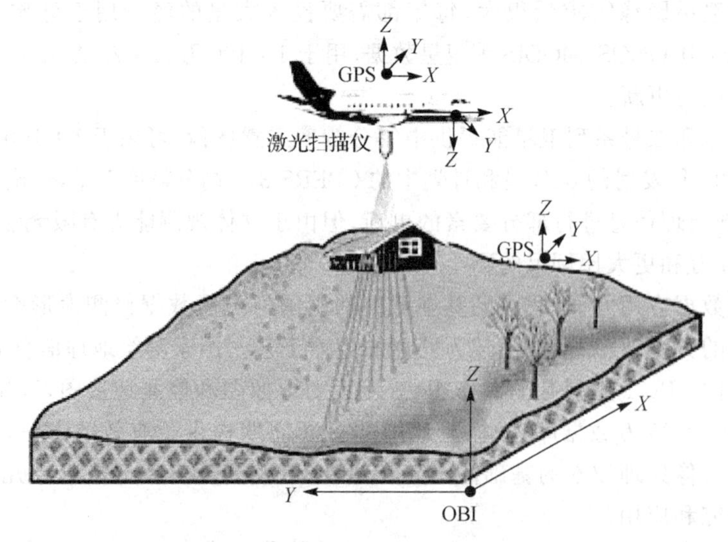

图10.2 机载LiDAR工作原理

2. 机载 LiDAR 数据处理

机载 LiDAR 代表了对地观测领域新的发展方向，就数据获取方式来讲更像是大地测量系统(通过测边、测角进行定位)，就数据后处理方式来讲却与摄影测量系统相似，包括地物的提取、建筑物的三维重建等。

1)确定航迹

通过地面 GPS 基准站和机载 GPS 测量数据联合差分解算，即可精确确定飞机飞行的轨迹。

2)激光点三维空间坐标的计算

利用仪器厂家提供的随机商用软件，对飞机的 GPS 轨迹数据和姿态数据、激光测距数据及激光扫描镜的摆动角度数据进行联合处理，可得到各测点的三维坐标(X,Y,Z)数据。这样得到的是大量悬浮在空中且没有属性的离散点阵数据，被形象地称为“点云”。

3)激光数据的噪声和异常值剔除

由于水体对激光的吸收以及其他原因，致使有些激光测距点无明显的回波信号，那些具有镜面反射的地面也没有回波测距值。此外，由于电路等原因也会使数据中产生异常距离值。因此，在处理激光测距原始数据时，必须剔除异常点(指测距远大于飞行高度的奇异点或特别小的无效数据，如飞行高度为 1 000 m 时，大于 1 500 m 和小于 200 m 的点都认为是异常点)。

4)激光数据滤波

目前，机载 LiDAR 数据滤波的方法多是基于激光数据脚点的高程突变等信息进行的，大致上可分为形态学滤波法、移动窗口法、迭代线性最小二乘内插法、基于地形坡度滤波等。滤波的基本原理是基于邻近激光脚点间的高程突变(局部不连续)，这可能是较高的点位于某些地物所引起的。如陡坎只会引起某个方向的高程突变，而房屋所引起的高程突变在四个方向都会形成阶跃边界。在同一区域一定范围内，地形表面激光脚点的高程和邻近地物(房屋、树木、电线杆等)激光脚点的高程变化较为显著，在房屋边界处则更为明显。局部高程不连续的外围轮廓反映了房屋的形状。两邻近点间的距离越近、高差越大，较高点位于地形表面的可能性就越小。因此，判断某点是否位于地形表面时，应顾及该点的距离。随着两点间距离的增加，判断的阈值也应适当放宽，目的是为了同时考虑地形起伏引起的高程变化。

5)激光数据拼接

机载 LiDAR 对某区域作业时，受航高和扫描视场角的限制，必须飞行多条航线，而且还要保持 10%～20%的航向重叠度。由于各种误差的存在和影响，两条航带的 DTM 在拼接中会产生系统误差和随机误差。利用机载 LiDAR 同时获取的重叠区域的地面影像，可消除航带间的系统误差。为使测区 DTM 正确拼接，还必须消除航带间出现的随机误差，可采用一种变系数的加权平均法，即

$$H_{\text{overlay}}=\frac{R_1}{R_r+R_l}H_r+\frac{R_r}{R_r+R_l}H_l \tag{10.1}$$

式中，R_r、R_l 为当前 DTM 点到重叠区最右侧和最左侧的距离，H_r、H_l 为重叠区右侧和左侧的 DTM 值。由于飞行的复杂性，两条航线间每行扫描数据的重叠是不一样的，因此权系数随每行的扫描数据而变化。每行中的每个像素也是变化的，这样就保证了重叠区到非重叠区的平稳过渡，真正做到无缝拼接。

6)激光数据分类输出

数据分类处理后剔除了一些不必要的数据，数据量将随之减小。当表面相对平滑(如地

面、电力线或建筑物等)时,数据量减小幅度较大,反之则较小,如植被等。分类后的数据以ASCII或二进制形式输出。

7)坐标转换

由于POS动态定位坐标是WGS-84坐标系,而所需的计算成果为国家坐标系或地方坐标系,因而必须解决空间坐标的转换问题,一般是采用GPS基线向量网的约束平差方法。此外是高程基准问题,GPS提供的是以椭球面为基准的大地高程,而实际需要的是以大地水准面为基准的正常高系统。高程基准的转换,可通过测区内若干已知正常高程的控制点拟合建立高程异常模型来进行。

8)影像数据的定向和镶嵌

数字影像先进行解压处理,然后进行空中三角测量,并结合激光扫描测量的DTM数据进行定向镶嵌,形成DOM。

3.机载LiDAR应用

1)防灾减灾

利用机载LiDAR数据生成的DEM,水文学家据此可预测洪水的范围,制定减灾方案及补救措施。典型的用一架固定翼飞机携带机载激光雷达系统,可在4 h内完成长30 km、宽10 km区域的勘测,其垂直精度可达15 cm,平均点距为1.5 m,合计记录1.53亿个反映详细地形地物的数据点。

2)油气勘测

石油及天然气的勘测常常需要在短时间内快速传送与地形位置相关的数据。虽然有多种方法收集位置数据,但机载激光雷达测量是一种高速且不接触地面的数据获取方法,从勘测开始到最终数据发送只需要几周的时间。在一些环境复杂的地区进行勘测,仅砍伐树木每公顷的费用就要花费数千美元,如用机载LiDAR进行勘测,最多只需伐几行树,这样可节省大量的经费且减少了对环境的影响。

3)电力线及管道走向制图

机载LiDAR系统非常适合传输线路的测量。飞机沿电力线或管道传输走廊飞行时,若同时携带数字相机、录像机或其他传感设备,则可在进行激光雷达测量的同时进行制图与线路检查等工作。

4)海岸制图

传统的摄影测量技术有时不能用于反差小或无明显特征的地区,如海滩及海岸地区。动态传感技术如机载LiDAR技术正好解决了上述问题,可用于对海岸带、沙滩、堤防、岸边树林的监测与制图,以及模拟风暴中的波浪起伏或海平面的上升。

5)林业

林业是机载LiDAR技术最早商业应用的领域之一,因为管理者需要森林及树冠下面地形的准确数据,而其他方法很难获取树高及树的密度信息。机载LiDAR与微波雷达或光学成像不同,它在勘测树冠下地形的同时还可以测量树的高度。独立的激光束返回值可分为植被返回值与地面返回值,由此可计算出许多与林业有关的信息,如树高、树冠覆盖、材质和生态环境等。

6)在限制进入地区的应用及其他应用

在密集的植被覆盖和没有可通行的道路地区,对如沼泽、野生动物保护区及森林保护区等地区，传统光学摄影测量技术很难进行有效的勘测，而机载 LiDAR 则可不受限制地对上述区域进行勘测，还可进一步对有毒废料场所或废料倾倒场所进行测量。

机载 LiDAR 的应用范围相当广泛，如包括机场限制区测量，检测机场起降区内的超高障碍物等。此外，利用机载激光 LiDAR 生成的 DEM 可对卫星影像进行校正。

10.1.3 PS InSAR 技术

1. PS InSAR 技术简介

近年来，由于 InSAR 技术具有探测精度高(亚毫米级)、成本低、连续性和探测能力强等特点，已越来越广泛地应用于矿山开采、地震、火山运动、地下水开采等引起的地面沉降研究。D-InSAR是利用三幅 InSAR 复图像或两幅 InSAR 复图像加上一幅 DEM 图像进行地面沉降观测等微小形变的观测，其精度可达毫米级。但是，由于 InSAR 技术对大气误差、卫星轨道误差、地表状况以及时态不相关等因素非常敏感，意大利学者费瑞迪德(Ferrettit)和罗卡(Rocca)于 1999 年提出了永久散射体理论。

永久散射体(permanent scatterer，PS)是指在长时间跨度 InSAR 图像序列中稳定的天然反射体即散射体，其在长时间间隔内能保持高相干，由于其小于 SAR 像元尺寸，即便基线长度超过临界基线距也能保持相干。利用时序相关系数阈值法和振幅离差指数阈值法，可识别出影像中最大可能的反映相位稳定的点即 PS 点。通过选择 SAR 影像集中的一幅 SAR 影像作为主影像，所有 N 幅影像都分别与主影像配准，生成 N 幅干涉纹图。对每幅干涉图建立大气模型，通过建立联立方程来消除大气影响，最终可解算出地面微小的形变。PS InSAR 一般需要 20～30 幅左右的干涉图像，监测精度可以达到毫米级。PS InSAR 的最大优点是可以利用 Tandem 数据生成地形相位，长时间对某地区进行地面沉降监测，如城市地面沉降、大型建筑物沉降、采矿区地表沉陷监测等，并且测量精度高，但缺点是数据处理相对复杂。

2. PS InSAR 数据处理

1)影像配准

影像配准就是计算参考影像到待配准影像的影像坐标映射关系，再利用这个关系对待配准影像实行坐标变换、影像插值和重采样，影像配准的精度要求达到子像元级，通常分粗配准和精配准两个阶段。如果在 SAR 图像中均匀地布设了一些角反射器，就可以用角反射器的精确位置来进行图像的配准和重采样。

2)生成干涉图

给定要进行 PS 处理的 $N+1$ 幅 SAR 图像，选择其中一个为主图像，其余的作为从图像。主图像的选择主要考虑空间基线、时间间隔、季节以及图像质量等因素，如果其相位受大气影响很大，则选取其他图像作为主图像。在选定一幅主图像和 N 幅从图像后，就可以生成 N 幅干涉图，同时获得相干图以及重采样后的从图像等。在生成干涉图的同时，还应该去掉平地效应引起的相位。

3)PS 点的选取

PS 点的选择对于地壳形变计算至关重要，这就要求 PS 点应当具有很高的稳定性，并且探测 PS 点的概率应当尽可能的高，以便大部分 PS 点可以有效地被挑选出来。通常用设定相关阈值来判断 PS 点，如果某一目标的相关值始终大于某一给定的阈值，即可视为一个 PS 点。由于干涉图的基线偏差及 DEM 误差，使得有的相关图无法判断 PS 点。如果 DEM 引起的相位变化以及目标运动引起的相位变化没有得到消除，相关值大小往往会被低估，因此有必要采用 200～300 m 范围内的基线作为 PS 方法选取干涉影像的标准。

4)地形相位去除

在生成干涉图的同时已经去除了平地相位。为了分离出形变相位，还需通过外部 DEM 或干涉生成的 DEM 去除地形相位。

5)获取形变信息

在去掉平地相位和地形相位之后，就剩下了形变相位、大气相位、DEM 误差引起的地形误差相位、噪声相位等相位成分。有 N 幅干涉图，对每一个 PS 点也就有 N 个等式，假定一个相位变化模型(如线性模型)和大气模型对这些等式进行联立运算，可得到最优的形变速率、DEM 误差和大气相位。对经过大气相位修正的干涉图再次进行运算，就可以得到大气校正后的形变值。

3. PS InSAR 应用展望

虽然 D-InSAR 技术已经取得了不少令人瞩目的应用成果，但时间失相干因素极大地限制了 D-InSAR 的广泛应用，大气效应也会影响 D-InSAR 的测量精度。而 PS InSAR 技术则在很大程度上解决了这两个难题，即使在无法获得干涉条纹的情况下，利用基于多时相 SAR 图像和相位稳定像元点集的 PS 技术也能取得毫米级的地表形变运动测量精度，因而大大增强了干涉测量的环境适应能力及测量精度，是干涉研究领域的一项重大技术突破，具有巨大的实际应用潜力。

1)城市地面沉降监测

目前，在我国有许多城市受到地面沉降的困扰。科研人员利用 1992 年至 2000 年间的 25 幅ERS-1/2 SAR 影像，对苏州城区完成了 PS 探测与相应信号的反演工作，得到该城区8 年间的地面沉降速度场，取得了与水准测量数据很好的一致性。

2)灾害监测

近年来，我国科技部与欧洲空间局合作开展“龙计划”项目对地表形变进行研究。西藏地震局在当雄断裂带关键位置布设人工角反射器来监测该地区的地震断层活动情况，通过长时间不间断地测量断层形变的变化情况，分析研究地震的孕育过程。此外，在三峡库区布设人工角反射器监测滑坡，已成为国内外首创性的研究工作。PS InSAR 技术作为一种快速、有效、低成本的灾害监测手段，将有助于提高和改善我国的防震、减灾技术水平。

3)PS 信息 Web 方式可视化

将 PS 点信息与 GIS 数据库叠加，通过 Web GIS 以可视方式放置在更大范围内进行研究，有助于对大区域地面沉降模式进行分析。例如将 PS 点信息与当今广泛流行的 Google Earth 进行链接，不但促进了有效数据的分享，还为 PS 数据处理一方与最终用户间提供联合解译 PS 数据的桥梁，避免出现对 PS 点的解译不足或解译过度的情况，同时有助于地域专家揭示出更为局部的现象。

4)PS InSAR 与 GPS 协同测量

PS InSAR 与 GPS 在精密探测地表形变方面具有优势互补性。开展两者协同测量研究，将更好地发挥 InSAR 测量的潜力。如对于缺少测量控制点且不稳定的地区，首先通过 PS 探测优选出稳定区域，建立 GPS 长期观测站；其次是计算 PS 点变形量，对长期观测站 GPS 数据进行参考控制点标定；最后通过 GPS 数据去除 PS 点水平分量，可更为精确地测定出垂直分量

（沉降）。通过与 GPS 测量数据互检还可以提高估算精度。

综上所述，对地表变形进行准确的测量与监测，是进一步发展板块动力学理论和理解地震、造山、地面沉降等自然现象的基础，PS InSAR 技术因其全天候、稳定性、高测量精度等优势，必将成为地壳构造变形、地面沉降研究的新的强有力工具。

10.1.4　无人机低空遥感技术

1. 无人机遥感简介

无人机遥感（unmanned aerial vehicle remote sensing）技术，是利用先进的无人驾驶飞行器技术、遥感传感器技术、遥测遥控与通信技术、GPS 差分定位与导航技术，自动化、智能化、专题化地快速获取国土、资源、环境等信息的低空遥感系统。由于其具有传统卫星遥感无法比拟的高时效、高分辨率、低成本、机动性强、可重复使用且风险小等诸多优势，应用领域从最初的军事侦察等领域扩大到资源环境监测、灾害监测、地形测绘以及处理突发事件等领域，已成为世界各国目前争相研究的热点。

2. 无人机低空遥感的特点

无人机是通过无线电遥控设备或机载计算机程控系统进行操控的不载人飞行器，适用于完成有人驾驶飞机不宜执行的任务，如危险区域的地质灾害调查、空中救援指挥和环境遥感监测等。按照系统组成和飞行特点，无人机可分为固定翼型无人机和无人驾驶直升机两大类，如图 10.3 和图 10.4 所示。

图 10.3　固定翼型无人机

图 10.4　无人驾驶直升机

固定翼型无人机通过动力系统和机翼的滑行实现起降和飞行，抗风能力比较强，能同时搭载多种遥感传感器。固定翼型无人机的起降需要比较空旷的场地，比较适合矿山资源监测、森林和草场监测、海洋环境监测、污染源及扩散态势监测、土地利用监测等领域的应用。无人驾驶直升机的优势是能够定点起飞、降落，对起降场地条件要求不高，但直升机的结构比较复杂、操控难度大，主要应用于突发事件的调查，如单体滑坡勘查、火山环境监测等领域。

目前的无人机遥感系统多使用小型数字相机（激光或红外扫描仪等）作为机载设备，与传统的航空像片相比，存在像幅较小、影像帧数多等问题，针对其影像特点及相机定标参数、拍摄（或扫描）时的姿态数据和有关几何模型，已开发出相应的软件对图像进行几何和辐射校正处理，还有影像自动识别和快速拼接软件，可实现影像质量、飞行质量的快速检查和数据的快速处理，以及进一步的建摸、分析使用的遥感图像处理软件。图 10.5 为无人机系统获取的多种类型遥感图像。

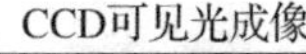

红外成像

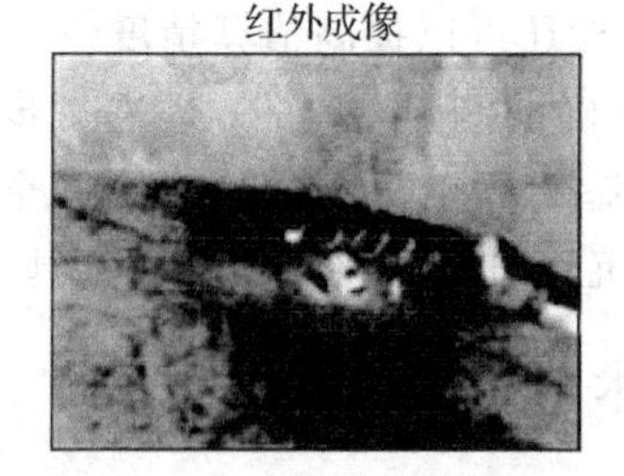

三维地形激光扫描

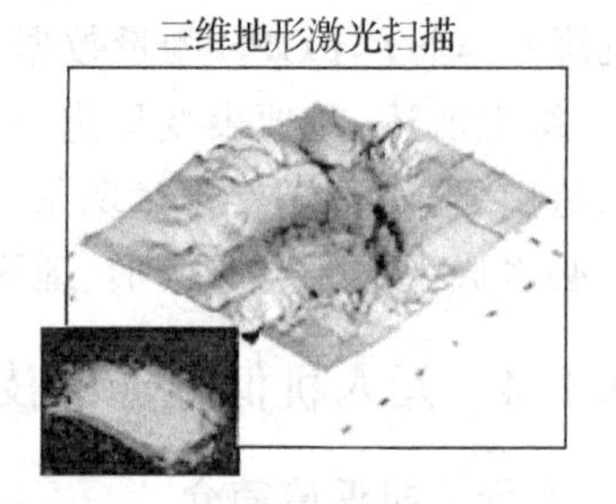

图 10.5 无人机系统获取多种类型遥感图像

3.无人机遥感应用及发展前景

无人机作为一种新型的遥感平台将得到越来越广泛的应用，并将在以下领域发挥重要作用。

1)在突发事件中的应用

无人机以其高机动性能为应对突发事件提供了新的途径。当火灾现场情况复杂使消防员无法靠近现场作战时，无人机可在最短的时间内、最大限度地接近灾情现场，为指挥员提供最直接、最真实的第一手数据，可为监视灾情发展及应急指挥提供科学的决策依据。无人机遥感在美国北卡罗来纳州自然灾害调查中，应用实时获取的遥感影像对地震后出现问题的道路、桥梁、构筑物等进行评估，快速确定震后的救灾路线，为灾害治理提供及时、准确的数据。日本减灾组织使用无人机携带高精度数码摄像机和雷达扫描仪对正在喷发的火山进行调查，可抵达人们难以进入的地区并快速获取现场实况，据此对灾情进行评估。2008 年我国汶川大地震抢险救灾中，无人机遥感发挥了极其重要的作用(图 10.6)。

(a) 绵竹汉旺镇局部影像

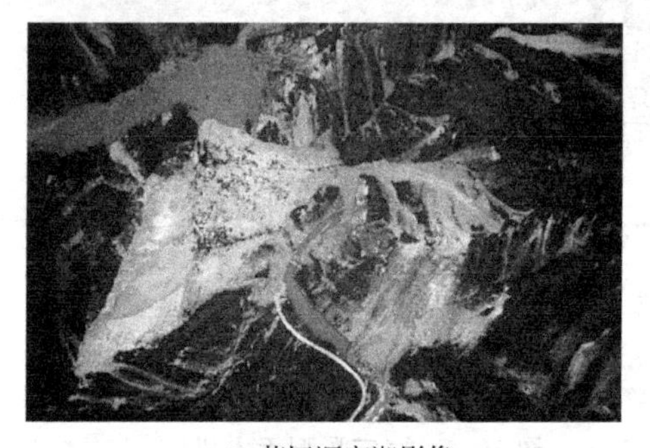

(b) 茶坪堰塞湖影像

图 10.6 汶川地震无人机遥感影像

2)在气象监测中的应用

无人气象飞机可装载遥感设备对温度、湿度、压强等气象参数进行遥感测定，并已经取得了可喜的成果。美国在 20 世纪 60 年代就开始采用名为 Compass Cope 的无人机代替气象飞机作为空中气象侦查平台，通过 1970 年至 1974 年期间的飞行试验，认为无人机有诸多优点可以代替气象卫星。世界气象组织(World Meteorological Organization, WMO)大气探测委员会和国际科学联盟理事会，提出了微型无人驾驶探空飞机发展计划。中国气象局将微型无人机探空研究工作列入了“八五”计划，科研人员用 GPS 导航无人机携带数字电子探空仪在河北省怀来县和南昌机场两地进行了 1 000 m 和 3 000 m 高度的探测试验，将风速测量结果与探空站雷达测得的结果进行比较，两种测量技术所得的结果非常接近，且温度、气压、湿度和测量精度也都达到了设计指标。

3)在资源调查与监测中的应用

无人机遥感在资源调查与监测方面的应用主要是土地、资源调查与分类以及环境监测等。广西气象减灾研究所在2002年利用装载佳能EOS 300D型数码照相机的无人机对广西武鸣县进行了土地资源调查,经实地取样检验:定位平均偏差为1 m,最大偏差为2 m,基本没有角度变形。2003年中国测绘科学研究院研制完成的UAVRS-Ⅱ型低空无人机遥感监测系统选用高分辨率面阵CCD数码相机作为主要遥感设备,实现了大比例尺航摄的面积覆盖,并通过国土资源部组织的部级验收。台湾大学理学院空间信息研究中心利用无人机拍摄低空大比例尺图像,配合FORMOSAT2分类进行异常提取,解译台湾桃园县非法废弃堆积物(固体垃圾等),用于环境污染和执法调查。

总之,无人机非常适合在建筑物密集的城市地区和地形复杂地区应用。随着无人机遥感系统技术的进一步发展和完善,必将在城镇规划、道路桥梁测量、新农村建设、国土资源调查、舰载化的海岛(礁)测绘等诸多领域发挥巨大的作用。

4.目前存在的问题

无人机遥感作为低空数据采集的重要手段,具有续航时间长、影像实时传输、高危地区探测、成本低、机动灵活等优点,已成为卫星遥感与有人机航空遥感的有力补充,将成为未来的主要航空遥感平台之一。然而要使无人机成为成熟的遥感平台,还有多个关键技术需要解决。

1)起降技术与抗风性能有待改善和提高

在林业等行业的应用以及突发事件的处置中,工作环境一般处于山区,且树木、电杆、房屋较多,使用较大型无人机往往难以找到符合起飞要求的场地,而小、轻型无人机则由于飞行高度低,易受风速、风向的影响。因此,如何利用弹射起飞、撞网回收技术降低无人机对起飞场地的要求,以及在不增加重量的条件下保证飞行的稳定性,是目前急需解决的关键技术问题。

2)传感器及其姿态控制技术

由于无人机的载荷非常有限,而现有的高精度传感器由于体积、重量等方面的限制,可供选择的不多。因此,研究开发适合无人机搭载的小型传感器,以及实时提供飞行高度、飞行速度等数据的自动姿态控制系统,有待进行深入的研究。

3)数据传输与存储技术

无人机搭载的主要是非量测型CCD相机,为满足大比例尺测图的精度要求,必须作相关的检校,解求相机的内外方位元素和畸变校正参数。对于使用大面阵CCD相机,由于获取的影像数据量较大,需开发专用的数据传输和存储系统。飞行器的测控数据和遥感数据需要实时传输时,还可以通过卫星通信来实现。

4)遥感数据的后处理技术

由于小型数码相机获取的影像存在像幅小、影像帧数多等问题,应根据相机定标参数、空间姿态和有关几何模型对图像进行几何和辐射校正,并开发影像自动识别和快速拼接软件,实现对影像质量与飞行质量进行快速检查和数据的快速处理。

10.2 遥感信息处理新发展

对地观测技术系统从研制、升空、在轨运行到数据的接收、处理与应用是一个复杂的系统工程和长期的过程,在轨运行的卫星、地面数据接收系统、地面数据处理系统和应用系统构成了遥感数据一个完整的流程。地面信息处理就是处理、存储和归档遥感数据,生产并分发卫星数据产品的计算机系统,涉及高性能计算技术、数据库技术、网络技术、海量数据的管理与快速查询技术、系统设计与集成等计算机技术和遥感数据处理及其产品生产技术、卫星与有效载荷运行管理技术、遥感应用技术等多个方面的关键技术。

10.2.1 遥感信息处理技术的发展趋势

地面信息处理技术经历了从20世纪70年代至80年代的实验研究型,20世纪90年代的业务运行型阶段,目前已经发展到多星综合业务运行阶段。在20世纪90年代前,信息处理基本上是一颗卫星对应一个数据处理系统,至多是一个系列的卫星对应一个数据处理系统。随着社会对卫星遥感数据需求的日益增长,已经形成了多颗卫星共同在轨运行、优势互补的局面。随着计算机技术、数据库与网络技术、遥感数据处理技术等关键技术的飞速发展,地面数据处理系统功能将不断丰富,性能指标将极大提高,并呈现如下发展趋势。

1.多星综合地面数据处理系统

地面数据处理系统目前已发展到多颗卫星、多种有效载荷数据集中处理、归档、产品生产与分发的阶段,并向多星综合地面数据处理系统发展。多颗卫星及多种有效载荷优势互补,任务统一编排,数据共享,从而彻底摒弃了一个地面数据处理系统对应一颗卫星的模式。多星综合地面数据处理系统的发展,有利于提高数据共享、产品服务及应用水平。

2.以数据及其信息产品服务为核心

地面数据处理系统从以数据处理、产品生产,逐步向以数据及其信息产品服务为核心方向转变。虽然遥感数据种类和数量增长迅速,但用户需要的不是数据本身,而是其中蕴含的各种有价值的信息。因此,应不断努力地为用户提供全面、深层次的卫星数据产品及其信息的服务,充分发挥遥感数据的价值和作用。

3.数据的统一管理、共享与综合服务

随着遥感数据量的飞速增长和种类的不断丰富,地面数据处理系统对数据归档管理的任务持续加重。因此,数据的管理要集中、统一,以保证数据的完整性和可共享性,方便用户对多种类型数据进行综合分析和应用。

4.系统服务功能水平的提高

用户需求的快速增长,促使卫星信息处理系统功能的进一步丰富、性能指标的提高。如在突发事件或自然灾害监测中,需要实时提供数据及其信息。同时,用户对卫星数据及信息产品的质量要求越来越高,这就要求我们提供高精度的产品与服务,并在时间上突出"快",在质量上突出"高精度",在数据及覆盖区域上突出"全",在数据提供上突出"连续、稳定"。

5.自动化、智能化、网络化、小型化

随着计算机设备性能指标的成倍增长和体积的小型化,地面数据处理系统必然向自动化、智能化、网络化、小型化方向发展。目前,地面数据处理系统的数据录入归档处理、产品生产和网络分发等主要功能都可集成在一台计算机服务器或计算机工作站上完成。同时,数据处理及产品质量的监测、评价,任务调度与协调等正向智能化方向发展,逐步减少人为的干预。

6.模块化、结构化

系统结构的模块化、结构化,使整个系统根据需要实现裁减。不仅软硬件设备可以裁减,而且功能也可以裁减。当有新的遥感数据进入系统进行处理、归档、产品生产与分发时,只需将相应数据的处理模块根据一定的规则加入系统中即可完成。

7. 系统的异构与兼容

地面数据处理系统中的技术需要不断地被更新，设备也需要经常维护和更换。因此，当采用一项新技术或新设备时，必须使其做到与其他技术或设备的有机集成和兼容。因此，地面数据处理系统采用异构，并且是不同设备和技术兼容的系统。

8. 天地一体化密切结合

地面数据处理系统和应用系统构成卫星数据及其应用的链条。因此，必须掌握卫星运行和数据的特点，开发具有针对性的数据处理方法，以保证数据处理和产品生产的质量。应用系统或用户对卫星数据产品应用效果的评价是判断卫星研制水平的依据，为了充分发挥卫星遥感数据的效益，卫星、地面数据处理系统和应用系统应密切结合，形成天地一体化的良性循环。

9. 大量采用商用软件

地面数据处理使用的通用软件如数据库、数据存储与迁移、网络、运行管理与任务调度等，大量采用了通用的专业化商用软件，这样可节约系统开发成本和时间、降低系统开发风险，便于将技术开发的注意力集中到核心的卫星数据处理上来。

10. 通用化软硬件设备的采用与共享

地面数据处理系统采用通用化、主流的软硬件设备，易于系统集成，便于系统的维护和更新，降低建设成本和培训费用，促进软硬件设备资源最大程度的共享，充分发挥出每台设备的作用。目前，通用化的主流设备可以满足系统的绝大部分需求。

11. 注重系统的各种数据统计分析

地面数据处理系统不仅对存储管理的海量的各种遥感数据本身进行多种处理和分析，而且对数据的使用情况也进行各种统计分析。获取的这些统计分析数据成为管理这些数据的依据。系统建立多个指标，详细记录着描述系统运行的各种指标数据，并使这些数据成为评价、完善、优化系统的依据。

10.2.2　面临的挑战

目前，地面数据处理系统的建设和运行面临着巨大的挑战，主要表现在以下几个方面：

(1)应用需求的快速增长，挑战地面数据处理系统的服务能力。

(2)卫星及有效载荷技术的发展，挑战地面数据处理系统的数据处理能力。

(3)由于卫星及其有效载荷数量的增加，数据分辨率的提高，导致地面数据处理系统需要存储管理的卫星遥感数据量飞速增加。

(4)新技术或设备的采用和新型卫星遥感数据的处理，挑战系统扩充、集成与兼容的能力。

(5)系统建设面临的挑战。

(6)采用商用软件带来的挑战。

10.3　遥感应用服务新发展

10.3.1　天地一体化对地观测

随着信息时代的到来，一个“天地一体化”大测绘概念正在形成，即基于 3S 和通信技术集成的地球空间信息科学。这个信息化的大测绘是利用陆、海、空、天一体化的导航定位和遥测遥感等空间数据获取手段，自动化、智能化和实时化地回答何时(when)、何地(where)、何目标(what object)发生了何种变化(what change)，并将这些时空信息(即4W)随时随地提供给每个人，服务到每件事(anyone,anything,anytime and anywhere,4A服务)。下面从时空信息获取、加工、管理和服务四个方面对未来的技术发展作简要介绍，最后阐明在天地一体化地球空间信息学环境下测绘学科的地位与作用。

1.时空信息获取的天地一体化和全球化

人类生活在地球的四大圈层(岩石圈、水圈、大气圈和生物圈)的相互作用之中，其活动范围可涉及上天、入地和下海，这种自然和社会活动有80%与其所处的时空位置密切相关。为了获得这些随时间变化的地理空间信息(下面简称时空信息)，在20世纪航空航天信息获取技术的基础上，21世纪人们已纷纷在构建天地一体化的对地观测系统，以便实现全球、全天时、全天候、中高分辨率的点方式和面方式的时空数据获取系统。

2003年7月31日美国国务院召开的第一届对地观测部长级高峰会议，发布了对地观测的《华盛顿宣言》，成立了政府间对地观测组织(GEO)，正式提出要建立一个功能强大的、协调的、持续的分布式全球对地观测系统。这种合作主要涉及全球环境、资源、生态及灾害等方面，研究的问题包括海洋、全球碳循环、全球水循环、大气化学与空气质量、陆地科学、海岸带、地质灾害、流行病传播与人类健康等。就在华盛顿第一次高峰会上，欧洲空间局正式宣布GMES计划即全球环境与安全监测计划。该计划拟建立和健全一个由高、中、低分辨率的对地观测卫星和伽利略全球卫星导航定位系统，为欧盟18个国家的环境(包括生态环境、人居环境、交通环境等)和安全(包括国家安全、生态安全、交通安全、健康安全等)提供实时服务。

我国正在制定从现在到2020年的国家中长期科技发展规划。规划将正式提出建立我国天基综合信息系统的建议，即通过发射一系列持续运转的卫星群，实现卫星通信、数据中继、全球卫星导航定位和多分辨率的光学、红外、高光谱遥感和全天候全天时的雷达卫星群，获取国家经济建设、国防建设和社会可持续发展所需要的时空信息，并与航空、地面、舰艇、水下等时空信息相融合，以及与国外对地观测系统相互协调与合作，成为信息时代我国的天地一体化时空信息获取系统，从而为地球空间信息的数据源提供坚实的保障。

2.时空信息加工与处理的自动化、智能化与实时化

面对以TB级计的海量对地观测数据和各行各业的迫切需求，我们面临着“数据又多又少”的矛盾局面。一方面数据多到无法处理，另一方面用户需要的数据又找不到，致使无法快速及时地回答用户的问题。于是对时空信息加工与处理提出了要自动化、智能化和实时化的要求。

目前，卫星导航定位数据的处理已经比较成熟地实现了自动化、智能化和实时化，借助于数据通信技术、RTK技术、实时广域差分技术等已使空间定位达到米级、分米级乃至厘米级精度。美国的GPS正在升级，改进其性能，欧盟正在紧锣密鼓地推进由30颗卫星组成的伽利略计划，我国的北斗二代导航系统也将由35颗卫星组成，对更广大的地域进行实时卫星导航定位服务，希望到2020年建成独立自主的全球导航定位系统。

就几何定位和影像匹配而言，遥感数据(高分辨率光学图像、高光谱数据和SAR数据等)的处理可以说已经解决，需进一步研究的是无地面控制的几何定位问题，这主要取决于卫星位置和姿态的测定精度。目标识别和分类的问题一直是图像处理和计算机视觉领域关心的问题，智能化的人机交互式方法已普遍得到应用，人们追求的是全自动方法，因为只有这样才可能进行实时化和在轨处理，进而构成传感器格网，实现直接从卫星上传回经过在轨加工后的有用的数据和信息。基于影像内容的自动搜索和特定目标的自动变化检测，可望尽快地实现全自动化，将几何与物理方程一起实现遥感的全定量化反演是最高理想，本世纪内可望解决。

3.时空信息管理和分发的网格化

时空信息在计算机中的表示，走的是地图数字化道路。在计算机中存储的带地物编码和拓扑关系的坐标串，在互联网环境下实时查询和检索GIS数据是成功的。随着全球信息网格(global information grid, GIG)概念的提出，人们将面临在下一代3G(great global grid)互联网上进行网格计算，即不仅可查询和检索到GIS时空数据，而且还能利用网络上的计算资源进行网格计算。在网格计算环境下，目前的GIS数据面临着空间数据的基准不一致、空间数据的时态不一致、语义描述的不一致以及数据存储格式的不一致等障碍，建立全球统一的空间信息网格对实现网格计算已势在必行。为此，出现了从用户需求出发的空间信息多级网格(spatial information multi-grid, SIMG)的概念，用带地学编码的粗细网格来统一存储时空数据。基本的思想是在地理坐标框架下，根据自然社会发展的不平衡特征将全球分成粗细不等的网格，网格中心点为经纬度坐标和全球地心坐标系坐标，格网内存储各个地物及其属性特征，这种存储方法特别适合于国家社会经济数据空间统计与分析。如果能解决空间信息多级网格与现有不同比例尺空间数据库的相互转换，GIS的应用理论将会上一个新的台阶，空间数据挖掘也可望得到更好的应用，使空间分析和辅助决策支持上一个新台阶。

4.时空信息服务的大众化

人类的社会活动和自然界的发展变化都是在时空框架下进行的，地球空间信息是它们的载体和数学基础。在信息时代，由于互联网和移动通信网络的发展加上计算机终端的便携化，使时空信息服务的大众化代表了当前和未来的时代特征，也是空间信息行业能否产业化运转的关键。时空信息服务要以需求为牵引，不同的用户、不同的需求，要求提供不同的服务。在国防建设中，除了整个数字化战争的准备、策划、实时指挥、战场姿态、作战效果评估的大系统外，时空信息服务的本质就是将3S集成技术做成适合于各兵种、各作战单元和战士的时空信息多媒体终端，既可实时导航定位、实时通信，也可以实时获取和提供所需要的军事时空信息，这样的3S集成系统将成为装备提供给部队。时空信息对政府高效廉政建设的服务就是为电子政务提供必要的具有空间、时间分布的自然、社会和经济数据与信息。目前的各种比例尺地形数据库距离电子政务和国家宏观决策分析使用尚有较大的距离，希望能通过空间信息网格技术加以解决。时空信息为我国小康社会服务带来了很好的机遇与挑战性任务，需要我们创造高效优质的服务模式，包括汽车导航、盲人导航、手机图形服务、智能小区服务、移动位置服务等，可以统称为公众信息化(citizen automation, CA)。时空信息的社会经济服务包括对国家资源、环境、灾害调查和各种经济活动的时空分布及其变化的实时服务，数字城市、数字化物流配送诸方面的时空信息服务。至于时空信息对社会可持续发展的科学研究，则需要建立功能强大的、协调的、可持续的分布式或全球对地观测系统，这已在前面叙述。需要指出的是，时空信息的全社会服务是拉动地球空间信息学和3S技术产业化发展的根本原动力，具有巨大的市场发展前景。

5.天地一体化大测绘概念下测绘的地位与作用

通过以上对大测绘(即地球空间信息学)发展特点的分析，我国测绘业将面临着前所未有的发展机遇与更加庞大艰巨的任务。

(1)要跳出小测绘做大测绘,做时空信息的机星地获取,时空信息加工与处理,时空信息的管理、分发,时空信息的全社会服务概念下的大测绘,要参与时空信息从获取到应用的全过程。

(2)要认真分析目前我国时空信息服务存在的主要不足与问题,并针对这些问题从自身的基础设施建设、管理体制与运行机制几个方面找出不适应的东西,并通过新一轮的发展战略加以创新和改革。

(3)从用户需求和信息时代特点出发,抓好时空信息的基准、标准、格式、产品形式,以及成果的现势性保证的研究,为整个时空信息的全社会服务提供新的手段,要在现有模拟和数字测绘产品的基础上,不断创造出更多更好的地理信息产品。

(4)要抓服务、扫除阻碍空间信息社会服务的各种障碍,开拓创新,努力提供既保证国家安全,又能满足社会需求的尽可能多的时空信息服务。

(5)要抓数据源,积极主动争做高分辨率遥感卫星、重力卫星和导航定位的业主,在此基础上将部分测绘生产队伍改造成为卫星数据接收、加工、多级产品的制作和动态变化监测的企业,进而面向全球做地理信息产业化的主力军,把我国建设成为全球地理信息的强国。

10.3.2 遥感影像普及应用发展新方向

1.微小卫星的应用

为协调时间分辨率和空间分辨率之间的矛盾,小卫星群计划将成为现代遥感应用发展新的趋势。例如,用6颗小卫星在2～3天内完成一次对地重复观测,可获得高于1 m的高分辨率成像光谱仪数据。除此之外,机载和车载遥感平台,以及超低空无人机载平台等多平台的遥感技术与卫星遥感相结合,将使遥感应用呈现出一派五彩缤纷的景象。

2.高分辨率传感器的应用

商业化的高分辨率卫星已成为未来应用新的发展趋势,目前已有亚米级的传感器在运行。在未来几年内,将会有更多的亚米级传感器被发射上天,用以满足1∶5 000甚至1∶2 000的制图要求。如美国的OrbView-5、韩国的KOMPSAT-2等,都是基于此目的发射的高分辨卫星。

3.高光谱、超光谱遥感影像的应用

高光谱数据能以足够的光谱分辨率区分出具有诊断性光谱特征的地表物质,而这是传统宽波段遥感数据所不能探测到的。因此,这使得成像光谱仪的波谱分辨率得到不断地提高,从几十到上百个波段,光谱分辨率向着更细小的数量级发展。

10.3.3 遥感影像处理技术和应用发展新方向

1.多源遥感数据源的应用

信息技术和传感器技术的飞速发展带来了遥感数据源的极大丰富,每天都有数量庞大的不同分辨率的遥感信息,从各种传感器上接收下来,这些数据包括了光学、高光谱和雷达影像数据。

2.空间位置定量化和空间地物识别定量化

遥感信息定量化,建立地球科学信息系统,实现全球观测海量数据的定量管理、分析与预测、模拟,是当前遥感应用与服务重要的发展方向之一。遥感技术的发展,最终目标是解决实际应用与服务问题。但是,仅靠目视解译和常规的计算机数据统计方法来分析遥感数据,精度

很难提高，应用效率与服务水平也相对较低，尤其对多时相、多遥感器、多平台、多光谱波段遥感数据的复合研究中，问题显得更为突出。主要原因是遥感器在数据获取时受到诸多因素的影响，如仪器老化、大气影响、双向反射、地形因素及几何配准等，使获取的遥感数据中带有一定的非目标地物的成像信息，再加上地面同一地物在不同时间内辐射亮度随太阳高度角变化而变化，获得的数据预处理精度达不到定量分析的高度，致使遥感数据定量分析专题应用模型得不到高质量的数据作为输入参数而无法推广。GIS的实现和发展及全球变化研究更需要遥感信息的定量化，遥感信息定量化研究在当前遥感发展中具有牵一发而动全局的作用，因而是当前遥感发展的前沿。

3.信息的智能化提取

影像识别和影像知识挖掘的智能化是遥感数据自动处理研究的重大突破，遥感数据处理工具不仅可以自动进行各种定标处理，而且可以自动或半自动提取道路、建筑物等人工建筑。目前的商业化遥感处理软件正朝着这个方向发展，如ERDAS面向对象的信息提取模块Feature Analyst，ENVI的流程化图像特征提取模块—FX和德国的eCognition等。

4.遥感应用的网络化

Internet已不仅仅是一种单纯的技术手段，它已演变成为一种经济方式——网络经济，人们的生活也已离不开Internet。大量的应用正由传统的客户机-服务器(Client/Server)方式向浏览器-服务器(Brower/Server)方式转移。Google Earth的出现，使遥感数据的表达和共享产生了一个新的模式。

思考题与习题

1.试述我国的测绘卫星发展计划及应用领域。

2.综述LiDAR技术的发展现状、未来发展趋势，以及在气象、测绘等领域中的应用。

3.无人机遥感在应急测绘、灾害评估等领域应用有哪些独特的优势？试述我国无人机遥感目前存在的问题及发展前景。

4.高分辨率遥感具有哪些特征？介绍目前的研究进展。

5.综述对地观测技术的最新进展，介绍未来遥感技术的发展方向。

参考文献

[1] 常庆瑞，蒋平安，周勇，等．2004．遥感技术导论[M]．北京：科学出版社．

[2] 陈海鹏，董明．2005．高分辨率遥感影像在测绘生产中的应用潜力研究[J]．测绘通报，(3)：11-12．

[3] 陈基伟．2008．PS-InSAR技术地面沉降研究与展望[J]．测绘科学，33(5)：88-90．

[4] 陈术彭，童庆禧，郭华东．1998．遥感信息机理研究[M]．北京：科学出版社．

[5] 戴昌达，姜小光，唐伶俐．2004．遥感图像应用处理与分析[M]．北京：清华大学出版社．

[6] 杜陪军，卢小平，江涛，等．2006．遥感原理与应用[M]．徐州：中国矿业大学出版社．

[7] 宫鹏．2009．遥感科学与技术中的一些前沿问题[J]．遥感学报，13(1)：16-26．

[8] 何东健，耿楠，张义宽．2003．数字图像处理[M]．西安：西安电子科技大学出版社．

[9] 贾永红．2003．数字图像处理[M]．武汉：武汉大学出版社．

[10] 焦明连，蒋廷沉．2008．PS InSAR技术在地表变形监测中的应用研究[J]．全球定位系统，33(4)：7-10．

[11] 金伟，葛宏立，杜华强，等．2009．无人机遥感发展与应用概况[J]．遥感信息，(1)：88-92．

[12] 李德仁，王树根，周月琴．2001．摄影测量与遥感概论[M]．北京：测绘出版社．

[13] 刘行华．1990．黄土高原水土保持林区遥感综合研究[C]．北京：中国科学技术出版社．

[14] 陆书宁．2007．对地观测卫星地面数据处理系统发展趋势[J]．中国科技成果，(10)：10-11．

[15] 罗志清，张惠荣，吴强，等．2006．机载LIDAR技术[J]．信息技术，(2)：20-25．

[16] 宁书宁，吕送棠，杨小勤．1995．遥感图像处理与应用[M]．北京：地震出版社．

[17] 彭望琭，白振平，刘湘南，等．2002．遥感概论[M]．北京：高等教育出版社．

[18] 钱乐祥．2004．遥感数字影像处理与地理特征提取[M]．北京：科学出版社．

[19] 日本遥感研究会．1993．遥感精解[M]．刘勇卫，贺雪鸿，译．北京：测绘出版社．

[20] 舒宁．2000．微波遥感原理[M]．武汉：武汉大学出版社．

[21] 孙承志，唐新明，翟亮．2009．我国测绘卫星的发展思路和应用展望[J]．测绘科学，34(2)：5-7．

[22] 孙即祥．2001．现代模式识别[M]．长沙：国防科技大学出版社．

[23] 孙家抦，舒宁，关泽群．1997．遥感原理、方法和应用[M]．北京：测绘出版社．

[24] 孙家抦．2003．遥感原理与应用[M]．武汉：武汉大学出版社．

[25] 汤国安，张友顺，刘咏梅，等．2004．遥感数字图像处理[M]．北京：科学出版社．

[26] 王建敏，黄旭东，于欢，等．2007．遥感制图技术的现状与趋势探讨[J]．矿山测量，(1)：38-40．

[27] 王双亭，朱宝山．2000．遥感图像判绘[M]．北京：解放军出版社．

[28] 王卫安，竺幼定．2000．高分辨率卫星遥感图像及其应用[J]．测绘通报，(6)：20-32．

[29] 夏建涛．2002．基于机器学习的高维多光谱数据分类[D]．西安：西北工业大学．

[30] 徐青，张艳，耿则勋，等．2007．遥感影像融合与分辨率增强技术[M]．北京：科学出版社．

[31] 徐希孺．2005．遥感物理[M]．北京：北京大学出版社．

[32] 杨晓梅．1999．遥感影像的地学理解及分析[D]．北京：中国科学院地理所．

[33] 詹庆明，肖映辉．1999．城市遥感技术[M]．武汉：武汉测绘科技大学出版社．

[34] 张永生，巩丹超，刘军，等．2004．高分辨率遥感卫星应用[M]．北京：科学出版社．

[35] 张远鹏，董海．1996．计算机图像处理技术基础[M]．北京：北京大学出版社．

[36] 张占睦，芮杰．2007．遥感技术基础[M]．北京：科学出版社．

[37] 张祖勋，张剑清．1996．数字摄影测量[M]．武汉：武汉测绘科技大学出版社．

[38] 章孝灿，黄智才，赵元洪．1997．遥感数字图像处理[M]．杭州：浙江大学出版社．

[39] 赵英时．2003．遥感应用分析原理与方法[M]．北京：科学出版社．

[40] 周成虎,杨晓梅,骆剑承,等. 2003. 遥感影像地学理解与分析[M]. 北京:科学出版社.
[41] 周涛. 2003. 遥感与图像解译[M]. 4 版. 北京:电子工业出版社.
[42] 周心铁,张永生. 2001. 对地观测技术与数字城市[M]. 北京:科学出版社.
[43] 朱述龙,张占睦. 2002. 遥感图象获取与分析[M]. 北京:科学出版社.
[44] FOLEY J D et al. 1990. Computer graphics principles and practice[M]. New York:Addison-Wesley.
[45] JAMES B C. 1990. Introduction to remote sensing [M] 3rd ed. New York:The Guilford Press.
[46] Kenneth R C. 2003. 数字图像处理[M]. 朱志刚,译. 北京:电子工业出版社.
[47] THOMAS M L, Ralph W Kiefer. 2000. Remote sensing and image interpretation[M]. 4th ed. New York:John Wiley and Sons Inc.